中国职业技术教育学会科研项目优秀成果

The Excellent Achievements in Scientific Research Project of Chinese Society of Technical and Vocational Education

高等职业教育机电一体化技术专业"双证课程"培养方案规划教材

机械制造技术

高等职业技术教育研究会 审定

李振杰 主编

Machinery Manufacturing Technology

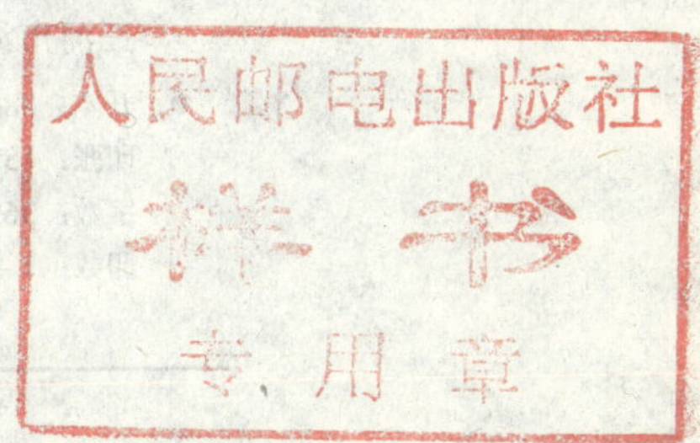

人民邮电出版社

北京

图书在版编目（CIP）数据

机械制造技术 / 李振杰主编. —北京：人民邮电出版社，2009.5

中国职业技术教育学会科研项目优秀成果

ISBN 978-7-115-19700-9

I. 机… II. 李… III. 机械制造工艺－高等学校：技术学校－教材 IV. TH16

中国版本图书馆CIP数据核字（2009）第027981号

内 容 提 要

本书以变速箱箱体零件为主要案例，在充分阐述零件加工刀具的选择、零件的选材与热处理、零件加工设备的选择、零件工艺过程的设计、零件工艺装备的设计、零件的质量检测、零件的组装等内容的基础上，详细分析了变速箱工艺的设计。此外，本书还介绍了另外 3 种典型案例，即变速箱传动轴、齿轮和套筒零件的工艺设计的内容，最后对零件现代制造技术状况做了介绍。本书不仅给出案例零件的生产工艺过程，更注重对零件工艺过程、工装设计的分析，以使读者充分理解机械加工的工作内容和工作思路。

本书适合作为普通高等院校和职业院校的机电一体化、机械制造及自动化、数控技术、汽车、模具设计与制作等专业的教材，也可供相关的技术人员参考使用。

中国职业技术教育学会科研项目优秀成果

高等职业教育机电一体化技术专业“双证课程”培养方案规划教材

机械制造技术

◆ 审　　定　高等职业技术教育研究会

主　　编　李振杰

责任编辑　潘春燕

执行编辑　潘新文

◆ 人民邮电出版社出版发行　北京市崇文区夕照寺街 14 号

邮编　100061　电子函件　315@ptpress.com.cn

网址　http://www.ptpress.com.cn

三河市海波印务有限公司印刷

◆ 开本：787×1092　1/16

印张：15.25

字数：369 千字　2009 年 5 月第 1 版

印数：1－3 000 册　2009 年 5 月河北第 1 次印刷

ISBN 978-7-115-19700-9/TN

定价：25.00 元

读者服务热线：(010)67170985　印装质量热线：(010)67129223

反盗版热线：(010)67171154

职业教育与职业资格证书推进策略与“双证课程”的研究与实践课题组

组　长：

俞克新

副组长：

李维利　张宝忠　许　远　潘春燕

成　员：

李秀忠　周明虎　林　平　韩志国　顾　晔　吴晓苏　周　虹　钟　健
赵　宇　冯建东　散晓燕　安宗权　黄军辉　赵　波　邓晓阳　牛宝林
吴新佳　赵慧君　潘新文　李育民

课题鉴定专家：

李怀康　邓泽民　吕景泉　陈　敏　于洪文

高等职业教育机电一体化技术专业“双证课程”培养方案规划教材编委会

丛书出版前言

职业教育是现代国民教育体系的重要组成部分，在实施科教兴国战略和人才强国战略中具有特殊的重要地位。党中央、国务院高度重视发展职业教育，提出要全面贯彻党的教育方针，以服务为宗旨，以就业为导向，走产学结合的发展道路，为社会主义现代化建设培养千百万高素质技能型专门人才。因此，以就业为导向是我国职业教育今后发展的主旋律。推行“双证制度”是落实职业教育“就业导向”的一个重要措施，教育部《关于全面提高高等职业教育教学质量的若干意见》（教高［2006］16 号）中也明确提出，要推行“双证书”制度，强化学生职业能力的培养，使有职业资格证书专业的毕业生取得“双证书”。但是，由于基于“双证书”的专业解决方案、课程资源匮乏，“双证课程”不能融入教学计划，或者现有的教学计划还不能按照职业能力形成系统化的课程，因此，“双证书”制度的推行遇到了一定的困难。

为配合各高职院校积极实施“双证书”制度工作，推进示范校建设，中国高等职业技术教育研究会和人民邮电出版社在广泛调研的基础上，联合向中国职业技术教育学会申报了《职业教育与职业资格证书推进策略与“双证课程”的研究与实践》课题（中国职业技术教育学会科研规划项目，立项编号 225753）。此课题拟将职业教育的专业人才培养方案与职业资格认证紧密结合起来，使每个专业课程设置嵌入一个对应的证书，拟为一般高职院校提供一个可以参照的“双证课程”专业人才培养方案。该课题研究的对象包括数控加工操作、数控设备维修、模具设计与制造、机电一体化技术、汽车制造与装配技术、汽车检测与维修技术等多个专业。

该课题由教育部的权威专家牵头，邀请了中国职教界、人力资源和社会保障部及有关行业的专家，以及全国 50 多所高职高专机电类专业教学改革领先的学校，一起进行课题研究，目前已召开多次研讨会，将课题涉及的每个专业的人才培养方案按照“专业人才定位—对应职业资格证书—职业标准解读与工作过程分析—专业核心技能—专业人才培养方案—课程开发方案”的过程开发。即首先对各专业的工作岗位进行分析和分类，按照相应岗位职业资格证书的要求提取典型工作任务、典型产品或服务，进而分析得出专业核心技能、岗位核心技能，再将这些核心技能进行分解，进而推出各专业的专业核心课程与双证课程，最后开发出各专业的人才培养方案。

根据以上研究成果，课题组对专业课程对应的教材也做了全面系统的研究，拟开发的教材具有以下鲜明特色。

1. 注重专业整体策划。本套教材是根据课题的研究成果——专业人才培养方案开发的，每个专业各门课程的教材内容既相互独立又有机衔接，整套教材具有一定的系统性与完整性。

2. 融通学历证书与职业资格证书。本套教材将各专业对应的职业资格证书的知识和能力要求都嵌入到各双证教材中，使学生在获得学历文凭的同时获得相关的国家职业资格证书。

3. 紧密结合当前教学改革趋势。本套教材紧扣教学改革的最新趋势，专业核心课程、“双证课程”按照工作过程导向及项目教学的思路编写，较好地满足了当前各高职高专院校的需求。

为方便教学，我们免费为选用本套教材的老师提供相关专业的整体教学方案及相关教学资源。

经过近两年的课题研究与探索，本套教材终于正式出版了，我们希望通过本套教材，为各高职高专院校提供一个可实施的基于双证书的专业教学方案，也热切盼望各位关心高等职业教育的读者能够对本套教材的不当之处给予批评指正，提出修改意见，并积极与我们联系，共同探讨教学改革和教材编写等相关问题。来信请发至 panchunyan@ptpress.com.cn。

前　言

掌握机械制造技术是高职高专机械类学生的一项必要的职业技能要求。然而，企业对制造类人才的要求常常和学校的培养结果不相适应，从而直接导致了学生毕业后不能很好地胜任其承担的工作。究其原因，其一是很大程度上由于高职教育缺乏与生产现场相适应的专门教材。鉴于此，我们组织多位具有企业工作经验，又多年从事本专业教学工作的“双师型”教师共同编写了这本教材。

本教材的目标是让读者具备新产品投产前的工艺准备能力，即设计切实可行的工艺规程，选取合理的切削用量，设计必要的工装夹具和量具等能力。

本书在安排上，采用了基于工作过程导向的编写方法。首先在第 1 章从宏观上给读者提出一个问题，即农用汽车变速箱箱体需要批量投产，作为机械加工需要做哪些工艺准备工作，然后在后续章节主要对箱体加工工艺准备中的各个环节所涉及的内容做了展开说明。各章节题目和顺序的本身就反映了机械加工的工作内容和工作思路。这样的安排让读者对零件的工艺准备的程序有清楚地、整体地认识。另外，如何选择切削用量和加工余量，对初学者来说，往往是困难的。而这部分参数的选择对数控编程专业的读者而言又是必须掌握的，为此，我们在附录中收集了常见的切削用量和加工余量的资料，以帮助读者逐步树立起常见的加工工艺参数概念。

书中引用的案例，多数源于主编者多年来在生产实践中所积累的项目，因此可以说是经过了实践的检验，具有很强的实用性。

本书每章都附有一定数量的习题，可以帮助读者进一步巩固基础知识。本书配备了电子课件，任课教师可到人民邮电出版社教学服务与资源网（www.ptpedu.com.cn）免费下载使用。

本书由李振杰担任主编，并编写了第1章、第6章、第7章和附录，第2章、第4章由牛冰非编写，第9章、第11章由耿国强编写，第3章第3.1节、第3.7节由李玉赞编写，第3.2～第3.6节由梁颖编写，第5章由上官建林编写，第8章由姬中华编写，第10章由周辉编写。全书由李振杰统稿，姬中华、李华楹主审。在编写过程中参考和引用的文献，在书末列出，在此对各参考文献的编著者表示衷心的感谢。

由于时间仓促，加之我们水平有限，书中难免存在错误和不妥之处，敬请广大读者批评指正。

编者

2008 年 12 月

目 录

第1章 绪论

1.1 机械制造技术的含义

任何一种机器都是由许许多多零件按照一定的方式组合在一起构成的，而这些零件必须满足一定的性能、形状、尺寸和精度等的要求。因此，要获得一个合格的零件，必然要经过一系列从原材料到成品的制造过程，这种制造过程称为机械制造。

从广义上讲，机械制造技术是机械制造过程所涉及的各种技术的总称，它包括以材料的成型为核心的金属和非金属材料成形技术（铸造、焊接、锻造、冲压、注塑以及热处理技术）、以切削加工为核心的机械冷加工技术（如车削、铣削、磨削、钻削、刨削等）、机器装配技术和特种加工技术（电火花加工、电解加工、超声波加工、激光加工、电子束加工等）。其中，金属切削加工和装配技术是机械制造技术的主体，占机械制造总量的50%以上。很多零件都需要用刀具或砂轮通过切削加工来完成。现代制造技术及先进设备作用的发挥都依赖切削加工技术与工具的应用。

本书所指的机械制造技术特指机械冷加工技术和机器装配技术。

1.2 机械制造技术的历史现状及发展趋势

人类文明的发展与机械制造技术发展的水平密切相关。人类文明的产生和发展为制造技术的产生和发展奠定了基础，同时制造技术的发展又促进了社会的发展与进步。

17 世纪 60 年代，瓦特发明了蒸汽机。蒸汽机的应用也从最初的采矿业推广到纺织、面粉、冶金等行业，开创了机器化大生产的新篇章，促进了社会生产力的进步。1775 年，英国人威尔金森为了制造蒸汽机，发明了汽缸镗床。自此，人类用机器代替手工的机械化时代步入了新的时期。

19 世纪中期，麦克斯韦建立电磁场理论，标志着电气化时代的开始。

从 20 世纪 20 年代起到第二次世界大战结束，这期间各国为了赢得战争，不计成本地大力发展军火工业，使制造业取得了飞速发展。到了20世纪50年代，人类进入了和平发展时期，那种不计成本的生产制造模式已经不能为企业所接受。为了降低成本，人们采用了大批量的生产方式来组织生产。

20世纪70年代后期，市场竞争日趋激烈，各企业为了击败竞争对手，日本生产企业提出了“精益生产”方式的制造模式。

20世纪80年代，消费者需求日趋主体化、个性化和多样化，企业之间的竞争逐渐全球化。制造业企业用传统的制造技术和管理方法来组织生产已经不能适应竞争的需要。此时，以单项的先进制造技术，如计算机辅助设计与制造（CAD/CAM）、计算机辅助工艺设计（CAPP）、成组技术（GT）、数控技术、并行工程、柔性制造系统、计算机集成制造系统、全面质量管理等技术应运而生。

进入21世纪后，机械制造技术已经不是传统意义上的机械加工了。现代制造技术已是集机械、电子、光学、信息科学、材料学、生物学、管理科学等为一体的新的制造技术。现代机械制造技术不仅在信息处理与控制等方面应用了电子技术、计算机技术、激光技术，而且在加工机理和切削刀具等方面无不体现出高新技术的特征。现代制造技术正向着高精度、高自动化和特种加工等方向发展。

1. 精密制造技术

精密制造技术包括精密加工和超精密加工技术、微细加工和超微细加工技术、微型机械等。精密加工和超精密加工的主要方法是精密切削和精密磨削技术等，其加工精度已由微米向纳米级发展。机械制造技术进入了纳米技术的时代。所谓纳米技术是指单个原子、分子制造物质的科学技术。科学家预言，10～15年内纳米技术的开发将成为仅次于芯片制造的世界第二大制造业。微细加工和超微细加工是一种特殊的精密加工，不仅精度高，尺寸十分微小。其主要的工艺方法是光刻、沉淀、扩散、离子注入等，如量规、光学平晶和集成电路的硅基片的精密研磨抛光。而纳米技术的应用，促进了机械学科、材料学科、光学学科、测量学科和电子学科的发展，促使了微型机器人等微型机械的诞生。可以说纳米技术与微型机械将成为21世纪的核心技术。

2. 制造系统的柔性化、集成化和智能化

现代制造技术的发展，使得高质量和高效率成为可能。现代制造系统的发展趋势是：NC（数控）、FMS（柔性制造系统）、CIMS（计算机集成制造系统）、IMS（智能制造系统）。制造技术将由数控化走向柔性化、集成化、智能化。生产企业将会借助于计算机把经营决策、产品设计、生产准备、零件加工、产品装配、检查和销售等各个自动化子系统有机结合起来，形成一个高效益、高柔性、智能化的生产系统。

3. 特种加工技术

随着社会发展的需要，很多机械设备都有高温、高压、高速和高精度的要求，因而会不断采用了一些新的材料来制造零件，如淬火钢、耐热合金、硬质合金、硅、锗、宝石和金钢石等难加工材料。同时很多零件的形状也越来越复杂，如小孔、深孔、异型孔和型腔等。所有这些都促进并推动了机械加工方法的发展。一方面改变所用设备、刀具材料，如采用陶瓷刀具（Al_2O_3、Si_3N_4）、金属陶瓷及PCBN刀具，高速切削钢、铸铁和黑色金属，采用PCD和CVD等技术的刀具，高速加工Al、Cu等；另一方面要求应用更多的物理、化学、材料科学等现代知识来开

发新的制造技术，如电火花加工、电解加工、电子束加工、等离子加工、超声波加工、激光加工等特种加工方法，突破了传统的金属切削方法。

机械制造技术当前的发展，柔性化、集成化和智能化仍是现代制造技术发展的主要方向，精密制造技术和特种加工技术是现代制造技术的重要组成部分，也面临着许多新的课题，亟待不断开发和创新。

纵观机械制造技术的发展历程可以看出，社会的需求和进步与机械制造技术的发展密切相关。尤其在当今社会，机械制造技术对一个国家经济的发展愈发重要。

1.3 机械制造技术在国民经济中的地位

机械制造工业是国民经济中重要的基础工业。机械制造工业为人类的生存、生产和生活提供各种现代化的装备，是国民经济发展的重要支柱和先导部门，是一个国家的工业生产能力和科学技术发展水平的重要标志。

据资料统计，制造业创造国民经济总收入的 30%～40%，1998 年世界机械制造业的年产值高达 1 万亿美元，美国有 68%的财富是由制造业提供的，我国制造业总产值占国民经济的 40%，占工业增加值的 88%，制造业交纳的税收占国家税收的近 1/3。“未来几十年内，我国制造业增长将依然较快，仍是‘朝阳工业’。”可以说，制造业是国家的立国之本，没有发达的制造业，就没有国家的真正繁荣和富强。

制造技术是支持制造业健康发展的关键基础技术，制造技术的发展是一个国家经济持续增长的根本动力，先进的制造技术使制造业乃至国民经济处于有竞争力的地位。许多国家的经济腾飞，机械制造业功不可没。当今信息技术的迅速发展，革新了传统制造业原来的面目，但这绝不是削弱了它的重要地位。实践证明，忽视制造技术的发展，就会导致经济发展走入歧途。例如，美国自 20 世纪 50 年代以后，曾在相当一段时间内忽视了制造技术的发展，美国曾一度视之为“夕阳工业”，导致了美国 20 世纪 90 年代初的经济衰退，其决策层重新审视自己的产业政策，制定和实施了一系列振兴制造业的计划，特别将 1994 年确定为美国的先进制造技术年，作为当年重点扶植的唯一领域，使先进制造技术得到长足的发展，促进了美国经济的全面复苏，夺回了许多原先失去的市场。

1.4 我国机械制造技术的挑战与机遇

新中国成立以来，我国的制造技术与制造业得到了长足发展，具有相当规模和一定技术基础的机械工业体系基本形成。特别是自改革开放以来，我国制造业已经成为一个规模宏大、门类齐全和具有一定技术基础的产业部门。我国能生产小型仪表机床、重型机床，各种精密的、高度自动化的、高效率的机床，机床性能已接近世界先进水平，制造技术、产品质量和水平及经济效益有了显著提高。然而，尽管如此，与发达国家相比，我国的机械制造技术仍然存在明显的差距。具体表现在以下几个方面。

① 国民经济建设和高新技术产业所需的许多装备目前尚依赖于进口。

② 制造业的人均劳动生产率比较低，仅为美国的 1/25、日本的 1/26、德国的 1/20，机械制造业人均产值仅为发达国家的几十分之一。

③ 企业对市场需求的快速响应能力不高，我国新产品开发周期平均为 18 个月，而美国、日本、德国等工业发达国家新产品开发周期平均为 4～6 个月。

④ 具有自主知识产权的高新技术产品少，机械产品的关键零部件中有 57%来自国外，大多数电子及通信设备的核心技术仍依赖进口。

⑤ 出口商品结构仍以中低档为主，高新技术机电产品、成套设备出口比例较低，产品竞争力不强。如果把出口额与进口额之比定义为名义竞争力，发达国家机械产品名义竞争力为 1，那么我国仅为 0.3 左右。

随着我国经济的持续稳定增长，物资财富积累的增多，一些过去没有或很少进入人们生产、生活领域的设备、设施开始大量进入中国社会，并发展成为产业，给我国机械制造业的发展带来了很好的发展机遇。

1.5 本书主要内容特点

在新产品正式投产前，企业的技术人员往往要做新产品投产前的技术准备工作，其中有一部分工作是与机械加工有关。这部分工作的核心内容就是设计零件的机械加工方案，包括编排合理的零件加工顺序（即零件的加工工艺）、选择恰当的加工设备、设计必要辅助工具（即工装夹具）等。如何设计零件正确合理的机械加工方案是本书要解决的主要问题。

然而构成机器的零件结构又千差万别、各具形态，尽管如此，仍可以将这些零件大致分为箱体类零件、轴类零件、盘类零件、齿轮类零件 4 类特征零件。

箱体零件是机器的基础件之一，图 1-1 是几种常见的箱体类零件，其功用是保持各轴、套和齿轮等零件在空间的位置关系使其能够协调地运动，并起到支承各零件的作用。因此，箱体零件的质量优劣对整台机器的质量性能有直接影响。

(a) 减速器

(b) 旋耕机箱体

(c) 汽车变速箱体

图 1-1 常见箱体类零件

箱体结构较复杂，内部呈腔形，壁厚较簿且不均匀。有许多孔距精度要求较高的孔系和许多螺纹紧固孔，此外还有一些较大的平面。加工精度高，加工部位多，加工余量大是箱体类零件加工的主要特点。

箱体零件主要有如下技术要求。箱体上的孔系主要是轴承支承孔，因此除了孔本身的尺寸、形状精度有较高要求外，各同轴孔系的同轴度、平行孔系的平行度均有较高的要求。此外，各支承孔对装配基准面还有尺寸和位置精度的要求，主要平面还有平面度和垂直度、平行度等要求。箱体的主要加工面就是孔系和装配基准平面。

图 1-2 是某农用车变速箱箱体的零件示意图，属于典型的箱体类零件。从图中可以看出其主要的结构特点和技术要求如下。

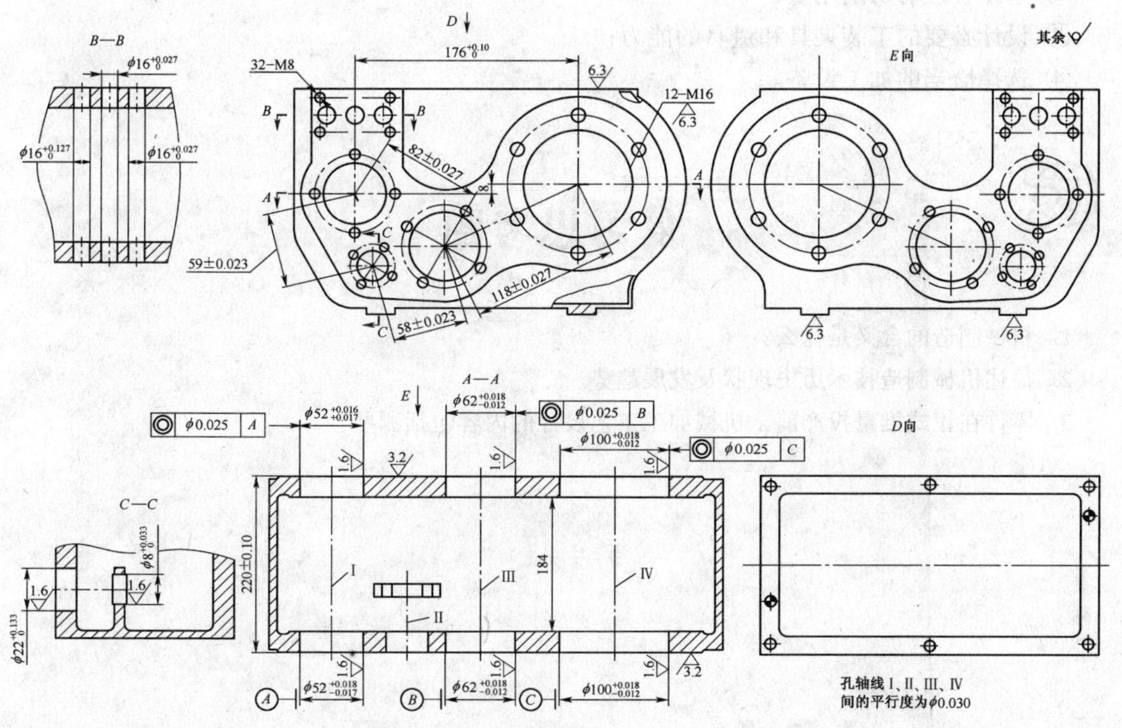

图 1-2　某农用车变速箱箱体的零件图示意图

有尺寸精度要求的尺寸主要有：各孔的孔径大小 $\phi52^{+0.018}_{-0.012}$ 、$\phi62^{+0.018}_{-0.012}$ 、$\phi100^{+0.018}_{-0.012}$ 、$\phi16^{+0.027}_{0}$ $\phi22^{+0.033}_{0}$ 、$\phi18^{+0.033}_{0}$ ，各孔系轴线之间的距离 59±0.023 、58±0.023 、82±0.027 、118±0.027 。

有形位公差要求的尺寸有：各同轴孔的同轴度 $\phi0.025$ 、各孔系轴线之间的平行度公差 $\phi0.030$ 。

表面粗糙度要求比较高的表面有：各孔的表面粗糙度 1.6 μm ，箱体侧面的粗糙度 3.2 μm ，箱体上下表面的粗糙度 6.3 μm 。

另外，在箱体的两侧面和上表面还有多个螺纹孔需要加工。

机械加工工艺设计的内容包括：毛坯的选择，热处理工艺的安排，各加工表面的加工方法的选择与加工设备的选用，专用工装夹具、专用量具的设计等内容。本书将会对上述箱体的加工方案展开详细讨论，最后会给出该零件完整的、可行的加工工艺文件。

读者在学完第 2 章～第 8 章的内容之后，可以获得设计零件加工工艺文件的思维方法。读者学完第 9 章～第 11 章后，可以获得处理不同典型零件加工工艺的能力以及工艺装配能力。并能初步了解当今时代机械制造技术发展的新动向。

本书通过 4 个典型案例的机械加工工艺分析，将金属切削基本知识、加工设备、工艺与夹具、测量方法与量具、装配工艺等知识有机融合在一起，既有典型零件加工工艺的“点”，又有关于机械加工基本理论知识的“面”，点面结合，符合高职高专教学安排的顺序。

读者在掌握了必要的机械制造技术的理论知识，熟悉了典型零件的加工工艺的设计方法后，有望获得如下的实践能力。

① 设计切实可行的工艺规程；
② 选择合理的切削用量；
③ 设计必要的工装夹具和量具的能力；
④ 选择恰当的加工设备。

复习思考题

1. 机械制造的含义是什么？
2. 简述机械制造技术历史现状及发展趋势。
3. 零件在正式批量投产前，机械加工工艺设计的内容包括哪些？

第2章 零件切削刀具

金属切削加工是一种金属加工方法，是通过刀具和工件之间的相对运动，切去工件上多余部分，使工件获得规定的形状、尺寸精度、位置精度和表面质量的加工方法。金属切削加工一般在金属切削机床上进行，如车削、铣削、刨削、磨削、钻孔等，也有用手工操作的，如刮削。

通常情况下，零件的尺寸精度和表面粗糙度都有一定的要求，而通过铸造、锻造、焊接和冲压等方式制成的毛坯，其尺寸精度很低，表面粗糙度值较高，达不到零件使用的技术要求。因此，必须通过切削加工的方式才能将毛坯加工成合格的零件，机器中的多数零件都要经过切削加工。在机械制造中，切削加工占有重要的地位，深入研究切削加工就显得非常重要。

本章主要以外圆车刀为研究对象，介绍金属切削加工过程中的一些基本概念和基本理论，并给出正确选取刀具参数和切削运动参数的原则和方法。

2.1 金属切削的基本概念

2.1.1 切削运动

在切削加工过程中，刀具与工件之间必须有一定的相对运动，即切削运动。图 2-1 所示为外圆车削时的切削运动。

1. 切削运动的构成

切削运动按其运动形式分为主运动和进给运动，如图 2-1 所示。

（1）主运动

在车削加工时，刀具要将工件上多余的金属切除掉，工件必须产生一个旋转运动，这个旋转运动就称为主运动。同样，铣削时刀具的旋转运动，刨削时刀具或工件的往复移动也都是主运动。主运动一般速度高，消耗功率大，是切下金属所必需的基本运动。在切削运动中，主运动只能有一个。

主运动只能切除工件上多余的金属，欲使多余的金属被连续地切除，还需要进给运动。

（2）进给运动

进给运动是刀具和工件之间产生的附加相对运动，它配合主运动将切削层连续不断地或重复地切成切屑，这样就形成了所需几何特性的已加工表面。这种运动通常速度较低，消耗功率较小。比如车削外圆时车刀平行于工件轴线的纵向运动，刨削时工件或刀具的横向移动等。在切削运动中，进给运动可以有一个或数个，也可以不存在。

在切削时，实际的切削运动是主运动和进给运动的合成切削运动，如图 2-2 所示。

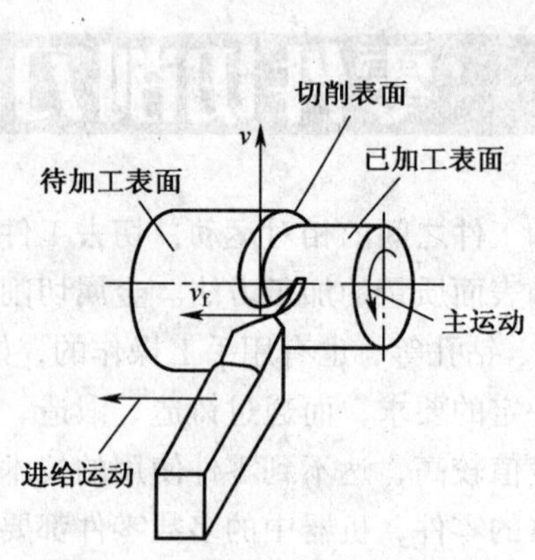

图 2-1　外圆车削时的切削运动

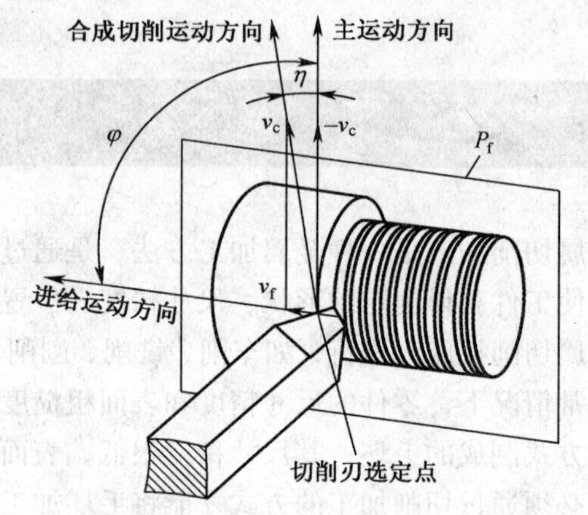

图 2-2　合成切削运动

2. 工件上的加工表面

在金属切削过程中，工件上会形成 3 个表面，如上图 2-1 所示。

① 待加工表面：工件上即将被切除金属层的表面。

② 已加工表面：工件上经刀具切削后的表面。

③ 切削表面（过渡表面）：工件上由切削刃正在切削的那一部分表面，它属于待加工表面和已加工表面之间的过渡表面。

2.1.2 切削用量三要素

切削用量是用来表示切削运动的参数，切削速度 v_c、进给量 f、背吃刀量 a_p 三者总称为切削用量三要素，如图 2-3 所示。

1. 切削速度 v_c

指切削刃上选定点相对于工件沿主运动方向的瞬时速度，可按下式计算。

$$v_c = \frac{\pi d_w n}{1\,000}$$

式中　v_c——切削速度，m/s 或 m/min；

d_w——工件待加工表面的直径，mm；

n——工件转速，r/s 或 r/min。

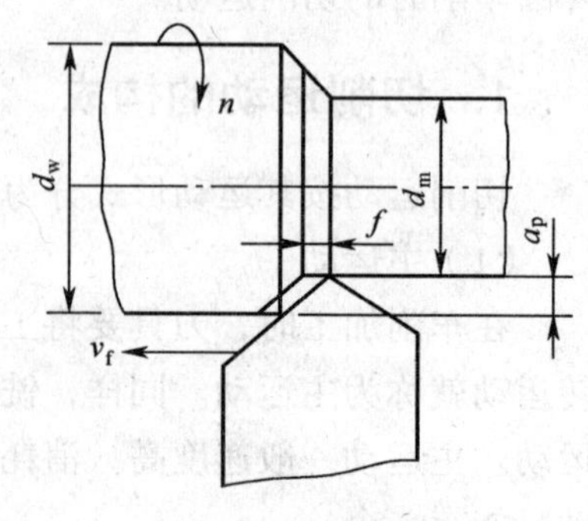

图 2-3　切削用量

2. 进给量 *f*

指每转或每次往复行程中，工件与刀具间沿进给方向的相对位移量。

进给速度 v_f 是指单位时间内工件与刀具之间的相对位移量。可按下式计算。

$$v_f = fn$$

式中 v_f—— 进给速度，mm/s 或 mm/min；

n—— 主轴转速，r/s 或 r/min；

f—— 进给量，mm/r。

3. 背吃刀量 a_p

指在通过切削刃上选定点并垂直于该点主运动方向的切削层尺寸平面中，垂直于进给运动方向测量的切削层尺寸，也称作切削深度。车外圆时可用下式计算。

$$a_p = \frac{d_w - d_m}{2}$$

式中 d_w—— 工件待加工表面直径，mm；

d_m—— 工件已加工表面直径，mm。

2.1.3 刀具角度

1. 刀具切削部分的组成要素

切削刀具的种类虽然很多，外形复杂，但它们的切削部分都是以外圆车刀为基本形态的。图 2-4 所示为常见的外圆车刀，它由刀柄和刀头两部分组成：刀柄用来把车刀固定在刀座上；刀头部分即切削部分，它一般由 3 个表面、2 个刀刃和 1 个刀尖组成，定义如下。

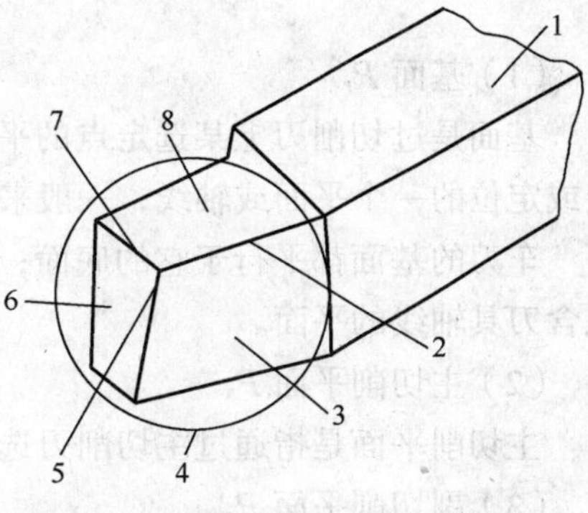

图 2-4 外圆车刀切削部分组成要素

1—刀柄 2—主切削刃 S 3—后刀面 A_α 4—切削部分 5—刀尖 6—副后刀面 A_α' 7—副切削刃 S' 8—前刀面 A_γ

（1）三个表面

即前刀面、主后刀面和副后刀面。

前刀面（A_γ）：切下的切屑延其流出的表面。

后刀面（A_α）：与加工表面相对的表面（也称为主后刀面）。

副后刀面（A_α'）：与已加工表面相对的表面。

（2）两个切削刃

即主切削刃和副切削刃。

主切削刃（S）：前刀面与主后刀面的交线，它担负着主要的切削工作。

副切削刃（S'）：前刀面和副后刀面的交线，它配合切削刃完成切削工作，并形成已加工表面。

（3）刀尖

主、副切削刃连接处相当少的一部分切削刃。它可以是一个点、一小段直线或圆弧。

2. 刀具角度标注坐标系

为了便于设计和制造刀具，首先要假定刀具的运动条件和安装条件，以此来确定刀具的标注角度坐标系。例如，欲确定外圆车刀的标注角度，要做以下假设：切削刃上选定点的主运动方向与刀具底面垂直，进给方向与刀体中心线垂直，该选定点与工件的轴线等高。刀具标注角度坐标系由基面、切削平面和主剖面等组成，如图 2-5 所示。

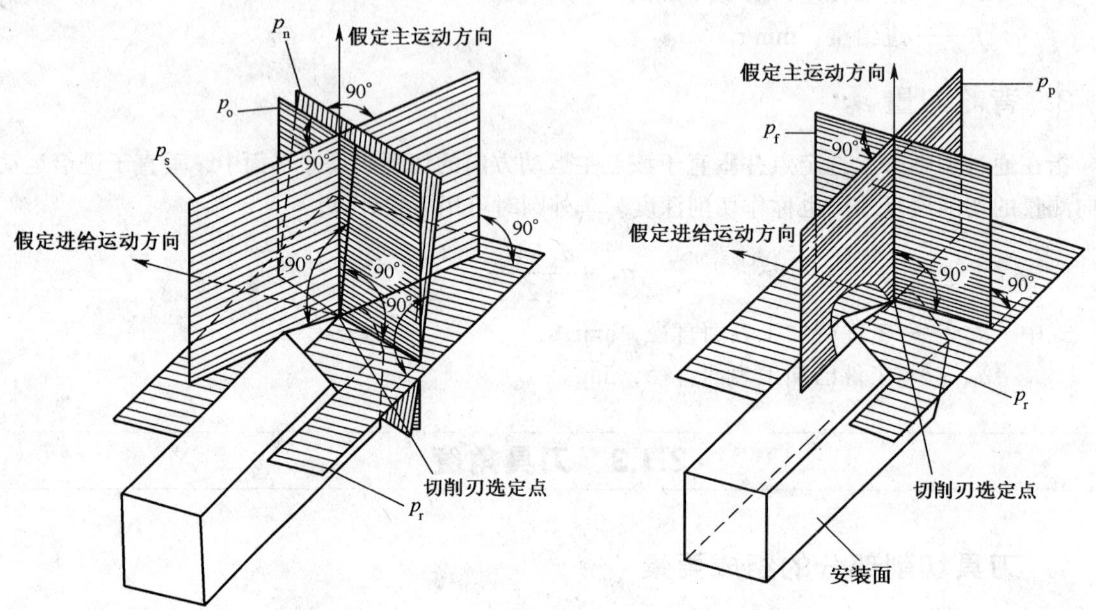

图 2-5 刀具角度标注坐标系

（1）基面 P_r

基面是过切削刃上某选定点的平面，其平行或垂直于刀具在制造、刃磨及测量时适合于安装或定位的一个平面或轴线，一般来说其方位要垂直于假定的主运动方向。

车刀的基面都平行于它的底面；对于钻头、铣刀等旋转刀具则为通过切削刃上某选定点并包含刀具轴线的平面。

（2）主切削平面 P_s

主切削平面是指通过主切削刃选定点与主切削刃相切并垂直于基面的平面。

（3）副切削平面 P_s'

副切削平面是指通过副切削刃选定点与副切削刃相切并垂直于基面的平面。

（4）主剖面 P_o

主剖面是指通过切削刃选定点并同时垂直于基面和切削平面的平面。

（5）假定工作平面 P_f

假定工作平面是指通过切削刃选定点并垂直基面的平面，它平行或垂直于刀具在制造、刃磨及测量时适合于安装或定位的一个平面或轴线。

（6）法平面 P_n

法平面是指通过切削刃选定点并垂直于切削刃的平面。

3. 刀具的几何角度

刀具的几何角度有刀具的标注角度和工作角度之分。标注角度是在刀具图上标注的角度，供刀具设计和制造使用，而工作角度是按照刀具实际切削情况所确定的角度。刀具的几何角度在切削刃的不同位置可能是变化的，因此刀具的几何角度实际上是切削刃上某选定点的角度，通常是刀尖附近的角度。

（1）刀具的标注角度

刀具的标注角度在假定运动条件和安装条件下，在刀具角度标注坐标系确定，如图 2-6 所示。对车刀而言有 5 个重要的标注角度：前角、后角、主偏角、副偏角和刃倾角。

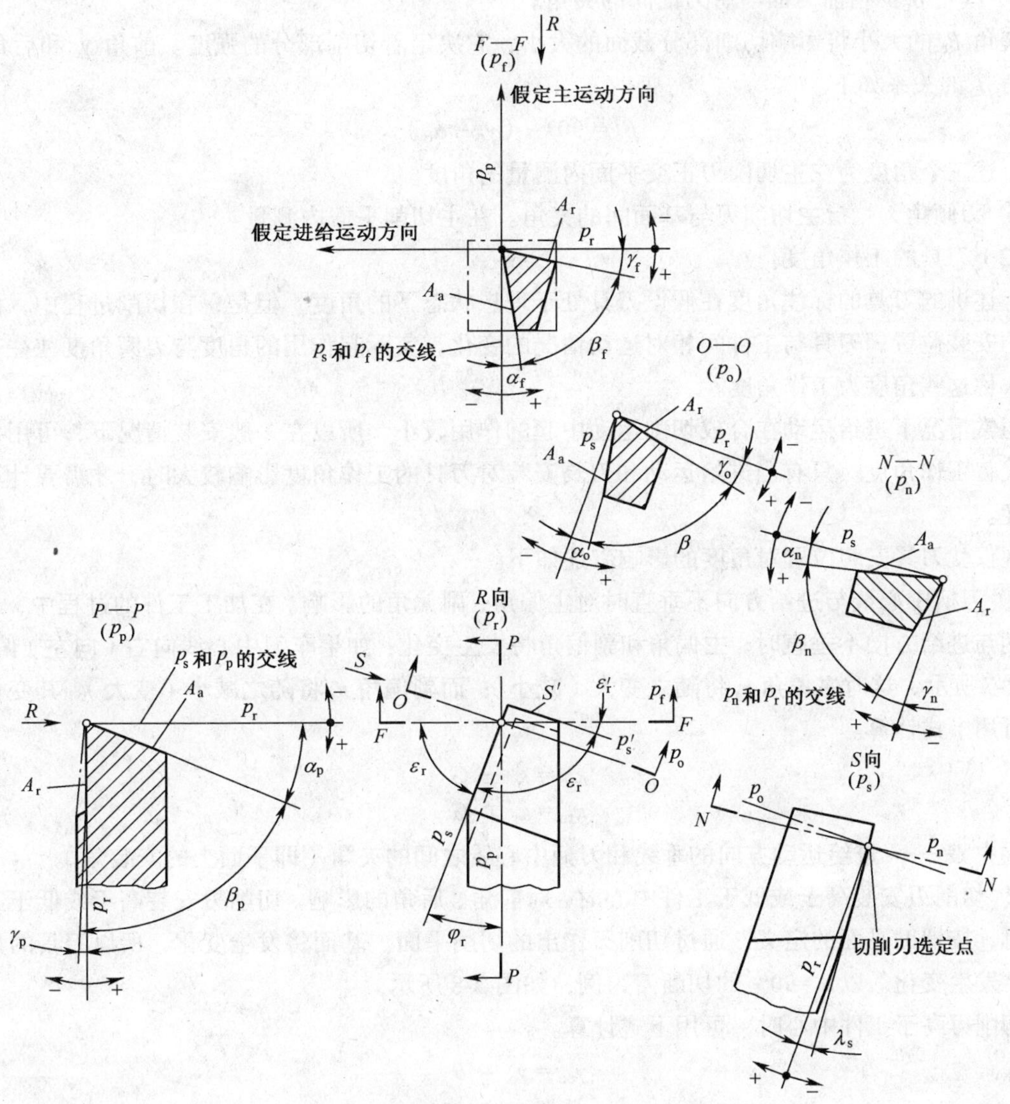

图 2-6 车刀的几何角度

① 主偏角 κ_r：指主切削平面与假定工作平面间的夹角。

② 副偏角 κ_r'：指副切削平面与假定工作平面间的夹角。

主偏角和副偏角越小，刀头的强度越大，它的寿命就会越长。主偏角和副偏角小时，工件被加工后的表面粗糙度较小。但是，主偏角和副偏角减小时，会加大切削过程中的径向力，容易引起震动或把工件顶弯。

上述角度在基面内测量。

③ 前角 γ_o：指前刀面与基面间的夹角。

前角的大小将影响切削过程中的切削变形和切削力，同时也影响工件表面粗糙度和刀具的强度与寿命。

④ 后角 α_o：指后刀面与切削平面间的夹角。

后角的大小将影响刀具后刀面与已加工表面之间的摩擦。

⑤ 楔角 β_o：指前刀面与后刀面间的夹角。

楔角 β_o 的大小将影响切削部分截面的大小，它决定着切削部分的强度。前角 γ_o 和后角 α_o 与楔角 β_o 的关系如下。

$$\beta_o = 90° - (\gamma_o + \alpha_o)$$

上述三个角度为在主切削刃正交平面内测量的角度。

⑥ 刃倾角 λ_s：指主切削刃与基面间的夹角。在主切削平面内测量。

（2）刀具的工作角度

上述讲的刀具的标注角度在假设刀具处于理想状态下的角度，但是，在切削过程中，由于刀具的安装位置、刀具与工件间相对运动情况的变化，实际起作用的角度与刃磨角度往往有所不同，称这些角度为工作角度。

通常情况下进给运动在合成切削运动中起的作用较小，所以在一般安装情况下，可用标注角度代替工作角度。只有当进给运动和刀具安装对刀具的工作角度影响较大时，才需要计算工作角度。

现仅就刀具安装位置对角度的影响叙述如下。

① 刀柄中心线与进给方向不垂直时对主偏角、副偏角的影响。在加工工件的过程中，当车刀刀柄与进给方向不垂直时，主偏角和副偏角将发生变化：如果车刀中心线向右（向左）偏斜，如图 2-7 所示，这时主偏角 κ_r 将随之变大（减小）；而副偏角 κ_r' 将随之减小（变大）。其变化的数值可用下式计算。

$$\kappa_{re} = \kappa_r \pm G$$
$$\kappa_{re}' = \kappa_r \mp G$$

式中 G—— 进给运动方向的垂线和刀柄中心线之间的夹角（即平面上的安装角）。

② 切削刃安装高于或低于工件中心时，对前角、后角的影响。切削刃安装高于或低于工件中心时，按辅助平面的定义，通过切削刃作出的切削平面、基面将发生变化，所以刀具的角度也随之发生变化。以 κ_r=90° 的切断刀为例，如图 2-8 所示。

切削刃高于工件中心时，可用下式计算。

$$\gamma_{oe} = \gamma_o + \theta$$
$$\alpha_{oe} = \alpha_o - \theta$$

切削刃低于工件中心时，可用下式计算。

$$\gamma_{oe} = \gamma_o - \theta$$
$$\alpha_{oe} = \alpha_o + \theta$$

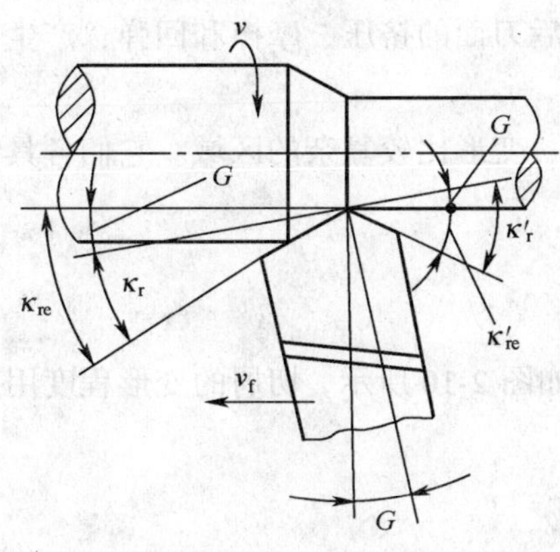

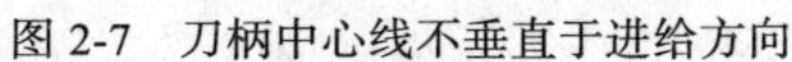

图 2-7 刀柄中心线不垂直于进给方向

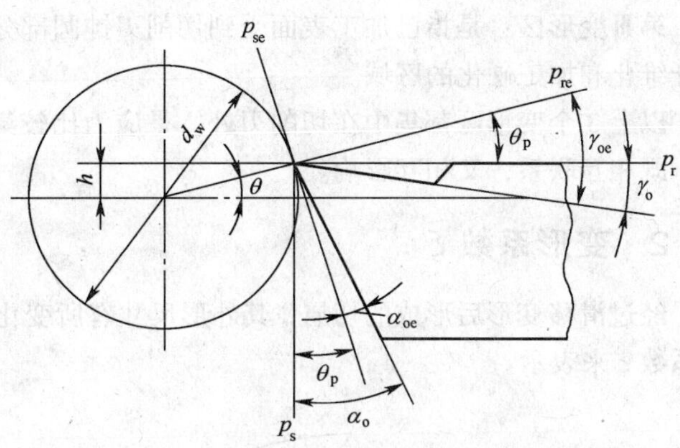

图 2-8 切断刃安装高度对 γ_o、α_o 的影响

θ 可由下式计算求得。

$$\sin\theta = \frac{2h}{d_w}$$

式中 h —— 刃口高于或低于工件中心的距离，mm；

d_w —— 工件切削表面的直径，mm。

2.2 金属切削的基本规律

金属的切削过程是指切屑和已加工表面的形成过程。伴随着切屑的形成，会产生切削变形、积屑瘤、变面硬化、切削力、切削热和刀具磨损等物理现象。了解这些现象的本质和规律，对于保证加工质量，提高生产率，降低生产成本具有十分重要的意义。

2.2.1 金属切削过程中的变形

金属切削过程是指刀具把工件上多余的金属层切去，形成切屑和已加工表面的过程。在这一过程中，切削层在刀具的挤压作用下，会发生弹性变形和塑性变形。

1. 切削层变形区

根据切削层金属受力与变形特点不同，把切削层划分为 3 个变形区，如图 2-9 所示。

第Ⅰ变形区：是由靠近切削刃的 *OA* 线处开始发生塑性变形，到 *OM* 线处的剪切滑移基本完成，曲线 *OAMO* 所包围的区域称为第Ⅰ变形区。它是在切削过程中形成的主要变形区域，会消耗大部分功率且产生大量的切削热。

第Ⅱ变形区：是指切屑在沿刀具前刀面流出的过程中，受到前刀面的挤压和摩擦，使切屑底层的金属继续产生滑移变形的区域。在第Ⅱ变形区内，切削底层的金属与上层金属之间会产生二次滑移变形，并产生一个特殊的现象即积屑瘤。关于积屑瘤的相关内容详见 2.2.2 小节。

第Ⅲ变形区：是指已加工表面受到切削刃钝圆部分和后刀面的挤压、摩擦和回弹，产生晶粒纤维化和加工硬化的区域。

以上 3 个变形区都集中在切削刃处，是应力比较集中、变形比较复杂的区域。它们各具特点，既相互联系，又相互影响。

2. 变形系数 ξ

经过滑移变形后形成的切屑，其外形尺寸有所变化，如图 2-10 所示，切屑的变形程度用变形系数 ξ 来表示。

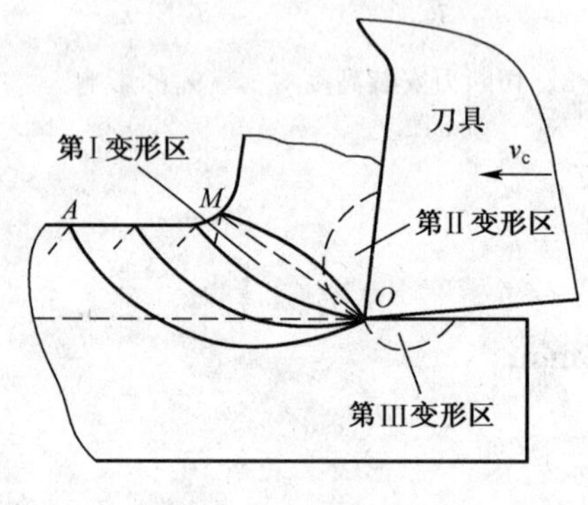

图 2-9　切削变形区

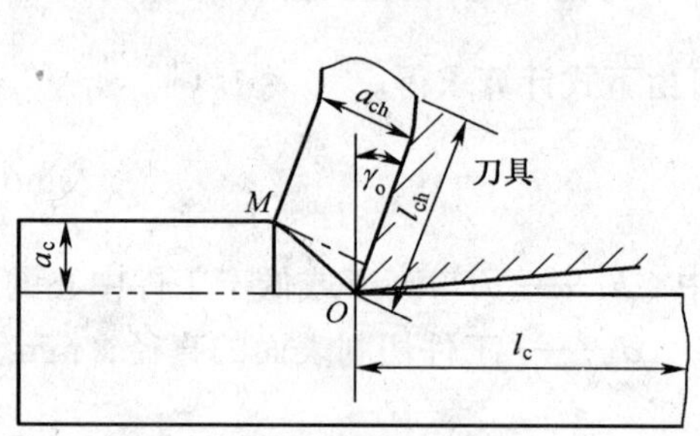

图 2-10　变形系数

$$\xi = \frac{l_c}{l_{ch}} = \frac{a_{ch}}{a_c}$$

式中　l_c —— 切削层的长度，mm；

l_{ch} —— 切屑的长度，mm；

a_{ch} —— 切屑的厚度，mm；

a_c —— 切削层的厚度，mm。

显然，ξ 值的大小能直观地反映出切屑的变形程度。ξ 值越大，表示切屑的塑性变形就越大，否则反之。

3. 切屑种类

在金属切削过程中，由于切削条件和工件材料的不同，所产生的切屑形状也不相同。通常切屑分为以下 4 种类型，如图 2-11 所示。

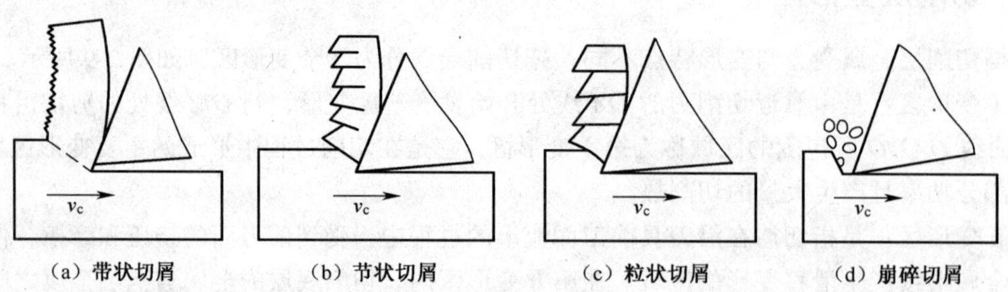

（a）带状切屑　（b）节状切屑　（c）粒状切屑　（d）崩碎切屑

图 2-11　切屑种类

（1）带状切屑

这类切屑呈连续的带状，与刀具前刀面接触的底面是光滑的，背面呈微小的锯齿形。一般加工塑性较大的材料（如碳素钢、合金钢、铜合铝合金等）、刀具前角较大且切削速度较高时，常常形成这类切屑。其切削过程比较平稳，切削力的波动小，加工表面质量高，但必要时需采取断屑措施。

（2）节状切屑（挤裂切屑）

这类切屑的外表面呈较大的锯齿形，它是由于切削层局部所受的切应力达到材料强度极限的结果。在加工塑性较低的材料、刀具前角较小且切削速度低时容易形成此类切屑。其切削过程不平稳，切削力的波动较大，加工表面质量稍差。

（3）粒状切屑（单元切屑）

在切屑形成过程中，当整个剪切面上的应力都超过了材料的强度极限时，会形成一个个梯形状的粒状切屑。当切削速度更低、前角更小且增加切削厚度时，容易生成此类切屑。

（4）崩碎切屑

这类切屑在加工脆性材料（如黄铜、铸铁等）时容易形成，它是由于切削层金属塑性小，刀具切入后未发生塑性变形就突然崩断成不规则的碎块状。其切削过程容易产生振动，工件加工表面质量较为粗糙。

2.2.2 积屑瘤

当切削塑性材料且切削速度不高时，常有一些从工件和切屑上带来的金属粘附在刀具前刀面上，在靠近切削刃处形成一个硬度很高（硬度为工件硬度的2～3.5倍）的楔块，并使刀具的实际前角增大，这个楔块就是积屑瘤，如图2-12所示。

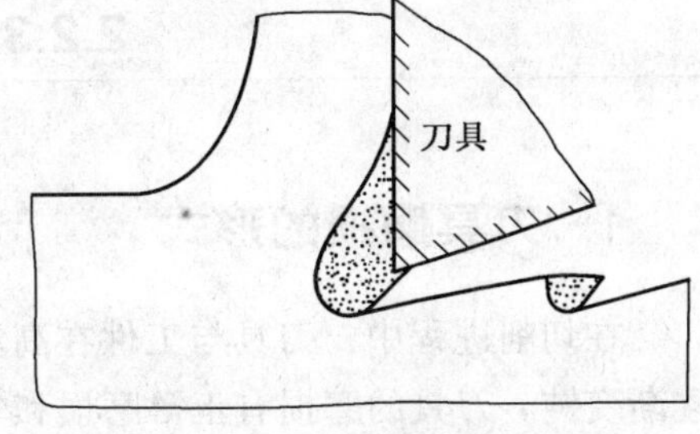

图2-12 积屑瘤

1. 积屑瘤的形成原因

在切削过程中，切屑与前刀面之间产生剧烈的摩擦和巨大的压力，使切屑在流动过程中，其底层与前刀面接触处的流速较上层缓慢很多，出现“滞流”现象；同时在高温高压下，由于分子间的亲和力，切屑底层金属与前刀面紧密接触而发生“冷焊”现象并粘结在前刀面上，形成第一层积屑瘤。由于切屑还在不停的流动，第一层积屑瘤会逐渐增大，直到该处的温度和压力不足以造成粘结为止。此后，切屑就沿着积屑瘤的表面流出。

2. 积屑瘤的影响

积屑瘤在切削过程中是不稳定的，在外力和振动的作用下，常发生局部的断裂和脱落。由于积屑瘤时大时小，使切削力的大小也发生波动，因此便造成了切削过程的不稳定。对刀具来说，积屑瘤的产生使切削刃的几何形状发生畸变，直接影响加工精度。破碎的积屑瘤有一部分会粘附在已加工表面上，使其高低不平，非常粗糙，硬度不均匀。

因此，精加工时一定要设法避免积屑瘤的产生。粗加工时，虽然积屑瘤对切削有一定的好处（增大前角），但也不希望它产生。尤其对硬质合金刀具，由积屑瘤引起的振动会加剧刀具的磨损。

3. 影响积屑瘤的因素

（1）工件材料

切削脆性材料时，常形成崩碎切屑，切削温度低，一般不会产生积屑瘤。切削塑性材料时，材料的塑性越大，切屑与前刀面的摩擦和切屑变形就越大，容易粘结刀面而产生积屑瘤。

（2）切削速度

切削速度大小的变化，导致切削温度的变化，因此对前刀面的平均摩擦系数和工件材料性质产生影响，从而影响积屑瘤的形成。对于一般钢材，当切削温度在 300～380℃时，摩擦系数最大，所以在这个温度段产生的积屑瘤最高。当温度升高到 500～600℃时，工件材料的剪切强度降低，切屑底层金属软化，因此不产生积屑瘤。生产实践证明，当切削速度高于 80 m/min 或低于 1 m/min 时，很少产生积屑瘤。

（3）刀具前角

生产实践证明，积屑瘤形成的最大刀具前角是 30°，所以当刀具的前角≥30°时，则不容易产生积屑瘤。

（4）切削液

使用润滑性能良好的切削液，可以降低切削温度，减少摩擦，从而抑制积屑瘤的形成。

2.2.3 刀具磨损和耐用度

1. 刀具磨损的形式

在切削进程中，刀具与工件在高温高压下产生剧烈的摩擦，使刀具的切削部分出现磨损而逐渐变钝。刀具的磨损有正常磨损和非正常磨损两种。

（1）正常磨损的形式

① 前刀面磨损。切削塑性材料时，如果采取较高的切削速度和较大的进给量，切屑会在前刀面上靠近切削刃的部位磨出一个月牙洼状的凹坑，凹坑的中心处切削温度最高。随着切削的进行，凹坑深度增大，当接近刃口时，会因为切削刃强度的降低而发生崩刃。前刀面磨损的大小用凹坑的深度 KT 和宽度 KB 来表示，如图 2-13 所示。

② 后刀面磨损。切削脆性材料或切削厚度较薄（h_D< 0.1 mm）的塑性材料时，切屑在后刀面上靠近切削刃的部位磨出一条宽度不匀且布满沟痕的磨损棱面，如图 2-13 所示。在刀尖部分（C 区），由于强度低和散热条件差，磨损较严重；在切削刃靠近工件表面处（N 区），由于工件表面的硬皮或加工硬化等因素，也发生较大的磨损；只有在切削刃的中间部分（B 区），磨损较为均匀，其平均宽度用 VB 来表示。通常后刀面的磨损程度用 VB 值表示。

③ 前、后刀面同时磨损。切削塑性材料时，在一定的切削条件下，常常会出现前刀面和后刀面同时磨损的情况，其形式同上。

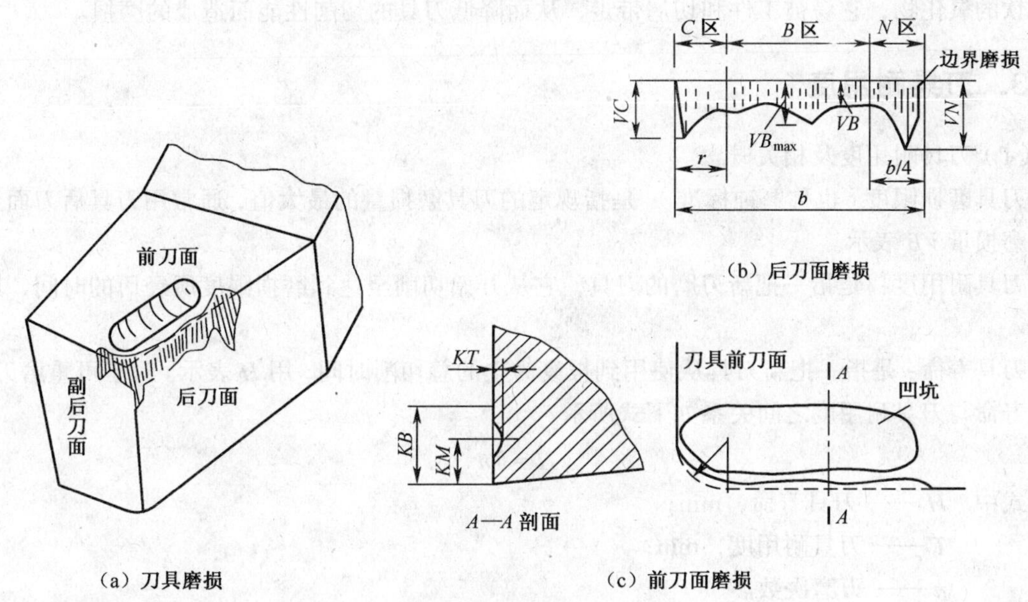

（a）刀具磨损　（b）后刀面磨损　（c）前刀面磨损

图 2-13　刀具磨损图示

（2）非正常磨损的形式

非正常磨损是指刀具在切削中突然失去切削能力的现象。

① 破损。破损是指在切削刃或刀面上产生裂纹、崩刃或破碎（打刀）的现象。

② 卷刃。卷刃是指在切削过程中，切削刃或刀面上产生隆起或塌陷的塑性变形现象，这是由于切削温度过高产生的。

2. 刀具磨损的原因

（1）硬质点磨损

切削时，工件材料中的硬质点（杂质、积屑瘤碎片等硬粒）在刀具表面上刻划出深浅不一的沟痕，使刀具磨损。当低速切削时，刀具磨损的主要原因是硬质点磨损。

（2）粘结磨损

切削塑性材料时，切屑与前刀面、工件与后刀面在较大的压力和适当的温度下发生粘结，刀具表面局部强度较低的微粒被切屑或工件带走，从而发生刀具的磨损。粘结磨损与切削速度有关，也与材料之间的亲和力有关。

（3）扩散磨损

切削温度很高时，刀具和工件中的合金元素相互扩散，降低刀具的切削性能，从而加剧刀具的磨损。一般硬质合金与钢产生扩散作用的温度是：YT 类硬质合金为 900～950℃，YG 类硬质合金为 850～900℃。

（4）相变磨损

当切削温度超过刀具材料的相变温度时，刀具表面的金相组织发生变化，使刀具的硬度急剧降低而造成的磨损。如合金工具钢的相变温度为 300～350℃，高速钢为 550～600℃。

（5）氧化磨损

在高温下（700～800℃），空气中的氧与硬质合金中的 WC、Co、TiC 等发生氧化作用而生成较软的氧化物，它易被工件和切屑带走，从而降低刀具的切削性能而造成的磨损。

3. 刀具耐用度

（1）刀具耐用度及相关概念

刀具磨损限度（也称磨钝标准）：是指规定的刀具磨损量的最大值，通常用刀具后刀面上的平均磨损量 *VB* 表示。

刀具耐用度：是指一把新刃磨的刀具，它从开始切削至达到磨损限度所经历的时间，用 T 表示。

刀具寿命：是指一把新刀具从使用到报废为止的总切削时间，用 H 表示。对于可重磨刀具，刀具寿命与刀具耐用度之间关系如下式所示。

$$H = Tn$$

式中 H—— 刀具寿命，min；

T—— 刀具耐用度，min；

n—— 刃磨次数。

对于不可重磨刀具，刀具寿命等同于刀具耐用度。

（2）刀具耐用度的影响因素

从刀具耐用度和刀具磨损的关系可知，凡是影响刀具磨损的因素，也都同样影响着刀具的耐用度。刀具磨损的主要影响因素是切削温度，而切削速度对切削温度的影响最大，因此对刀具耐用度的最大影响因素是切削速度。

（3）刀具的合理耐用度

合理耐用度的确定原则有两个：一是根据单件工序工时最短确定的最大生产率耐用度；二是根据单件工序成本最低确定的经济耐用度。

切削速度是确定刀具耐用度的关键依据。如果耐用度定的过高，虽然可以减少磨刀、换刀等辅助工时，但必定要降低切削速度，减少切削用量，影响生产率的提高；若耐用度定的过低，虽然可以使切削速度提高，但是相应的要增加磨刀、换刀等辅助工时和费用，增加成本。所以提高生产率和降低成本这两者之间常常是矛盾的，需要根据实际生产情况，综合考虑。

我国目前通常采取经济耐用度，即最低成本耐用度。通用机床上不同刀具的耐用度数值一般是：硬质合金车刀为 60～90 min；麻花钻为 80～120 min；硬质合金断面铣刀为 90～180 min；齿轮刀具为 200～300 min；自动机床、自动线上的刀具耐用度为 240～480 min。

随着新技术的发展，数控机床上的可转位刀具被广泛使用。因为其刀具成本和换刀时间降低很多，所以可以取较低的耐用度，提高切削速度，从而达到既提高生产率又降低成本的目的。通常可转位车刀的耐用度取值为 15～20 min。

2.2.4 切削力

切削力是金属切削过程中的重要参数之一，是确定合理的切削用量，设计夹具、刀具和机床，分析机械加工工艺的主要技术参数。

1. 切削力的来源

金属切削过程中，刀具切入工件，使正在被切削的一层金属发生变形而成为切屑，这种刀具作用于工件上的力称为切削力。

切削力来源于以下两个方面。

① 克服被加工材料对弹性变形、塑性变形的抗力。

② 刀具与切屑、工件之间的摩擦阻力。

2. 切削合力与分力

作用于工件上的切削力 F 是一种合力，通常按主运动速度方向、切深方向和进给方向分解为 3 个互相垂直的分力，如图 2-14 所示。

主切削力 F_c：又称切向力，是指沿主运动速度方向的分力。它是确定机床功率、设计机床零件、计算车刀强度的依据，其消耗的功率最大。

进给力 F_f：又称轴向力，是指沿进给运动方向的分力。它是设计走刀机构和计算车刀进给功率、校验进给机构强度的依据，其消耗的功率比较小。

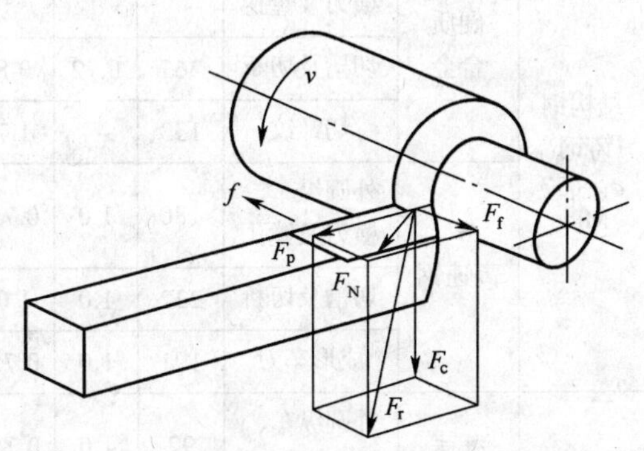

图 2-14 切削合力与分力

背向力 F_p：又称径向力，是指在基面内与进给方向（工件轴线方向）垂直的分力。它与工件在切削过程中产生的振动有关，其不消耗功率。

由图 2-14 可知

$$F = \sqrt{F_c^2+F_f^2+F_p^2}$$

3. 计算切削力的经验公式

在生产实际中，由于金属的切削过程非常复杂，各种影响因素很多，很难进行精确的计算，因此切削力的大小一般采用由实验结果建立起来的经验公式计算。目前，人们已经积累了大量的切削力实验数据。

计算切削力的经验公式有两种：一种是指数公式，另一种是按单位切削力计算。

（1）指数公式

$$F_c = C_{F_c} a_p^{x_{F_c}} f^{y_{F_c}} V_c^{n_{F_c}} K_{F_c}$$

$$F_f = C_{F_f} a_p^{x_{F_f}} f^{y_{F_f}} V_c^{n_{F_f}} K_{F_f}$$

$$F_p = C_{F_p} a_p^{x_{F_p}} f^{y_{F_p}} V_c^{n_{F_p}} K_{F_p}$$

式中 F_c—— 主切削力，N；

F_f—— 进给力，N；

F_p—— 背向力，N；

C_{F_c}、C_{F_f}、C_{F_p}—— 系数；

x_{F_c}、y_{F_c}、n_{F_c}、x_{F_f}、y_{F_f}、n_{F_f}、x_{F_p}、y_{F_p}、n_{F_p} —— 指数；

K_{F_c}、K_{F_c}、K_{F_c} —— 修正系数。

以上系数、指数、修正系数均可查阅金属切削手册，表 2-1 所示为车削时切削力公式中的系数、指数值。

表 2-1　车削时切削力公式中的系数、指数值

加工材料	刀具材料	加工型式	主切削力 F_c				进给力 F_f				背向力 F_p			
			C_{F_c}	x_{F_c}	y_{F_c}	n_{F_c}	C_{F_f}	x_{F_f}	y_{F_f}	n_{F_f}	C_{F_p}	x_{F_p}	y_{F_p}	n_{F_p}
结构钢 铸钢 σ_b=637 MPa	硬质合金	外圆纵车、横刀及镗孔	270	1.0	0.75	−0.15	294	1.0	0.5	−0.4	199	0.9	0.6	−0.3
		切槽及切断	367	0.72	0.8	0	—	—	—	—	142	0.73	0.67	0
		切螺纹	133	—	1.7	0.71	—	—	—	—	—	—	—	—
	高速钢	外圆纵车、横刀及镗孔	180	1.0	0.75	0	54	1.2	0.65	0	94	0.9	0.75	0
		切槽及切断	222	1.0	1.0	0	—	—	—	—	—	—	—	—
		成形车刀	191	1.0	0.75	0	—	—	—	—	—	—	—	—
灰铸铁 HBS190	硬质合金	外圆纵车、横刀及镗孔	92	1.0	0.75	0	46	1.0	0.4	0	54	0.9	0.75	0
		切螺纹	103	—	1.8	0.82	—	—	—	—	—	—	—	—
	高速钢	外圆纵车、横刀及镗孔	114	1.0	0.75	0	51	1.2	0.65	0	119	0.9	0.75	0
		切槽及切断	158	1.0	1.0	0	—	—	—	0	—	—	—	—

（2）单位切削力

单位切削力 K_c 是指单位切削面积上的主切削力。

$$K_c = \frac{F_c}{A_D}$$

$$F_c = K_c A_D$$

式中　K_c —— 单位切削力，N/mm^2；

F_c —— 主切削力，N；

A_D —— 切削层面积，mm^2。

上式中 K_c 可查阅金属切削手册获得。

4. 切削力的影响因素

切削力的影响因素有很多，主要有如下几种。

（1）工件材料

工件材料的硬度、强度、塑性、韧性等物理性能，工件的化学成分和热处理状态等，都会对切削力产生很大的影响。

① 工件材料的硬度和强度越高，切削力越大。

② 工件材料的塑性和韧性越高，加工硬化能力越大，产生的切削变形大，切削力就大。比如切削不锈钢 1Cr18Ni9Ti 产生的切削力比切削 45 钢增加 25%，那是因为前者的加工硬化比较严重，产生的切屑不易折断。

③ 切削铸铁等脆性材料时，由于其塑性变形小，加工硬化小，切屑与刀具的摩擦小，所以切削力就小。

④ 同一工件材料采用的热处理方法不同，比如淬火、正火、调质不同状态下的硬度不同，切削力就有很大的差异。

（2）切削用量

在切削用量 3 个要素中，对切削力影响最大的是背吃刀量，其次是进给量，切削速度最小。

① 背吃刀量 a_p 和进给量 f。在切削过程中，切削层横截面积 $A_D = a_p f$，所以无论是背吃刀量增大或进给量增大，都会使切削层横截面积 A_D 增大，从而使弹性变形、塑性变形及摩擦力增大，切屑力也随之增大。但是两者对切削力的影响程度是不同的。经过测算可知，当背吃刀量增加一倍时，切削力约增加一倍；而当进给量增加一倍时，切削力增加 70%～80%。

背吃刀量和进给量对切削力的影响规律，对生产实践具有很重要的实践意义。为了提高生产率，采用大的进给量比采用大的背吃刀量更有利。

② 切削速度 v_c。切削塑性材料时，其对切削力的影响分 3 个阶段：当切削速度较低时（< 20 m/min），随着切削速度的增加，产生了积屑瘤，使刀具的实际前角增大，切屑变形减小，因此切削力逐渐减小；当切削速度在 20 m/min～50 m/min 范围时，随着切削速度的增加，积屑瘤由大变小，因此切削力逐渐增大；当速度较大时（> 50 m/min），随着切削速度的增加，切削温度升高，切削力也逐渐减小。

切削脆性材料时，由于塑性变形小，切削速度对切削力的影响不大。

（3）刀具几何参数

① 前角 r_o。前角对切削力的影响最大。随着前角的增大，切削变形减小，切削力逐渐减小；反之，切削力逐渐增大。

② 主偏角 κ_r。当主偏角增大时，切削层厚度增加，切削变形减小，因此主切削力 F_c 也随之减小。通常情况下当主偏角 $\kappa_r = 65 \sim 75$℃时，切削力最小。进给力 F_f 随着主偏角的增大而增大，背向力 F_p 随着主偏角的增大而减小。

③ 刃倾角 λ_s。刃倾角 λ_s 对主切削力 F_c 的影响小，对进给力和背向力的影响大。这是因为当刃倾角改变时，将影响合力的方向，随着刃倾角的增大，进给力增大，背向力减小。

④ 刀尖圆弧半径 r_ε。当刀尖圆弧半径增大时，参与切削的圆弧刃长度增加，切削变形和摩擦力也随之增大，因此主切削力增大；同时由于圆弧切削刃上的平均主偏角减小，背向力也增大。

（4）其他因素

① 刀具磨损。刀具的前、后刀面磨损，都会对切削力产生影响。后刀面磨损越大，其与被加工工件的摩擦力越大，切削力就越大。

② 刀具材料。由于不同材料的刀具与工件材料之间的摩擦系数不同，对切削力的影响也不

同。在同等的条件下，高速钢刀具的切削力最大，硬质合金刀具次之，陶瓷刀具最小。

③ 切削液。在切削过程中使用润滑性能良好的切削液，可以减小切屑与刀具及工件表面之间的摩擦，降低切削力。切削液的润滑性能越高，降低切削力的效果就越明显。

2.2.5 切削热、切削温度、切削液

1. 切削热和切削温度

切削热和切削温度是切削过程中的基本物理现象。切削时所耗费的能量，差不多全部转化为切削热。切削热的产生使切削区温度升高，从而对工件的表面质量和加工精度、刀具的磨损和寿命等方面产生影响。

（1）切削热的来源与传出

切削热来源于两个方面：一方面是被切削金属在刀具的作用下产生的弹性和塑性变形功，另一方面是切屑与前刀面、工件与后刀面之间产生的摩擦功。

切削热产生以后，分别通过切屑、工件、刀具和周围介质传出。通常情况下切屑带走的热量最多，其次为工件，再次为刀具和周围介质。表 2-2 所示为切削热传导的大致比例。

表 2-2 切削热传导比例

加工方法＼传导媒体	切　屑	工　件	刀　具	周围介质
车　削	50%～80%	40%～10%	9%～3%	1%
钻　削	28%	52.5%	14.5%	5%

另外，切削速度与切削热的传出比例有关。当切削速度增大时，摩擦产生的热量增加，但切屑带走的热量也增加，在工件和刀具中的热量都减少，因此当切削速度很高时，切屑的温度很高，但工件和刀具温度较低，可以使切削加工顺利进行。

（2）切削温度

切削温度通常指切削区域的平均温度。实验证明，切削温度在工件、刀具、切屑上的分布是不均匀的，工件材料塑性大，切削温度的分布就相对较均匀；工件材料脆性大，则分布不均匀，温度梯度大。工件和刀具的最高温度都在刀尖附近，切屑中的最高温度在积屑瘤附近。

目前广泛采用的测量切削温度的方法是热电偶法。通过实验方法所建立的切削温度的经验公式如下。

$$\theta = C_\theta v^{z_\theta} f^{y_\theta} a_p^{x_\theta}$$

式中 θ —— 切削温度，℃；

C_θ —— 切削温度系数；

v —— 切削速度，m/min；

f —— 进给量，mm/r；

a_p —— 背吃刀量，mm；

x_θ、y_θ、z_θ —— 背吃刀量 a_p、进给量 f、切削速度 v 对切削温度的影响指数，其数值可查阅相关金属切削手册。

（3）切削温度的影响因素

切削温度的高低，主要从切削热产生的多少和散热条件的好坏两方面来考虑，其主要影响因素如下。

① 切削用量。从切削温度的经验公式可以看出：切削用量三要素增大，切削温度都升高，其中切削速度的影响最大，其次是进给量，最后是背吃刀量。这是因为当切削温度增加时，变形能和摩擦能急剧增大，虽然通过切屑带走的热量增加，但是刀具的传热能力不变，所以切削温度会提高很多。

在相同的切削条件下，为了减少切削温度的影响，延长刀具寿命，应尽量选用大的背吃刀量、较大的进给量、较小的切削速度。

② 工件材料。工件材料的强度、硬度和热导率对切削温度产生影响。强度、硬度高，热导率小，切削时产生的热量多，热量散得慢，切削温度就高，如合金钢、不锈钢等；反之，切削时产生的热量少，热量散得快，切削温度就低，如低碳钢等。

③ 刀具几何角度。前角 γ_o：前角增大，变形、摩擦减小，产生的热量少，切削温度下降；但前角过大，锲角减小，刀具散热变差，切削温度又上升。通常情况下前角≤15 ℃。

主偏角 κ_r：主偏角增大，刀具切削刃工作长度变小，散热条件变差，使切削温度升高。

④ 其他因素。使用切削液可以降低切削温度，因为切削液能够带走大量的切削热。另外，刀具磨损后，切削区的塑性变形和摩擦增大，切削温度升高。

2. 切削液

切削液又称为冷却润滑液，主要用来减少切削过程中的摩擦和降低切削温度。正确合理地选用切削液，对提高工件的表面质量、精度，延长刀具寿命具有重要的作用。

（1）切削液的作用

① 冷却作用。切削液进入到切削区域后，通过对切削热的导出，把刀具、工件和切屑上的大部分热量带走，使切削区域的温度降低，从而起到冷却作用。

切削液冷却效果的好坏不但取决于它的导热系数、比热、汽化速度、流量、流速等参数，而且和采用的冷却方法有关。一般水溶液的冷却性能最好，油类最差，乳化液介于两者之间。冷却方法主要有：浇注法、喷雾法、内冷法等，喷雾法比浇注法冷却效果好。

② 润滑作用。切削液渗透到刀具、工件、切屑接触面之间形成润滑膜，从而起到润滑作用。

切削液润滑性能的好坏取决于切削液的渗透性和润滑膜的强度。切削液能否进入切削区域由渗透性决定，如果进不去，就没有润滑效果。润滑膜的强度依赖于切削液的“油性”（指切削液在金属表面形成油膜的能力）。如果润滑膜的强度低，很容易破裂，那么在刀具、工件、切屑之间不能形成连续的润滑膜，润滑效果也会很差。

③ 清洗作用。在金属切削过程中，常常会产生一些小碎屑，通过浇注切削液可以冲走碎屑，防止刮伤工件已加工表面和机床导轨，从而起到清洗作用。

④ 防锈作用。在切削液中加入防锈添加剂后，能在金属表面生成保护膜，保护工件、刀具和机床不受空气、水分和酸介质的腐蚀，起到防锈作用。

（2）切削液的种类

常用的切削液种类有以下 3 种。

① 水溶液。水溶液是以水为主要成分并加入防锈剂、清洗剂的切削液，有时也加入油性添加剂（如聚乙二醇、油酸等）以增加其润滑性。常用的有电解水溶液和表面活性水溶液。

② 乳化液。乳化液是水和乳化油混合后经搅拌形成的乳白色液体。乳化油是一种油膏，它由矿物油和表面活性乳化剂配制而成。表面活性剂的分子一端与水亲和，一端与油亲和，使水油混合均匀，并添加乳化稳定剂，使水、油不分离。

乳化液可分为 4 种：清洗乳化液、防锈乳化液、极压乳化液和透明乳化液，其中极压乳化液的润滑性能最好。

③ 切削油。切削油有矿物油（机械油、轻柴油、煤油等）、动植物油（豆油、蓖麻油、菜油、棉籽油、猪油等）、动植物混合油等。常用的是矿物油；动植物油容易变质，较少使用。

极压切削油是在矿物油中加入硫、磷、氯等积压添加剂配置而成，具有良好的润滑效果，被广泛应用。

（3）切削液的选用

切削液的选用，应该从加工方法、刀具材料、工件材料和技术要求等方面来综合考虑。

① 粗加工时，由于产生大量的切削热，应从冷却作用方面考虑，可选用水溶液或低浓度的乳化液；精加工时，应从提高加工精度和降低工件表面粗糙度考虑，可选用浓度较高的乳化液或切削油；低速精加工时，可选用油性较好的切削液。

② 粗磨时，可选用水溶液；精磨时，可选用乳化液或极压切削液。

③ 使用硬质合金刀具，一般不加切削液。如果使用切削液，必须充分、均匀的浇注，不能间断。使用高速钢刀具，需要选用切削液。

④ 粗加工铸铁时，一般不用切削液。精加工铸铁时，可选用 7%～10%的乳化液或煤油。

⑤ 切削铜合金和有色金属时，一般不宜选用含有极压添加剂的切削液。

⑥ 切削镁合金时，严禁使用使用乳化液作为切削液，以防燃烧引起事故。

常用切削液的配方和切削液的选用可查阅《金属切削手册》。

2.3 金属切削加工参数的选择

2.3.1 切削用量的合理选择

1. 制订切削用量时应考虑的因素

切削用量的确定，应该是在保证工件加工质量和工艺系统刚性允许的前提下，充分利用刀具的切削性能和机床功率，来选择最大的切削用量，提高生产率。因此，应该综合考虑以下几个因素。

（1）切削加工生产率

由金属切除率计算公式 $Z_w = 1\,000\, v_c a_p f$ 可以看出，切削用量三要素与金属切除率保持线性关系，提高其中任一参数，都能提高金属切除率。但是由于受到刀具耐用度的制约，其中一个参数增大，其他两参数必须减小。因此，在制订切削用量时，要综合考虑三要素，使它们达到最佳组合，以此获得合理的高切削加工生产率。

（2）刀具耐用度

刀具耐用度与切削用量三要素密切相关，其中切削速度 v_c 影响最大，其次是进给量 f，背吃刀量 a_p 的影响最小。因此，从保证合理的刀具耐用度来考虑，切削用量的选择顺序应该是：先选择大的背吃刀量，然后选择较大的进给量，最后确定切削速度。

（3）加工表面粗糙度

粗加工时，毛坯余量大，工件的表面粗糙度和几何精度等技术要求低，因此应充分发挥机床和刀具的功能，把提高生产率和提高刀具耐用度，作为确定切削用量的主要依据。

精加工时，加工余量不大，表面粗糙度要求小，加工精度高，因此应该以提高加工质量作为确定切削用量的主要依据，然后再考虑尽可能的提高生产率。

2. 切削用量的选择原则

（1）背吃刀量 a_p 的选择

背吃刀量应根据工件的加工余量来选择。

粗加工时，除留下精加工余量外，一次走刀应尽可能切除全部余量。当加工余量过大，机床功率或刀具强度不允许；或工艺系统刚性不足，引起很大振动时，可分多次切削。当切削表面层凸凹不平、有硬皮的铸锻件时，应尽量使背吃刀量大于硬皮层的厚度，使第一次走刀的切削刃能够在金属层里切削，以保护刀尖。

半精加工或精加工时，加工余量一般较小，可一次走刀切除。但有时为了保证工件的加工精度和表面质量，也可采用二次走刀。

多次走刀时，应尽量把第一次走刀的背吃刀量取大些，一般取值为总加工余量的 2/3 或 3/4；第二次走刀的取值为总加工余量的 1/3 或 1/4。

在中等功率的机床上，背吃刀量可达到 8～10 mm；半精加工的表面粗糙度为 R_a6.3～3.2 μm 时，背吃刀量可达 0.5～2 mm；精加工的表面粗糙度为 R_a1.6～0.8 μm 时，背吃刀量可达 0.1～0.4 mm。

（2）进给量 f 的选择

背吃刀量选定后，接着就尽可能选择较大的进给量 f。

粗加工时，由于作用在工件上的切削力较大，进给量的选用受到下列因素的限制：机床进给机构的强度，刀杆和工件的刚度，机床的有效功率，断续切削时刀片的强度。选用进给量时应综合考虑。硬质合金及高速钢车刀粗车外圆和端面时的进给量见附表 1。

半精加工或精加工时，因背吃刀量较小，产生的切削力不大，进给量的选择主要是受到工件加工表面粗糙度的限制。硬质合金外圆车刀半精加工时的进给量见附表 2。

（3）切削速度 v_c 的选择

背吃刀量和进给量确定以后，可在保证刀具合理寿命的情况下，通过查阅切削用量手册或通过计算来确定切削速度。选择切削速度应该遵循下列原则。

粗加工时，背吃刀量和进给量较大，因此应该选择较低的切削速度；精加工时，则应选择较高的切削速度。

加工大件、薄壁件、细长件、带外皮的工件时，应选用较低的切削速度。

工件材料的硬度、强度较高时，应选用较低的切削速度；反之，选取较高的切削速度。

材料的加工性能较差，则选用较低的切削速度，比如加工钛合金、奥氏体不锈钢、高温合金时，其切削速度就比较低；加工灰铸铁的切削速度比碳钢低；加工铝合金和铜合金的切削速度比加工钢高得多。

刀具材料的切削性能越好，切削速度可以选得越高，因此硬质合金的切削速度比高速钢高好几倍，陶瓷刀具的切削速度比硬质合金高。

断续切削时，应适当降低切削速度，以减少热应力和冲击力。

3. 校验机床功率

切削功率 P_c 按下式计算。

$$P_c = F_c v_c \times 10^{-3}$$

式中 P_c —— 切削功率，kW；

F_c —— 切削力，N；

v_c —— 切削速度，m/s。

机床的有效功率 P_E' 按下式计算。

$$P_E' = P_E \eta_m$$

式中 P_E' —— 机床有效功率，kW；

P_E —— 机床电机功率，kW；

η_m —— 机床传动效率，一般 $\eta_m = 0.75 \sim 0.85$。

如果满足条件

$$P_c \leqslant P_E'$$

则表明机床功率能满足使用要求。

2.3.2 刀具材料的合理选择

刀具材料的性能直接影响着刀具的切削性能，因此要合理选择刀具材料。

1. 刀具材料应具备的性能

在金属切削过程中，刀具要承受切削力、高温、冲击和振动，并且受到磨损，因此刀具材料应该满足以下要求。

（1）高的硬度

硬度是刀具材料应具备的基本性能。为了从工件上切下切屑，刀具材料的硬度必须高于工件材料的硬度，在常温下硬度应在 60 HRC 以上。

（2）高的耐磨性

耐磨性是指材料抵抗磨损的能力。通常情况下，刀具材料的硬度越高，则刀具的磨损量越小，刀具的耐用度越高。

（3）较高的耐热性

耐热性是指材料在高温下能够保持其硬度的性能，又称红硬性。它是衡量刀具切削性能的主要指标。

（4）足够的强度和韧性

为了使刀具在切削时能够承受各种切削力、冲击和振动，而不出现崩刃和断裂的情况，刀具材料必须具有足够的强度和韧性。

（5）良好的工艺性

为了便于制造刀具，要求刀具材料具有良好的工艺性，如热处理性能、可加工性能、可刃磨性能等。

（6）经济性

刀具材料的选用应该考虑到它的经济成本，必须资源丰富、价格合理。

2. 刀具材料的种类

刀具材料的种类很多，常用的金属材料有工具钢（碳素工具钢、合金工具钢、高速钢）和硬质合金。一般机加工中使用最多的是高速钢和硬质合金。

（1）高速钢（又称锋钢、白钢）

高速钢是在在合金工具钢中加入较多的钨 W、铬 Cr、钼 Mo、钒 V 等合金元素而构成的。它与碳素工具钢、合金工具钢相比，它具有如下特点：较高的耐热性，在切削温度高达 500～600℃时，仍能保持 60 HRC 的高硬度；具有良好的淬透性，淬火后的硬度为 63～66 HRC，有的可达 67～70 HRC；具有较高的强度、韧度和耐磨性；导热率低，在热处理和锻造时应缓慢地加热；工艺性能较好，适用于制造形状复杂的刀具，如钻头、丝锥、成形刀具、拉刀、齿轮刀具等。

其主要分类有如下几种。

① 普通高速钢：指加工一般材料用的高速钢，常用的品种有 W18Cr4V（属钨系高速钢）和 W6Mo5Cr4V2（属钼系高速钢）。W18Cr4V 由于其磨削性好，热处理工艺控制方便，在 20 世纪 60～70 年代用得比较普遍，但因它的抗弯强度和冲击韧度均比钼系高速钢差，因而使用寿命较短，现已逐渐减少使用。与 W18Cr4V 相比，W6Mo5Cr4V2 的抗弯强度、塑性和耐磨性均略有提高，但它的磨削性稍差。因它的使用寿命长，价格低，使用比较广泛。

② 高性能高速钢：指在普通高速钢中再添加一些 C、V、Co、Al 等合金元素，以进一步提高其耐磨性和耐热性。这种高速钢具有更高的生产率和使用寿命，适合于加工高温合金、钛合金、不锈钢、超高强度钢等难加工材料。但在用中速加工软材料时，优越性就不是很明显。

③ 粉末冶金高速钢：是 70 年代投入市场的一种高速钢，其强度可提高 30%～40%，韧性可提高 80%～90%。耐用度可提高 2～3 倍。目前我国尚处于试验研究阶段，生产和使用尚少。

（2）硬质合金

硬质合金是将一些难熔的、高硬度的合金碳化物微米数量级粉末与金属粘结剂混合，经加压成型、烧结而成的粉末冶金材料。硬质合金的硬度很高，常温下可达 74～81 HRC。它的耐磨性较好，耐热性较高，能耐 800～1 000℃的高温。切削性能比高速钢好，切削速度可比高速钢提高 4～10 倍。但是它的抗弯强度和冲击韧度较高速钢低。

由于硬质合金的切削性能好，现已成为主要的刀具材料之一。很多车刀、端铣刀、深孔钻、铰刀的切削部分都采用硬质合金。

其常用的种类如下。

① 钨钴类（YG）：由 WC 和 Co 组成，主要适用于加工有色金属、铸铁等脆性材料和非金属材料。常用的牌号有 YG3、YG6、YG6X、YG8，例如 YG3 表示含钴量为 3%，其余 97%为 WC；YG6X 表示含钴量为 6%，X 表示碳化物的粉末是细颗粒。硬质合金中含钴量越高，其韧性越好，适用于粗加工；含钴量越低，硬度越高，适用于精加工。

② 钨钛钴类（YT）：由 WC、TiC 和 Co 组成，由于在合金中加入了 TiC，提高了合金的耐磨性、硬度和抗氧化能力，主要适用于加工高速切削的一般钢材。常用的牌号有 YT5、YT14、YT15、YT30，例如 YT15 表示 TiC 含量为 15%。当切削条件比较平稳，要求强度和耐磨性高时，应选用 TiC 含量多的牌号；当在切削过程中刀具要承受冲击和振动容易引起崩刃时，应选用 TiC 含量少的牌号。

③ 钨钛钽钴类（YW）：由 WC、TiC、TaC 和 Co 组成，由于在 YT 类合金的基础上加入了 TaC，提高了抗弯强度、冲击韧性、高温硬度、耐磨性和抗氧化性，因此既可以加工钢，又可以加工铸铁和有色金属，被称为“万能合金”。常用牌号有 YW1 和 YW2。

④ 碳化态基类（YN）：以 TiC 为硬质相，Ni 和 Mo 为粘合剂而组成的，具有相当高的硬度和耐磨性，适合于对较高硬度的工具钢、淬硬钢、合金钢等进行连续切削的精加工。

常用硬质合金牌号的选用见表 2-3。

表 2-3　常用硬质合金牌号的选用

牌　号	用　途
YG3	铸铁、有色金属及其合金的精加工、半精加工。要求切削时不承受冲击载荷
YG6X	铸铁、冷硬铸铁、高温合金的精加工、半精加工
YG6	铸铁、有色金属及其合金的半精加工与粗加工
YG8	铸铁、有色金属及其合金的粗加工；也能用于断续切削
YT30	碳素钢、合金钢的精加工
YT15 YT14	碳素钢、合金钢连续切削时的粗加工、半精加工及精加工；也可用于断续切削时的精加工
YT5	碳素钢、合金钢的粗加工；可用于断续切削
YW1	不锈钢、高强度钢与铸铁的半精加工与精加工
YW2	不锈钢、高强度钢与铸铁的粗加工与半精加工
YN05	低碳钢、中碳钢、合金钢的高速精车、工艺系统淬性较好的细长轴精加工
YN10	碳钢、合金钢、工具钢、淬硬钢连续表面的精加工

除以上介绍的 4 类硬质合金材料外，还有钨钽钴类（YA）硬质合金、表面涂层硬质合金等。

（3）其他刀具材料

① 陶瓷。陶瓷材料主要以氧化铝为主要成分在高压和高温下烧结而成的。它具有很高的硬

度和耐磨性，硬度可达到 91～95 HRA，耐热温度达 1 200 ℃，抗黏结性和化学稳定性好。但它最大的缺点是强度低、韧性差，导热系数低。陶瓷刀具主要适用于钢、铸铁、有色金属材料的精加工与半精加工。

② 金刚石。金刚石刀具分为天然金刚石和人造金刚石刀具。天然金刚石具有自然界物质中最高的硬度和导热系数，但由于价格昂贵，加工、焊接都非常困难，除少数特殊用途外（如手表精密零件、光饰件和首饰雕刻等加工），很少作为切削工具应用在工业中。随着高技术和超精密加工日益发展。例如微型机械的微型零件，原子核反应堆及其它高技术领域的各种反射镜、导弹或火箭中的导航陀螺、计算机硬盘芯片、加速器电子枪等超精密零件的加工，单晶金刚石能满足上述要求。近年来开发了多种化学机理研磨金刚石刀具的方法和保护气氛钎焊金刚石技术。使天然金刚石刀具的制造过程变得比较简易。因此，在超精密镜面切削的高技术应用领域，天然金刚石起到了重要作用。

20 世纪 50 年代利用高温高压技术人工合成金刚石粉以后，70 年代制造出金刚石基的切削刀具即聚晶金刚石（PCD）。PCD 晶粒呈无序排列状态，不具方向性，因而硬度均匀。它有很高的硬度和导热性，热胀系数低，具有高的弹性模量和较低的摩擦系数，刀刃非常锋利。

3 种主要金刚石刀具材料——PCD、CVD 厚膜和人工合成单晶金刚石各自的性能特点为：PCD 焊接性、机械磨削性和断裂韧性最高，抗磨损性和刃口质量居中，抗腐蚀性最差；CVD 厚膜抗腐蚀性最好，机械磨削性、刃口质量和断裂韧性和抗磨损性居中，可焊接性差；人工合成单晶金刚石刃口质量、抗磨损性和抗腐蚀性最好，焊接性、机械磨削性和断裂韧性最差。

金刚石刀具是目前高速切削（2 500～5 000 m/min）铝合金较理想的刀具材料，但由于碳对铁的亲和作用，特别是在高温下，金刚石能与铁发生化学反应，因此它不宜于切削铁及其合金工件。

③ 立方氮化硼。立方氮化硼（CBN）是纯人工合成的材料。它是 20 世纪 50 年代末用制造金刚石相似的方法合成的第二种超硬材料——CBN 微粉。由于 CBN 的烧结性能很差，直至 20 世纪 70 年代才制成立方氮化硼结块（聚晶立方氮化硼 PCBN），它是由 CBN 微粉与少量黏结相（Co、Ni 或 TiN、TiC）在高温高压下烧结而成。CBN 是氮化硼的致密相，有很高的硬度（仅次于金刚石）和耐热性（1 500℃），优良的化学稳定性（远优于金刚石）和导热性，低的摩擦系数。

PCBN 与 Fe 族元素亲和性很低，所以它适用于对高温合金、冷硬铸铁、淬火钢进行半精加工和精加工。

复习思考题

1. 刀具切削部分的组成要素有哪些？它们是如何定义的？
2. 积屑瘤是如何产生的？如何控制积屑瘤的产生？
3. 刀具的辅助平面有哪几个？分别写出它们的含义。

4. 刀具切削部分的几何角度有哪些？它们是如何定义的？
5. 刀具切削部分材料应具备哪些性能？
6. 刀具磨损有几种形式？各在什么条件下产生？
7. 切削用量有哪几个参数？如何正确选择切削用量？
8. 切削力是怎样产生的？3 个切削力有什么实用意义？
9. 切削热是如何产生和传导的？
10. 切削液的主要作用是什么？如何选用切削液？

第3章 零件切削加工设备

零件切削加工设备主要是指通过切削的方法将毛坯加工成合格零件的机器，是制造机器的机器。常见的零件切削加工设备包括车床、铣床、钻床、镗床、刨插床、磨床、齿轮加工机床等。本章主要介绍上述各种设备的使用范围和结构特征，为后续章节制定零件加工工艺流程和合理选择加工设备奠定基础。

3.1 车床

3.1.1 车床概述

车床是主要用车刀对旋转的工件进行车削加工的机床。在车床上还可用钻头、扩孔钻、铰刀、丝锥、板牙、滚花工具等进行相应的加工。车床主要用于加工轴、盘、套和其他具有回转表面的工件，是机械制造和修配工厂中使用最广的一类机床。

按用途和结构的不同，车床主要分为卧式车床和落地车床、立式车床、 转塔车床、单轴自动车床、多轴自动和半自动车床、仿形车床及多刀车床和各种专门化车床，如凸轮轴车床、曲轴车床、车轮车床、铲齿车床。在所有车床中，以卧式车床应用最为广泛。卧式车床加工尺寸公差等级可达 IT8～IT7，表面粗糙度 R_a 值可达 1.6μm。近年来，计算机技术被广泛运用到机床制造业，随之出现了数控车床、车削加工中心等机电一体化的产品。

3.1.2 普通车床

1. 结构特点

卧式车床主要是加工轴类零件和直径不太大的盘类零件，故采用卧式布局。为了适应右手操作的习惯，主轴箱一般布置在机床的左上部。图 3-1 所示为是卧式车床的外形图。

图 3-1 普通卧式车床

1—主轴箱 2—刀架 3—溜板箱 4—尾架 5—丝杠 6—光杠 7—床身 8—右床腿 9—左床腿 10—进给箱

（1）主轴箱

主轴箱位于床身的左上部，内部装有主轴和变速传动机构。主轴是空心的，便于穿过长的工件；在主轴的前端可以利用锥孔安装顶尖，也可利用主轴前端圆锥面安装卡盘和拨盘，以便于装夹工件。主轴箱的功能是支承主轴并把动力经变速机构传给主轴，使主轴带动工件按规定的转速旋转。

（2）刀架

刀架可沿床身上的导轨作纵向移动，其功能是装夹车刀，实现纵向、横向和斜向运功。刀架用来夹持车刀并使其作纵向、横向或斜向进给运动。

（3）尾架

尾架安装在床身右端的尾座导轨上，可沿导轨纵向调整位置，它的功能是用后顶尖以支撑长工件，或安装钻头、铰刀等刀具进行孔加工。它主要由套筒、尾座体、底座等几部分组成。转动手轮，可调整套筒伸缩一定距离，并且尾架还可沿床身导轨推移至所需位置，以适应不同工件加工的要求，也可以安装钻头、铰刀等孔加工刀具进行孔加工。

（4）进给箱

进给箱固定在床身的左端前侧，内部装有进给运动的变换机构，进给运动由光杠或丝杠传出。主轴经挂轮箱传入进给箱的运动，通过移动变速手柄来改变进给箱中滑动齿轮的啮合位置，便可使光杆或丝杆获得不同的转速，从而改变进给量，或所加工螺纹的导程。

（5）溜板箱

溜板箱与刀架的最下层——纵向溜板相连，与刀架一起作纵向运动。溜板箱用来使光杠和丝杠的转动改变为刀架的纵向和横向自动进给运动。光杠用于一般的车削，丝杠只用于车螺纹。在溜板箱中设有互锁机构，使光杠和丝杠不能同时使用。另外在溜板箱上装有各种操纵手柄及按钮，工作时工人可以方便地操作机床。

（6）床身

床身固定在左右床腿上。床身支撑着车床的各个部件，使它们在工作时保持准确的相对位置或运动轨迹。

（7）丝杠

丝杠能带动大拖板作纵向移动，用来车削螺纹。丝杠是车床中主要精密件之一，一般不采用丝杠自动进给，以便长期保持丝杠的精度。

（8）光杠

光杠用于机动进给时传递运动。通过光杠可把进给箱的运动传递给溜板箱，使刀架作纵向或横向进给运动。

2. 加工对象

卧式车床加工对象很广，主轴转速和进给量的调整范围大，能加工工件的内外表面、端面和内外螺纹。还可进行钻孔、扩孔、铰孔、攻螺纹、套螺纹、滚花等工作。卧式车床自动化程度较低，加工形状复杂的工件时，换刀较麻烦，加工过程中辅助时间较多。只适用于单件、小批生产及修理车间。图 3-2 所示为卧式车床加工的典型表面。

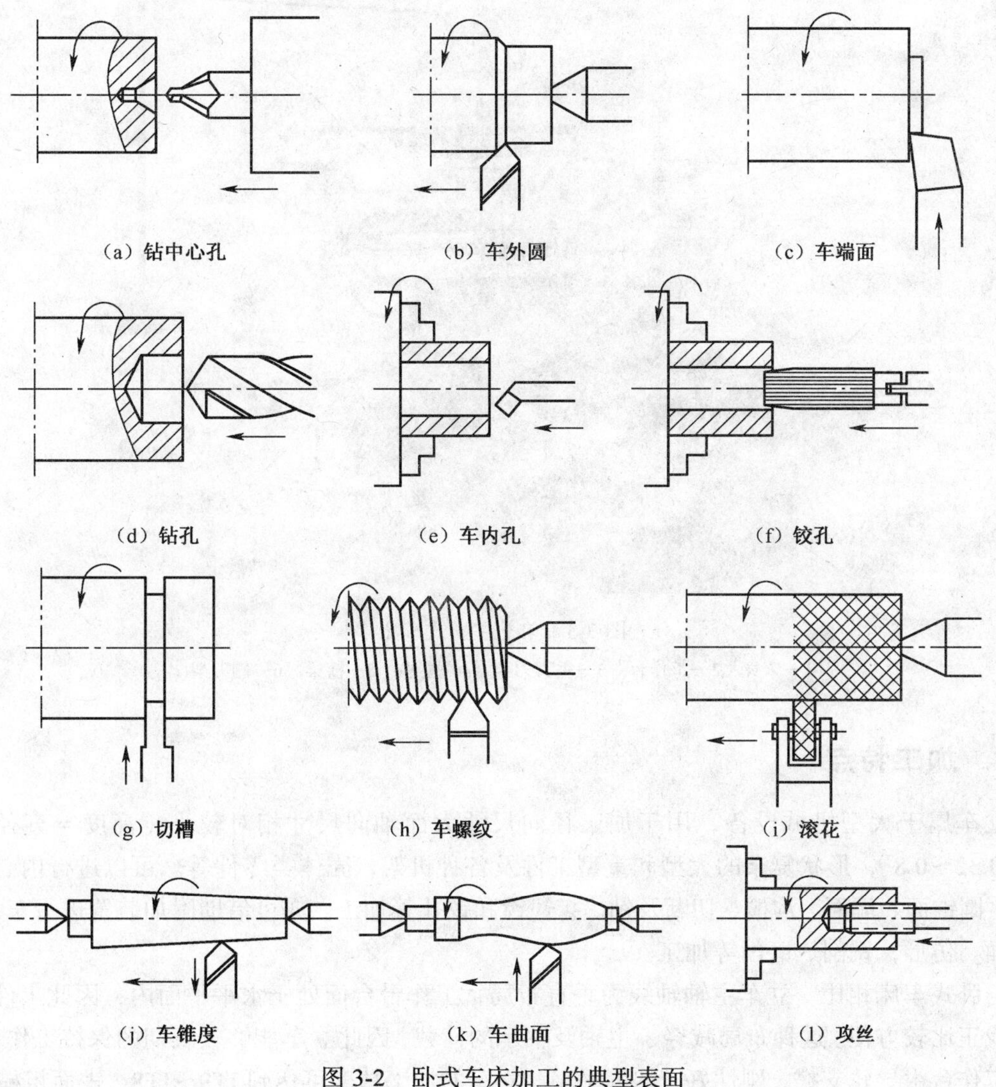

图 3-2　卧式车床加工的典型表面

3.1.3 立式车床

1. 结构特点

主轴轴线垂直于水平面、工件安装在水平回转工作台上的车床称为立式车床，简称立车。立车在结构布局上的主要特点是主轴垂直布置，并有一个直径很大的圆形工作台，用于安装工件，工作台台面处于水平位置，使笨重工件的装夹较方便。

立车有单柱式和双柱式两种。中小型立车多为单柱式。大型立车主要是双柱式，有两个垂直刀架。图 3-3 所示为单立柱立式车床。工件装夹在立车的工作台上，并由工作台带动作旋转的主运动，由垂直刀架和侧刀架实现进给运动，两者都可沿相应的导轨作垂直方向和水平方向进给。

图 3-3 单立柱立式车床

1—床身 2—工作台 3—垂直刀架 4—立柱 5—横梁 6—侧刀架

2. 加工特点

立车属于大型机械设备，用于加工径向尺寸大而轴向尺寸相对较小（高度与直径之比 H/D=0.32～0.8），形状复杂的大型和重型工件及各种机架，壳体类零件等。可以进行内、外圆柱面、圆锥面、端面、沟槽、切断及钻、扩、镗和铰孔等加工。亦可借助附加装置进行车螺纹，车球面，仿形，铣削、磨削等加工。

与卧式车床相比，立车主轴轴线为垂直布局，工作台台面处于水平平面内，因此工件的夹装与找正比较方便。这种布局减轻了主轴及轴承的荷载，因此立车能够较长期的保持工作精度。由于工作台由导轨支撑，刚性好，切削平稳。立车的加工精度可达到 IT9～IT8，表面粗糙度 R_a

可达 3.2～1.6 μm。它是汽轮机、水轮机、重型电机、矿山冶金等重型机械制造不可缺少的设备，如大型冲压模具模座，很适合在立车上加工。

3.1.4 转塔车床

1. 结构特点

图 3-4 所示为转塔车床的外形图，可以在刀架上装多把刀，如可以装钻头、镗刀等，刀架可以在水平面内转位。转塔车床过去大多呈六角形，故又称六角车床。通常用于对夹持在弹簧夹头中的棒料或装在卡盘中的坯件进行车削、钻削、铰削等加工。转塔车床与卧式车床相比，其主要结构特点是没有尾架和丝杠，而在尾架的位置上装有一个能移动的多任务位主切削刀架（如转塔刀架、回轮刀架），另外还具有辅助刀架（如前、后刀架），能完成卧式车床上的各种加工工序。转塔车床是一种多刀、多任务位加工的高效机床，加工效率比卧式车床高 2~3 倍。转塔车床的调整需花费较多时间，适合于成批生产。

图 3-4 转塔车床

1—前刀架 2—转塔刀架

2. 加工特点

转塔刀架的轴线大多垂直于机床主轴，可沿床身导轨作纵向进给。一般大、中型转塔车床是滑鞍式的，转塔溜板直接在床身上移动。小型转塔车床常是滑板式的，在转塔溜板与床身之间还有一层滑板，转塔溜板只在滑板上作纵向移动，工作时滑板固定在床身上，只有当工件长度改变时才移动滑板的位置。机床另有前后刀架，可作纵、横向进给。

在转塔刀架上能装多把刀具，各刀具都按加工顺序预先调好，切削一次后，刀架退回并转位，再用另一把刀进行切削，故能在工件的一次装夹中完成较复杂型面的加工。机床上具有控制各刀具行程终点位置的可调挡块，其刀架的纵横向进给设有撞停定程装置，调好后可重复加工出一批工件，保证成批工件尺寸的一致性，缩短辅助时间，生产率较高，能自动实现机床的变速预选、进给量改变等操作，或整机半自动化和自动化操作，为一人多机看管和纳入自动线提供了条件。

汽车制动毂等回转体的盘类零件均是在转塔车床加工的典型例子。

3.1.5 多刀车床

1. 结构特点

图 3-5 所示为液压多刀车床的外形图，前后刀架、尾架及卡盘，都由液压驱动。机床有液压夹紧系统，装夹工件方便。机床的切削过程由可编程序控制（PLC）来实现中。机床面板上设计了方便的人机对话按键，用户可根据其工艺需要自行编辑。刀架采用镶刚导轨结构，耐磨性能好，使用寿命长。

图 3-5 液压多刀车床

1—后刀架 2—前刀架 3—尾架

2. 加工特点

适应于环类、盘类、短阶梯轴类、圆锥体等零件的批量加工。亦可精、粗切削内外圆、端面及沟槽。机床调整简便，刚性好，可进行强力切削，广泛用于轴承、电机、齿轮的加工，以及汽车、拖拉机行业的生产线上。

3.1.6 仿形车床

图 3-6 所示为液压仿形车床的外形图，上下刀架和尾架都由液压驱动。能按照样板或样件

的轮廓自动车削出形状和尺寸相同的工件。仿形车床适于在大批大量生产中加工圆锥形、阶梯形及成形回转面工件。

图 3-6 立式仿形车床

1—下刀架 2—上刀架 3—尾架

例如，农用车后桥半轴，在批量生产时可以采用立式仿形车床加工，可以显著提高生产效率。

3.2 铣床

3.2.1 铣床概述

铣床指主要用铣刀在工件上加工各种表面的机床。通常，铣刀旋转运动为主运动，工件相对于铣刀的移动为进给运动。它可以加工平面、沟槽，还能加工比较复杂的型面，效率较刨床高，在机械制造和修理部门得到广泛应用。

图 3-7 所示为铣床加工的各种典型表面。

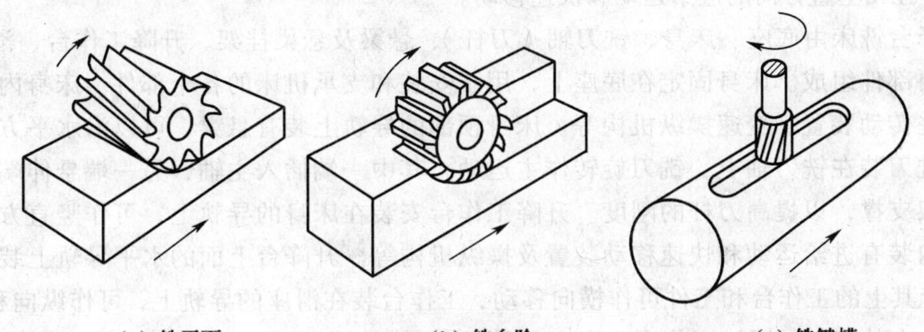

图 3-7 铣床典型加工表面

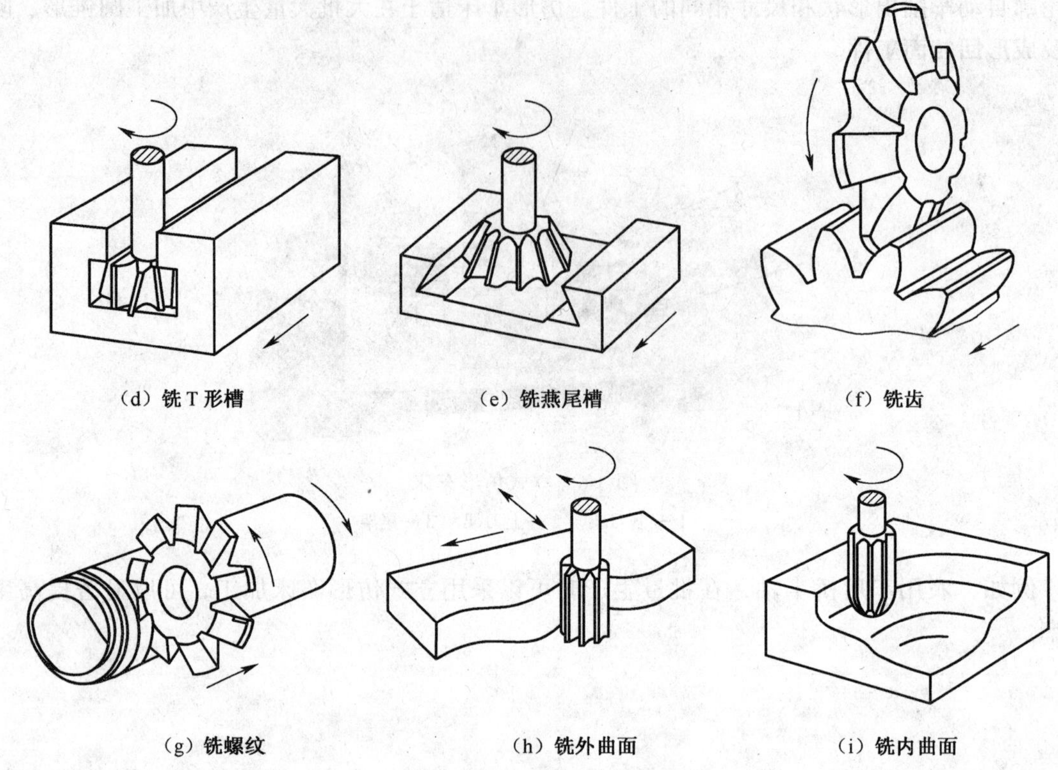
（d）铣T形槽　（e）铣燕尾槽　（f）铣齿
（g）铣螺纹　（h）铣外曲面　（i）铣内曲面

图 3-7　铣床典型加工表面（续）

根据机床布局和用途，铣床的类型可分为升降台式铣床（卧式和立式）、工作台不升降铣床、龙门铣床、工具铣床、仿形铣床、专门化铣床等。

3.2.2　卧式铣床

卧式铣床的主轴是水平布置的，习惯上称“卧铣”。图 3-8 所示为卧式升降台铣床，应用最为广泛，升降台铣床的主要特征是带有升降台。工作台安装在升降台上面，升降台内布置有进给电机和进给变速、传动和操纵机构，使工作台跟随升降台沿着床身上的导轨分别做纵向、横向和升降 3 个互相垂直方向的进给运动和快速移动。

卧式升降台铣床由底座、床身、铣刀轴（刀杆）、悬梁及悬梁挂架、升降工作台、滑座、工作台等主要部件组成。床身固定在底座上，用于安装和支承机床的各个部件。床身内装有主轴部件、主传动装置、变速操纵机构等。床身顶部的导轨上装有悬梁，可以沿水平方向调整其位置。铣刀装在铣刀轴上，铣刀旋转作主运动，其中一端插入主轴，另一端悬伸端由悬梁下面的挂架支撑，以提高刀杆的刚度。升降工作台安装在床身的导轨上，可作竖直方向运动，升降台内装有进给运动和快速移动装置及操纵机构等。升降台上面的水平导轨上装有滑座，滑座带着其上的工作台和工件可作横向移动，工作台装在滑座的导轨上，可作纵向移动。固定在工作台上的工件，通过工作台、滑座、升降台，可以在互相垂直的 3 个方向实现任一方向的调整或进给。

图 3-8　卧式升降台铣床示意图

1—床身　2—悬梁　3—挂架　4—刀杆　5—底座　6—升降工作台　7—滑座　8—工作台

3.2.3　立式铣床

图 3-9 所示为立式铣床外形图。立式床身装在底座上，床身上装有变速箱，滑动立铣头可升降，它的工作台安装在升降台上，可作 X 方向的纵向运动和 Y 方向的横向运动，升降台还可作 Z 方向的垂直运动。立式铣床上可加工平面、斜面、构槽、台阶、齿轮、凸轮、封闭轮廓表面等。卧式和立式铣床适用于单件及成批生产中。

图 3-9　立式铣床

1—立铣头　2—主轴　3—工作台　4—升降台

3.2.4 龙门铣床

图 3-10 所示为龙门铣床的外形图。它的布局呈框架式，横梁安装在立柱上可以上下升降，以适应工件的高度，其上面各安装两个立式铣削主轴箱（铣削头），同时两个立柱上分别装有两个卧铣头，每个铣头都是一个独立的主运动部件，内装有主运动变速机构、主轴和操纵机构。铣刀旋转为主运动，工作台上安装被加工的工件，加工时，工作台沿床身导轨作直线进给运动，4个铣头部可沿各自的轴线作轴向移动，实现铣刀的切深运动。由于在龙门铣床上可以用多把铣刀同时加工工件的几个平面，所以，龙门铣床生产效率很高，在成批和大量生产中得到广泛应用。

图 3-10 龙门铣床

龙门铣床是一种大型高效通用机床，一般龙门式框架上有 3～4 个铣头，主要用于加工各类大型工件上的平面、沟槽或成形表面等。可以对工件进行粗铣、半精铣，也能够进行精铣加工。

3.2.5 双柱铣床

双柱铣床如图 3-11 所示，有左右两个立柱、两个主轴，可以同时安装两把铣刀，工作台通过液压驱动，这样可以同时完成两个平面的铣削加工，生产效率很高，常常在生产线上使用。最常见的加工零件是各种变速箱体的各表面加工，如案例 1 中提到的农用车变速箱体的铣削加工，就可在双柱铣床上实现。

图 3-11 双柱铣床

1—轴 2—立柱 3—工作台

3.3 镗床

镗床与铣床的工作原理和性质相似，刀具的旋转是主运动，工件的移动是进给运动。镗床多用于加工较长的通孔，大直径台阶孔，大型箱体零件上不同位置的孔等。由于镗床的刀盘和镗杆刚性较高，因此加工出的孔的直线度、圆柱度和位置度等都很高。铣床也可以进行镗孔，但加工范围较小，精度也较低。铣床多用于平面、成型面和槽等加工。

镗床可分为卧式镗床、坐标镗床、金刚镗床等。

3.3.1 卧式镗床

卧式镗床是一种主轴水平布置并可进行轴向进给，主轴箱沿前立柱导轨垂直移动，工作台可绕主轴旋转或纵、横向移动，并能进行铣削的机床。卧式镗床外形如图 3-12 所示。

图 3-12　卧式镗床

1—床身　2—前立柱　3—工作台　4—上滑座　5—平旋盘　6—主轴（镗杆）　7—主轴箱　8—后立柱　9—下滑座

卧式镗床的主要组成部件有床身、前立柱、主轴箱、工作台、后立柱等。前立柱固定在床身的右侧，上面安装有主轴箱并沿前立柱导轨作上下移动，前立柱内装有平衡主轴箱重量的配重装置。主轴箱中装有镗杆、平旋盘等主轴组件外，还装有主运动和进给运动变速传动机构和操纵机构。刀具根据加工要求不同可装在镗杆前端的锥孔中或装在平旋盘的径向刀架上。镗杆旋转为主运动，同时可沿轴向移动为进给运动；平旋盘只能作旋转主运动，此时装在平旋盘导轨上的径向刀架连其刀具，除跟平旋盘一起旋转外，还可沿导轨作径向进给运动。工件安装在工作台上，可与工作台一起随上滑座沿床身导轨作纵向移动；还可与沿下滑座的导轨作横向移动；工作台也可以在上滑座的圆导轨上绕垂直轴线转位．以便在一次装夹中完成对互相平行或成一定角度的孔或平面的加工。后立柱安装在床身的左端，上面装有后支架，用于支承悬伸较长的镗杆的悬伸端，以增加刀杆的刚度，后立柱还可沿床身导轨作纵向移动调整。

卧式镗床的加工工艺范围很广泛，适合大型、复杂的箱体类零件精度要求较高的镗孔加工。卧式镗床除镗孔外，还可车端面、铣平面、车外圆、车螺纹、钻孔等。零件可在一次安装后即可完成大部分表面的加工，有利于加工大而笨重的工件。

目前，卧式镗床常常被卧式加工中心所取代。

3.3.2 坐标镗床

坐标镗床是一种高精度机床。其主要特点是具有坐标位置的精密测量装置，能够依靠坐标测量装置精确地确定工作台、上轴箱等移动部件的位移量，实现工件和刀具的精确定位。这样，就要求机床的主要零部件的制造和装配精度很高，并有良好的刚性和抗振性，其主要用来镗削精密孔（IT5 以及更高）和位量精度要求很高的孔系。

坐标镗床的工艺范围很广，除镗孔、钻孔、扩孔、铰孔以及精铣平面和沟槽外，还可以进行精密刻线和划线以及进行孔距、直线尺寸的精密测量等工作。因此，坐标镗床是一种用途比较广泛的精密机床，适用于工具车间加工精密钻模、镗模、量具等工作，也适用于生产车间成批地加工要求精密孔距的箱体类等零件。

坐标镗床按其布局形式可分为立式和卧式两大类。立式坐标镗床适宜于加工轴线与安装基面（底面）垂直的孔系和铣削顶面；卧式坐标镗床适用加工轴线与安装基面平行的孔系和铣削侧面。图 3-13 所示为立式坐标镗床外形图。

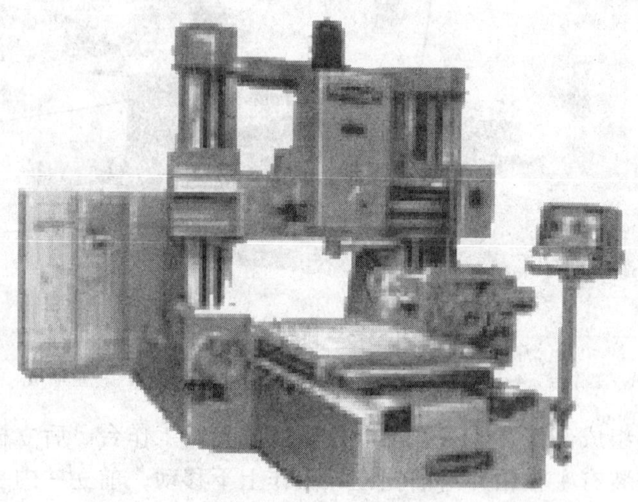

图 3-13　立式坐标镗床

3.3.3 金刚镗床

金刚镗床属于高速精密镗床，如图 3-14 所示。因早期使用金刚石镗刀切削命名，现已广泛使用硬质合金刀具。在金刚镗床上。主轴作高速旋转主运动，工件通过夹具安装在工作台上，工作台沿床身的导轨作平稳的低速纵向移动以实现进给运动。为了运动平稳，主轴采用皮带传动，并用精密的角接触球轴承或静压滑动轴承支承；同时，由于主轴短而粗，所以主轴部件具有良好的刚性和抗振性。

图 3-14　金刚镗床

金刚镗床的特点是切削速度很高，同时切削深度和进给量又极小。例如可以加工零件表面粗糙度为 0.63～0.08 μm，同时尺寸精度为 IT6～IT5。能进行单孔、台阶孔、多孔、圆周孔的镗削，车端面、锪孔、镗沟槽及倒角。加工的零件具有较高的尺寸、位置、形状精度和较好的表面粗糙度。适用于大批量生产中孔的精加工。

3.4 磨床

磨床是利用磨具对工件表面进行磨削加工的机床。

大多数的磨床是使用高速旋转的砂轮进行磨削加工，少数的是使用油石、砂带等其他磨具和游离磨料进行加工，如珩磨机、超精加工机床、砂带磨床、研磨机、抛光机等。

磨床能加工硬度较高的材料，如淬硬钢、硬质合金等；也能加工脆性材料，如玻璃、花岗石。磨床能作高精度和表面粗糙度很小的磨削，也能进行高效率的磨削，如强力磨削等。

磨床是各类金属切削机床中品种最多的一类，主要类型有外圆磨床、内圆磨床、平面磨床、无心磨床、工具磨床等。

3.4.1 外圆磨床

外圆磨床是使用得最广泛的，能加工各种圆柱形和圆锥形外表面及轴肩端面的磨床，如图 3-15 所示。万能外圆磨床还带有内圆磨削附件，可磨削内孔和锥度较大的内、外锥面。不过外圆磨床的自动化程度较低，只适用于中小批单件生产和修配工作。

图 3-15　外圆磨床

3.4.2　内圆磨床

内圆磨床的砂轮主轴转速很高，可磨削圆柱、圆锥形内孔表面。普通内圆磨床仅适于单件、小批生产。自动和半自动内圆磨床除工作循环自动进行外，还可在加工中自动测量，大多用于大批量的生产中。

如图 3-16 所示，头架固定在床身上，而砂轮架则安装在工作台上随之即可作纵向往复进给运动又可作横向进给运动。当磨削锥孔时使头架绕其垂直轴线旋转一定的角度即可。

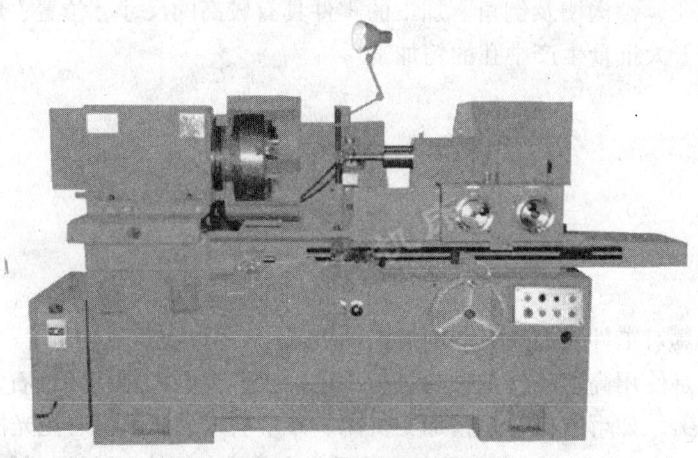

图 3-16　内圆磨床

3.4.3　平面磨床

平面磨床的工件一般是夹紧在工作台上，或靠电磁吸力固定在电磁工作台上，然后用砂轮的周边或端面磨削工件平面的磨床，如图 3-17 所示。

平面磨床适用于磨削平面特别是淬硬表面。根据砂轮的工作面不同，平面磨床可分为用砂轮圆周磨削和用端面磨削两类。用砂轮圆周磨削的平面磨床，砂轮主轴水平称为卧轴式；而用砂轮端面磨削的平面磨床砂轮主轴通常是立式称为立轴式。根据工作台的形状不同又可分为矩形工作台——矩台式和圆形工作台——圆台式。前者常用来加工长工件，但工作台的往复运动较易产生振动，后者适宜加工短工件或者是圆工件的端面，如磨轴承套圈的端面，工作台连续旋转无往复的冲击，稳定性较好。因此，平面磨床又分为卧轴矩台式、立轴矩台式、卧轴圆台式及立轴圆台式，如图 3-18 所示。

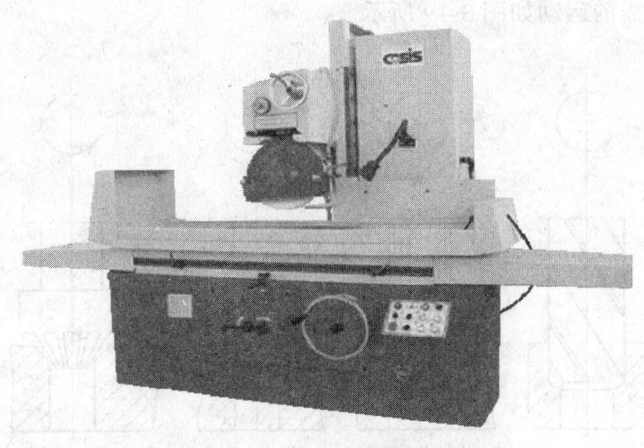

图 3-17 平面磨床

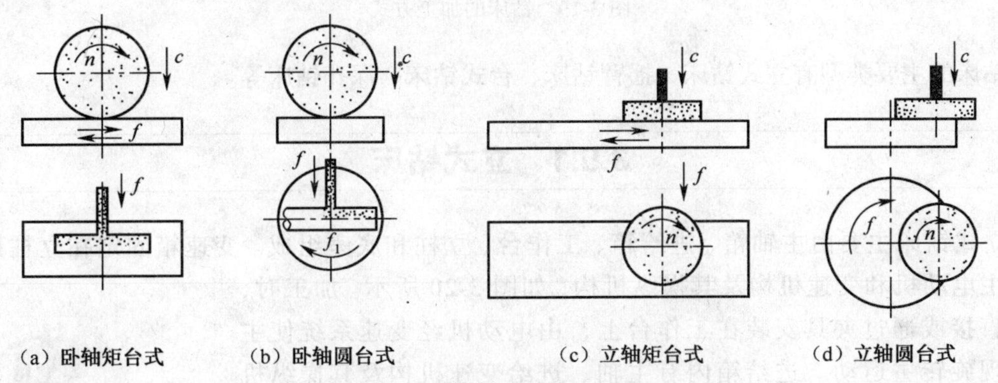

（a）卧轴矩台式　（b）卧轴圆台式　（c）立轴矩台式　（d）立轴圆台式

图 3-18 平面磨床的常见形式

在上述 4 种磨床中，用砂轮端面磨削时，由于此时砂轮往往直径比较大，能同时磨出工作面宽，磨削面积大，所以生产率高；在端面磨削时，砂轮和工件表面是成弧形线或面接触，接触面大，不易冷却，发热严重，且切屑也不易排除，故加工精度及表面粗糙度不高，多用于粗磨。而圆周磨削砂轮与工件接触面积小，磨削热量也少，故工件发热变形小，但生产率低，常用于精磨和磨削薄壁工件。圆台式比矩台式生产率稍高，圆台式是连续进给而矩台式有换向时间损失；圆台式只适于磨削小工件和大直径的环形工件端面，不能磨削长工件；面矩台式可方便磨削各种常用工件包括直径小于矩台宽度的环形工件。

3.5 钻床

钻床与镗床相似，都是孔加工机床，钻床主要用于加工外形复杂、没有对称回转轴线工件上的孔，如箱体、支架、杠杆等零件上的单孔或孔系。钻床是用钻头在工件上加工孔的机床，通常用于加工尺寸较小、精度要求不太高的孔。在钻床上加工时，工件一般固定不动，刀具作旋转主运动，同时沿轴向作进给运动。钻床可完成钻孔、扩孔、铰孔、锪孔、攻螺纹等工作。钻床的加工方法及所需的运动如图 3-19 所示。

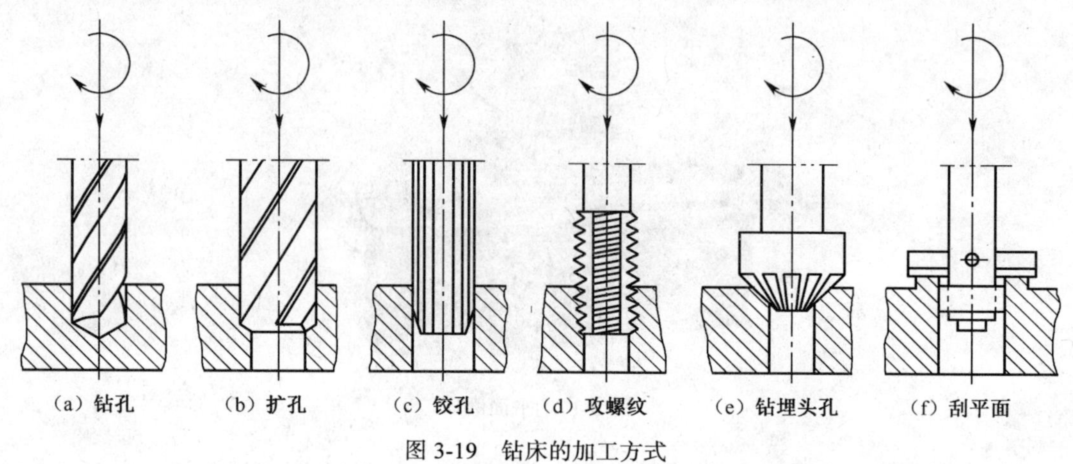

图 3-19 钻床的加工方式

钻床的主要类型有立式钻床、摇臂钻床、台式钻床、深孔钻床等。

3.5.1 立式钻床

立式钻床主要由主轴箱、进给箱、工作台、立柱和底座组成。变速箱固定在立柱顶部，内装主电动机和变速机构及其操纵机构，如图 3-20 所示。加工时，工件直接或通过夹具安装在工作台上，由电动机经变速系统使主轴实现旋转主运动。进给箱内有主轴、进给变速机构及其操纵机构，使主轴作轴向进给运动。工作台和变速箱都可沿立柱调整其上下位置，以适应加工不同高度工件的要求。另外利用装在变速箱上的操纵机构，可使主轴实现手动快速升降、手动进给、接通及断开机动进给。

图 3-20 立式钻床

由于立式钻床的主轴垂直安置且轴心固定不动，加工是须移动工件使得刀具的轴线与被加工孔的中心线重合，较为适宜加工中小型零件上的孔，生产效率不高，常用于单件、中小型工件的小批量生产。加工时，刀具作旋转主运动，同时沿轴线作上下的进给运动。

3.5.2 摇臂钻床

摇臂钻床是摇臂绕立柱回转和升降、主轴箱在摇臂上作水平移动，任意调整其位置的钻床，如图 3-21 所示。加工时工件固定不动，移动主轴（刀具）可以方便地对准被加工孔的位置。摇臂钻床广泛用于不易移动的大、中型零件的加工，适用于单件小批量生产。

摇臂钻床主要由内立柱、外立柱、摇臂、主轴箱、底座等部件组成。主轴作旋转主运动，主轴箱装在摇臂上，沿摇臂上导轨作水平移动。摇臂套装在外立柱上，可沿外立柱上下移动，以适应加工不同高度工件的要求。此外，摇臂还可随外立柱在 180°范围内回转，因此主轴很容易调整到所需要的加工位置。为了使主轴在加工时保持确定的位置，摇臂钻床还具有立柱、摇臂及主轴箱的夹紧机构，当主轴的位置调整确定后可快速将其夹紧。

摇臂钻床的其他变形如万向摇臂钻床，摇臂和主轴箱可回转或倾斜，使主轴在空间任意方向都能够进行钻削，这种机床适用于重型机器、机车车辆、船舶等大型工件。车式摇臂钻床的底座带有车轮，可在轨道上移动，适用于桥梁和机床等行业中窄长形工件的孔加工。

图 3-21 摇臂钻床

3.5.3 台式钻床

台式钻床，简称“台钻”。台钻的钻孔直径一般小于 15mm，最小可加工直径十分之几毫米的小孔，也可用于攻丝。由于加工的孔径很小，所以，台钻主轴的转速很高，可达每分钟 12 万转。台转的自动化程度较低，通常是手动进给。台钻结构简单，使用灵活方便，如图 3-22 所示。

图 3-22 台式钻床

3.6 刨床

刨床主要用于加工各种平面（水平面、垂直平面、倾斜面等）和沟槽（T 形槽、燕尾槽等），用成型刨刀也可以加工一些简单的直线成形表面。

刨床的主运动是刀具（如牛头刨床）或工件（如龙门刨床）的直线往复运动。刨削加工的工作行程是刀具向工件（或工件向刀具）前进时进行切削加工的行程，返回时为空行程，不进行切削，且需将刨刀抬起让刀，以避免损伤已加工表面和减少刀具磨损。进给运动为间歇性的直线运动，由工件或刀具完成，进给方向与主体运动方向垂直，它是在空行程结束后的短时间内进行的，需消耗时间。又由于运动部件换向时需克服惯性力，有冲击载荷，限制了切削速度，所以刨床生产率较低，在成批生产中的应用受到限制。但刨刀结构简单，易于刃磨，生产准备工作省时，用宽刃刨刀相加工平面时，可得到较好的表面粗糙度。

刨床可分为牛头刨床、龙门刨床和插床、刨边机等。

3.6.1 牛头刨床

牛头刨床如图 3-23 所示。刀具移动为主运动，进给运动为工件的移动，常加工与安装基面平行的面。牛头刨床可用来刨削各种平面和沟槽。但由于刀具在反向运动时不加工；滑枕在换向瞬间有较大的惯性冲击，因此切削速度不能太高。另外，牛头刨床通常是单刀加工等原因，所以它的生产率较低，在成批大量生产中常为铣削代替。

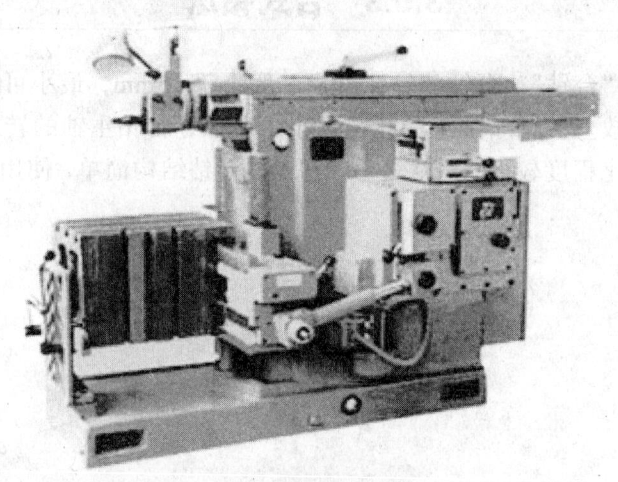

图 3-23 牛头刨床

如果需刨削较长的零件时，因滑枕的行程太长，悬伸太长，就不宜采用牛头刨床式的布局，常用龙门刨床。

3.6.2 龙门刨床

龙门刨床的外形如图 3-24 所示。它具有双立柱和横梁，立柱和横梁上分别装有可移动的侧刀架和垂直刀架。龙门刨床由床身 1、工作台 2、横梁 3、立刀架 4、顶梁 5、立柱 6、主传动箱 7 和侧刀架 8 等部分组成，它固有一个龙门式的框架结构而得名。工作时，工件装夹在工作台 2 上，工作台作往复纵向直线运动（主运动）。装在横梁 3 上的立刀架 4 沿横梁导轨作间歇横向进给运动，进而刨削工件水平面。刀架上的滑板（溜板）可使刨刀上下移动作切入运动或刨削竖直平面。横梁 3 还可沿立柱导轨升降至一定位置，以便根据工作高度调整刀具的位置。

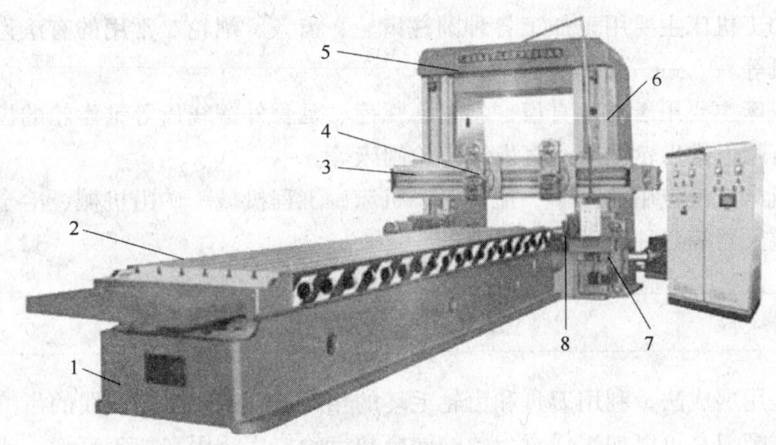

图 3-24　龙门刨床

1—床身　2—工作台　3—横梁　4—立刀架　5—顶梁　6—立柱　7—主传动箱　8—侧刀架

龙门刨床刚性好，生产率高，主要用于中、大批量生产或修理车间中的大型零件的平面加工，尤其是长而窄的平面（如导轨面等），也可用来加工沟槽或同时加工几个中小型零件的平面。

3.6.3　插床

插床同刨床类似，主运动也是直线运动，与刨床区别在于滑枕带动刀架沿导轨作垂直方向的直线往复主运动，如图 3-25 所示。工件装夹在工作台上，除能作纵向进给运动外，还能作圆周进给运动或进行分度。插床生产率较低，常应用于单件小批量生产中插削槽、平面及成型表面（如花键孔、多边孔等）等。

牛头刨床和插床中的刀具的回程都无法利用，反向冲击也限制了切削速度的提高，故生产率普遍较低，多用于单件、小批量生产车间和工具、修理车间。牛头刨床和插床已在很大程度上分别被铣床和拉床所替代。

如单件生产的齿轮键槽、皮带轮键槽都可以在插床上加工完成。

图 3-25　插床

3.7　齿轮加工机床

齿轮加工机床是加工各种圆柱齿轮、锥齿轮和其他带齿零件齿部的机床。齿轮加工机床的品种规格繁多，有加工几毫米直径齿轮的小型机床，加工十几米直径齿轮的大型机床，还有大量生产用的高效机床和加工精密齿轮的高精度机床。

圆柱齿轮加工机床主要用于加工各种圆柱齿轮、齿条、蜗轮。常用的有滚齿机、插齿机、铣齿机、剃齿机等。

锥齿加工机床主要用于加工直齿、斜齿、弧齿、延长外摆线齿等锥齿轮的齿部。圆锥齿轮加工机床主要有弧齿锥齿轮铣床、直齿锥齿轮刨床等。

齿轮加工机床广泛应用在汽车、拖拉机、机床、工程机械、矿山机械、冶金机械、石油、仪表、飞机和航天器等各种机械制造业中。

3.7.1 滚齿机

滚齿加工是用展成法，利用刀具和齿轮毛坯的相对运动来产生渐开线的齿型，优点是精度高，效率高，一把刀具可以加工任意齿数的同模数齿轮，广泛用来加工直齿（或斜齿）圆柱齿轮，又是唯一能加工蜗轮的齿轮加工机床。滚齿机如图 3-26 所示。

图 3-26　滚齿机

3.7.2 插齿机

插齿机用于加工内啮合和外啮合的直齿、斜齿圆柱齿轮，尤其适合于加工内齿轮和多联齿轮，但插齿机不能加工蜗轮。

插齿机加工原理类似于一对相互啮合的圆柱齿轮，其中一个是工件，另一个是齿轮形刀具——插齿刀，它的模数和压力角与被加工齿轮相同，而且经过铲背。由此可见，插齿机也是按展成法加工圆柱齿轮的。插齿机如图 3-27 所示。

图 3-27　插齿机

复习思考题

1. 车床常用的类型有哪些？各有什么特点？
2. 铣床常用的类型有哪些？各有什么特点？
3. 镗床常用的类型有哪些？各有什么特点？
4. 磨床常用的类型有哪些？各有什么特点？
5. 钻床常用的类型有哪些？各有什么特点？
6. 刨床常用的类型有哪些？各有什么特点？
7. 插床常用的类型有哪些？各有什么特点？
8. 齿轮加工机床常用的类型有哪些？各有什么特点？

第4章 零件选材与热处理

金属材料是现代机械制造业中应用最广泛的机械工程材料，为了使金属材料获得良好的性能，通常要选用不同的热处理工艺，以达到技术要求。本章主要介绍金属材料的种类与热处理，以及毛坯的种类与选用原则。

4.1 金属材料种类

4.1.1 工业用钢

钢是含碳量在0.04%～2.11%之间的铁碳合金，为了保证其塑性和韧性，含碳量一般不超过1.7%。钢的主要元素除铁、碳外，还含有硅、锰、硫、磷等。钢的分类方法有很多，根据国家标准GB/T13304—1991，钢按化学成分可分为非合金钢、低合金钢和合金钢三大类。

1. 非合金钢

根据国家标准GB/T13304—1991《钢分类》，“碳素钢”一词已被“非合金钢”所取代。在过去的标准和生产实践中，经常使用“高碳钢”、“中碳钢”、“低碳钢”等名称，它们是根据非合金钢中碳的质量分数 w(C)来划分：高碳钢 w(C) > 0.60%，中碳钢 w(C) = 0.25%～0.60%，低碳钢 w(C) < 0.25%。非合金钢具有价格便宜、工艺性能好、力学性能能满足一般使用要求的优点，因此被广泛应用到工业生产中。

（1）非合金钢的分类

非合金钢按主要质量等级可分为以下3种。

① 普通质量非合金钢：指对生产过程中控制质量无特殊规定的一般用途的非合金钢。其应用时应满足下列条件：钢为非合金化的，不规定热处理，硫和磷的质量分数最高值小于0.045%，没有规定其他质量要求。

此类钢主要包括：一般用途碳素结构钢，如GB/T700中规定的A、B级钢；铁道用一般碳素钢，如轻轨和垫板用碳素钢；碳素钢筋钢；一般钢板桩型钢。

② 优质非合金钢：指除普通质量非合金钢和特殊质量非合金钢以外的非合金钢，其在生产过程中需要特别控制质量（如控制晶粒度，降低硫、磷含量，改善表面质量或增加工艺控制等），以达到比普通质量非合金钢特殊的质量要求（如良好的冷成形性、良好的抗脆断性能等），但这种钢生产控制不如特殊质量非合金钢严格。

此类钢主要包括：机械结构用优质碳素钢，如 GB/T699—1999 中规定的优质碳素结构钢中的低碳钢、中碳钢和高碳钢；工程结构用碳素钢，如 GB/T700 中规定的 C、D 级钢；冲压薄板的低碳结构钢；锅炉和压力容器用碳素钢；镀层板、带用碳素钢；造船用碳素钢；铁道用优质碳素钢，如重轨用碳素钢；焊条用碳素钢；优质铸造碳素钢；冷锻、冷冲压等冷加工用的非合金钢。

③ 特殊质量非合金钢：指在生产过程中需要特别严格控制质量和性能（如控制淬透性和纯洁度）的非合金钢。其应符合下列条件、钢材要经过热处理并至少具有下列一种特殊要求的非合金钢（包括易切削钢和工具钢）：要求淬火和回火状态下的冲击性能，有效淬硬层深度或表面硬度；限制表面缺陷；限制钢中非金属杂物含量和（或）要求内部材质均匀度；限制硫和磷的含量（成品 w（P）%和 w（S）%均≤0.025%）；限制残余元素 Cu、Co、V 的最高含量等方面的要求等。

此类钢主要包括：保证淬透性非合金钢；碳素工具钢；碳素弹簧钢；铁道用特殊非合金钢，如车轴坯、车轮、轮箍钢；核能用非合金钢；特殊焊条用非合金钢；航空、兵器等专用非合金结构钢；原料纯铁、电磁纯铁等。

非合金钢按用途可分为以下两种。

① 碳素工具钢：这类钢主要用于制造工具，如刀具、模具、量具等，其含碳的质量分数一般都大于 0.70%。

② 碳素结构钢：这类钢主要用于制造各类机械零件和工程结构件，其含碳的质量分数一般都小于 0.70%，如制造齿轮、轴、弹簧、螺母等零件，也可用于制造船舶、桥梁等工程结构件。

（2）非合金钢的牌号及用途

① 普通质量非合金钢。普通质量非合金钢中的碳素结构钢的牌号由屈服点字母、屈服点数值、质量等级符合、脱氧方法四部分按顺序组成。屈服点字母以“屈”字汉语拼音首字母“Q”表示；质量等级分 A、B、C、D 四等，质量依次提高；脱氧方法用 F、b、Z、TZ 依次表示沸腾钢、半镇静钢、镇静钢、特殊镇静钢，在牌号中 Z 可以省略。例如“Q225—A · F”表示屈服点大于 225 MPa、质量为 A 级的沸腾碳素结构钢。

碳素结构钢的含碳质量分数比较低，塑性和韧性好，焊接性能好，价格低廉，经常被热轧成钢板、钢带、棒钢和型钢，制造工艺要求不高的机械零件及用于建筑、桥梁等工程结构件。

② 优质非合金钢。优质非合金钢的牌号用两位数字表示，其含义表示钢中平均碳的质量分数的万分之几。例如 45 钢，表示平均碳的质量分数为 0.45%的优质碳素结构钢；08 钢表示平均碳的质量分数为 0.08%的优质碳素结构钢。

优质碳素结构钢中锰 Mn 的质量分数较高（w（Mn）% = 0.70%～1.00%）时，在其牌号后面标出元素符号“Mn”，如 15 Mn、20 Mn 等；若为沸腾钢或半镇静钢，则在数字后面标出“F”或“b”，如 08F 或 08b 等。

08 钢、10 钢中碳的质量分数低，塑性和韧性好，焊接性能和冷成型性能好，主要用于制作薄板，制造冷冲压件和焊接件，如汽车车身、仪表外壳等。

15 钢、20 钢、25 钢属于渗碳钢，这类钢强度低，但塑性和韧性较高，冷冲压性能和焊接性能好，可以制造各种要求高韧性但受力不大的零件，如齿轮、螺钉、轴套、活塞销等；还可以制造各种冷冲压件和焊接件。这类钢经渗碳淬火处理后，表面硬度可达 60HRC 以上，耐磨性好，而心部具有一定的强度和韧性，常用于制造要求表面硬度高、耐磨且承受冲击载荷的零件。

30～55 钢、40 Mn、50 Mn 属于调质钢，经过热处理后具有良好的综合力学性能，主要用于制作强度、塑性、韧性要求都比较高的零件，如齿轮、轴类、连杆等。这类钢在机械制造中应有非常广泛，尤其是 40 钢、45 钢的应用更加广泛。

60～85 钢属于弹簧钢，经过热处理后可获得较高的弹性极限，主要用于制造尺寸较小的弹簧、弹性零件和耐磨零件，如汽车上的螺旋弹簧、气门弹簧、弹簧发条等。

③ 特殊质量非合金钢。特殊质量非合金钢中的碳素工具钢的牌号以“碳”字汉语拼音首字母“T”开头，后面的数字表示平均碳的质量分数的千分数。如 T7 表示平均碳的质量分数为 0.70%的碳素工具钢。如果是高级优质碳素工具钢，则在牌号后面表以字母“A”,如 T10A 表示平均碳的质量分数为 1.00%的高级优质碳素工具钢。

碳素工具钢随着碳的质量分数的增加，硬度和耐磨性提高，而韧性下降，所以其应用场合也有所不同。T7、T8 一般用于要求韧性稍高的工具，如冲头、錾子、简单模具、木工工具等；T10 用于要求中等韧性、高硬度的工具，如丝锥、板牙、手工锯条等，也可用作要求不高的模具；T12 具有高的硬度和耐磨性，但韧性低，主要用于制作钻头、量具、锉刀、刮刀等。高级优质碳素工具钢含杂质和非金属夹杂物少，使用于制造性能要求较高的、重要的工具。

2. 低合金钢

低合金钢是指在钢中加入少量合金元素且合金元素的总量低于 3%。由于合金元素的强化作用，低合金结构钢的屈服点比普通碳素钢高 25%～150%，加之大多为低碳钢，因此具有良好的塑性、韧性和焊接性能，大多都在热轧或正火状态下使用。

（1）低合金钢的分类

根据低合金钢主要质量等级可分为以下 3 种。

① 普通质量低合金钢：指不规定在生产过程中需要特别控制质量要求的、用作一般要求的低合金钢。此类钢主要包括：一般用途低合金结构钢；低合金钢筋钢；铁道用一般低合金钢，如低合金轻轨钢；矿用一般低合金钢（调质处理的钢号除外）。

② 优质低合金钢：指除普通质量低合金钢和特殊质量低合金钢以外的低合金钢，其在生产过程中需要特别控制质量（如降低硫、磷含量，改善表面质量、增加工艺控制等），以达到比普通质量低合金钢特殊的质量要求（如良好的冷成形性、良好的抗脆断性能等），但这种钢生产控制不如特殊质量低合金钢严格。此类钢主要包括：可焊接的低合金高强度钢；汽车用低合金钢；造船用低合金钢；自行车用低合金钢；桥梁用低合金钢；锅炉和压力容器用低合金钢；低合金耐候钢；铁道用低合金钢，如铁路用异型钢等；输油、输气管线用低合金钢；矿用低合金钢等。

③ 特殊质量低合金钢：指在生产过程中需要特别严格控制质量和性能（特别是严格控制硫、

磷等杂质含量和纯度）的低合金钢。此类钢主要包括：核能用低合金钢；低温用低合金钢；保证厚度方向性能低合金钢；铁道用低合金车轮钢；舰船、兵器等专用特殊低合金钢等。

根据低合金钢的主要性能和使用特性可分为：可焊接的低合金高强度结构钢、低合金耐候钢、低合金钢筋钢、铁道用低合金钢、矿用低合金钢和其他低合金钢等。下面主要介绍前两类低合金钢的特点及用途。

① 低合金高强度结构钢：是在低碳非合金钢的基础上加入少量合金元素而制成的钢，其合金元素以锰为主，此外，还有钒、钛、铝、铌等元素。与非合金钢相比，它具有较高的强度、韧性、良好的焊接性和冷成形性，价格与非合金钢很接近，

低合金高强度结构钢广泛用于制造桥梁、船舶、车辆和建筑钢筋等。

② 低合金耐候钢：指耐大气腐蚀钢，它是在低碳非合金钢的基础上加入少量铜、铬、钼等合金元素，使其在金属表面形成一层保护膜的钢材。为了进一步改善其性能，还可加微量的铌、钒、钛、锆等元素。我国目前使用的耐候钢可分为焊接结构用耐候钢和高耐候性结构钢两大类。

焊接结构用耐候钢适用于桥梁、建筑及其他要求耐候性的钢结构；高耐候性结构钢适用于制造机车车辆、建筑、塔架和其他要求高耐候性的钢结构。

（2）低合金高强度结构钢的牌号

低合金高强度结构钢的牌号由代表屈服点的汉语拼音首字母 Q、屈服点数值、质量等级符号（A、B、C、D、E）、脱氧方法符号（F、b、Z、TZ，其中 Z 和 TZ 可省略）四部分按顺序组成。如 Q345A 表示屈服点 $\sigma_s \geqslant 345$ MPa、质量为 A 级的低合金高强度结构钢。新、旧标准低合金高强度结构钢牌号对照及用途如表 4-1 所示。

表 4-1　新、旧标准低合金高强度结构钢牌号对照及用途

GB/T 1591—1994	GB/T 1591—1988	用　途
Q295	09 MnV、09 MnNb、09 Mn2、12 Mn	车辆冲压件、冷弯型钢、螺旋焊管、拖拉机轮圈、低压锅炉汽包、中低压化工容器、输油管道、贮油罐、游船等
Q345	12 MnV、14 MnNb、16 Mn、16 MnRE、18 Nb	船舶、铁路车辆、桥梁、管道、锅炉、压力容器、石油储罐、起重机及矿山机械、电站设备、厂房钢架等
Q390	15 MnV、15 MnTi、16 MnNb、10 MnPNbRE2	中高压石油化工容器、中高压锅炉汽包、大型船舶、桥梁、车辆、起重机及其他较高载荷的焊接结构件等
Q420	15 MnVN、14 MnVTiRE	大型船舶、桥梁、电站设备、起重机械、机车车辆、中压或高压锅炉及容器的大型焊接结构件等
Q460		经淬火加回火后，用于大型挖掘机、起重运输机械、钻井平台等

3. 合金钢

合金钢是指为了获得某种物理、化学或力学性能而有意添加了一定量的合金元素 Mo、Re、Si、Mn、W、B 等，并对杂质和有害元素加以控制的一类钢。合金钢中合金元素规定的质量分数界限值总量是 w（Me）%≥5.43%，Me 指总的合金元素或某一种合金元素。

（1）合金钢的分类

根据合金钢的主要质量等级可分为以下两类。

① 优质合金钢：是指在生产过程中需要特别控制质量和性能，但其生产控制和质量要求不如特殊质量合金钢严格的合金钢。此类钢主要包括：一般工程结构用合金钢；合金钢筋钢；铁道用合金钢；地质、石油钻探用合金钢；耐磨钢和硅锰弹簧钢等。

② 特殊质量合金钢：是指在生产过程中需要特别严格控制质量和性能的合金钢。除优质合金钢以外的其他所有合金钢都是特殊质量合金钢。此类钢主要包括：压力容器用合金钢；经热处理的地质石油钻探用合金钢；经热处理的合金钢筋钢；合金结构钢；合金弹簧钢；不锈钢；耐热钢；合金工具钢；高速工具钢；轴承钢；高电阻电热钢及其合金；无磁钢；永磁钢。

根据合金钢的主要性能和使用特性主要分为以下几种。

① 常用工程结构用合金钢。常用工程结构用合金钢主要包括一般工程结构用合金钢、压力容器用合金钢、合金钢筋钢、地质石油钻探用钢、高锰钢等。这类钢主要用于制造工程结构（如建筑工程钢筋结构等）、压力容器、承受冲击的耐磨钢铸件等。

② 常用机械结构用合金钢。常用机械结构用合金钢属于特殊质量合金钢，主要用于制造机械零件，如轴、轴承、齿轮、弹簧、连杆等。这类钢按其用途和热处理特点又分为合金渗碳钢、合金调质钢、合金弹簧钢和超高强度钢、滚动轴承钢等。

③ 工具钢。工具钢主要用来制造刀具、量具和模具等各种工具。这类钢根据特点和用途可分为合金工具钢和高速工具钢。合金工具钢又可分为量具刃具钢、耐冲击工具用钢、冷作模具钢、热作模具钢、塑料模具钢、无磁模具钢等；高速工具钢又简称高速钢，主要用来制造高速切削刀具。

④ 不锈钢与耐热钢。不锈钢是指用来抵抗大气腐蚀或其他介质腐蚀的钢。常用的不锈钢是铬不锈钢和铬镍不锈钢两类；按其使用时的组织特征分为铁素体型不锈钢、奥氏体型不锈钢、马氏体型不锈钢、奥氏体—铁素体型不锈钢和沉淀硬化型不锈钢 5 类。这类钢主要用来制造耐酸腐蚀部件、家用电器部件、医疗机械、食品用设备、建筑装饰品、手术刀片等。

耐热钢是指在高温下不发生氧化且具有较高热强性的钢。耐热钢可分为抗氧化钢、热强钢和汽阀钢，这类钢主要用来制造各种加热炉的构件、汽轮机叶片、发动机排气阀等特殊工作条件下的零件。

⑤ 特殊物理性能钢。特殊物理性能钢包括软磁钢、永磁钢、无磁钢等。这类钢主要用来制造无线电及通信器材里的永久磁铁装置、仪表中的马蹄形磁铁、电机和变压器部件、电动仪表壳体等。

⑥ 铸钢。铸钢一般应用于较严重的、复杂的、要求具有较高强度、塑性、韧性以及特殊性能的结构件，如齿轮、连杆、缸体、机架等。

（2）合金钢的牌号

我国合金钢的牌号是按照合金钢中碳的质量分数及所含合金元素的种类和其质量分数来编制的。一般牌号的首位都是表示其平均碳的质量分数的数字，对于结构钢，数字表示平均碳的质量分数的万分之几；对于工具钢，数字表示平均碳的质量分数的千分之几。当钢中某合金元素（Me）的平均质量分数 w（Me）% < 1.5%时，牌号中只标出元素符号，不标

明含量；当 1.5%≤w（Me）%＜2.5%时，在该元素后面相应的用整数 2 表示其平均质量分数，依此类推。

① 合金结构钢的牌号。例如 60Si2Mn，表示平均 w（C）%＝0.60%、w（Si）%＝2%、w（Mn）%＜1.5%的合金结构钢；09 Mn2 表示 w（C）%＝0.09%、w（Mn）%＝2.0%的合金结构钢。钢中钒、钛、铝、硼、稀土等合金元素虽然含量很低，但仍标出，如 25 MnTiBRE、40 MnVB 等。

② 合金工具钢的牌号。当钢中平均 w（C）%＜1.0%时，牌号前数字以千分之几（一位数）表示；w（C）%≥1.0%时，为了避免与合金结构钢相混淆，牌号前不标数字。如 9 Mn2V 表示平均 w（C）%＜0.9%、w（Mn）%＝2.0%、w（V）%＜1.5%的合金工具钢；CrWMn 表示钢中平均 w（C）%≥1.0%、w（Cr）%＜1.5%、w（W）%＜1.5%、w（Mn）%＜1.5%的合金工具钢；高速工具钢牌号不标出碳的质量分数值，如 W18Cr4V。

③ 滚动轴承钢的牌号。滚动轴承钢牌号首位是汉语拼音字母“G”，其后为铬元素 Cr，铬的质量分数以千分之几表示，其余合金元素与合金结构钢牌号规定相同，如 GCr15SiMn 钢。

④ 不锈钢和耐热钢的牌号。不锈钢和耐热钢的牌号表示方法和合金工具钢基本相同，只是 w（C）%≤0.08%及 w（C）%≤0.03%时，在牌号首位分别标注“0”及“00”，如 0Cr21Ni5Ti、00Cr30Mo2 等。

⑤ 铸钢的牌号。铸钢的牌号是在一般合金钢的牌号前加字母“ZG”，后面第一组数字表示铸钢中碳的名义万分质量分数，其后排列的是各主要合金元素符号及其名义百分质量分数，如 ZG35SiMn、ZG37SiMn2MoV 等。

4.1.2 铸铁

铸铁是指碳的质量分数大于 2.11%的铁碳合金。工业用铸铁是以铁、碳、硅为主要元素的多元合金，硫、磷杂质含量较高。铸铁具有优良的可铸造性和切削加工性，良好的耐磨性和消震性，并且价格低，所以在汽车制造、冶金、矿山、石油化工、机床和重型机械制造、国防工业等行业中应用广泛。下面介绍常用的几种铸铁。

1. 灰铸铁

灰铸铁是指铸铁中的碳主要以片状石墨形态存在，断口呈暗灰色。它是目前工业生产中应用最广泛的一类铸铁。

（1）灰铸铁的化学成分和性能

灰铸铁的化学成分为：w(C)%＝2.5%～4.0%，w(Si)%＝1.0%～2.5%，w(Mn)%＝0.6%～1.3%，w（S）%≤0.15%，w（P）%≤0.30%。

由于灰铸铁中片状石墨的存在，灰铸铁具有优良的铸造性，良好的切削加工性、减震性、减摩性和较低的缺口敏感性，其抗压强度和硬度接近碳素钢，所以灰铸铁广泛应用于制造承受压力载荷的零件，如机座、床身、箱体等结构件。

（2）灰铸铁的牌号和用途

灰铸铁的牌号由“HT”及数字组成，“HT”是“灰铁”两字汉语拼音首字母，数字表示最低抗拉强度。例如 HT150 表示灰铸铁，其最低抗拉强度是 150 MPa。常用灰铸铁的牌号及用途如表 4-2 所示。

表 4-2　灰铸铁的牌号及用途

类　别	牌　号	用　途
铁素体灰铸铁	HT100	适用于低载荷和不重要零件，如盖、防护罩、手轮、支架等
铁素体—珠光体灰铸铁	HT150	承受中等载荷的零件，如底座、机床床身、工作台、阀体及一般工作条件要求的零件
珠光体灰铸铁	HT200 HT250	承受大载荷和重要的零件，如汽缸、齿轮、机座、床身、活塞、油缸、联轴器等
孕育铸铁	HT300 HT350	承受高载荷、耐磨、高气密性的重要零件，如重型机床、压力机、剪床、高压油缸、大型发动机的曲轴、凸轮、气缸体等

2. 可锻铸铁

白口铸铁是指铸铁中的碳主要以渗碳体形态存在，断口呈银白色。将一定成分的白口铸铁经退火热处理后，获得团絮状石墨的铸铁，称为可锻铸铁，也称韧铁，具有较高的韧性。

（1）可锻铸铁的化学成分和性能

与灰铸铁相比，可锻铸铁中的碳和硅质量分数低一些，一般 w（C）% = 2.2%～2.8%，w（Si）% = 1.2%～1.8%。

可锻铸铁的组织性能均匀，力学性能比灰铸铁高，但不能进行锻压加工。其中黑心可锻铸铁具有较高的塑性和韧性，而珠光体可锻铸铁则具有较高的强度、硬度和耐磨性。可锻铸铁常用于制造形状复杂、能承受强动载荷的零件。

（2）可锻铸铁的牌号和用途

可锻铸铁的牌号由 3 个字母和两组数字组成。其中前两个字母“KT”是“可铁”两字汉语拼音首字母；第 3 个字母代表类别，“H”代表“黑心”（铁素体基体），“Z”代表珠光体基体；最后的两组数字分别表示最低抗拉强度和最低伸长率。可锻铸铁的牌号及用途如表 4-3 所示。

表 4-3　可锻铸铁的牌号及用途

类　别	牌　号	应用举例
黑心可锻铸铁	KTH300-06	弯头、三角管件
	KTH330-08	扳手、犁刀、犁柱、车轮壳等
	KTH350-10 KTH370-12	汽车、拖拉机前后轮壳、减速器壳、制动器等
珠光体可锻铸铁	KTZ550-04 KTZ650-02 KTZ700-02	曲轴、凸轮轴、轴套、齿轮、连杆、活塞环、万向接头、棘轮、传动链条等

3. 球墨铸铁

球墨铸铁是将灰口铸铁铁水经球化处理后获得，析出的石墨呈球状，简称球铁。

（1）球墨铸铁的化学成分和性能

球墨铸铁的化学成分为：w(C)% = 3.6%～3.9%，w(Si)% = 2.0%～2.8%，w(Mn)% = 0.6%～0.8%，w(S)% < 0.04%，w(P)% < 0.10%，w(Mg)% = 0.03%～0.05%。

与灰铸铁相比，球墨铸铁具有较高的强度、良好的塑性和韧性，通过各种热处理，可以明显提高其力学性能。但球墨铸铁的收缩率较大，流动性较差，对原材料及处理工艺要求较高。

（2）球墨铸铁的牌号和用途

球墨铸铁的牌号由“QT”和其后面两组数字组成。“QT”是“球铁”两字汉语拼音首字母，两组数字分别表示其最低抗拉强度和最低伸长率。部分球墨铸铁的牌号及用途如表 4-4 所示。

表 4-4　部分球墨铸铁的牌号及用途

类　别	牌　号	应用举例
铁素体	QT400-15	汽车零件、内燃机车零件、机床零件、阀体、减速器壳等
	QT450-10	
铁素体—珠光体	QT500-7	机车、机油泵齿轮、车辆轴瓦等
珠光体	QT700-2	柴油机曲轴、凸轮轴、汽缸体、汽缸套、活塞环等
	QT800-2	

4. 蠕墨铸铁

蠕墨铸铁是将灰口铸铁的铁水经蠕化处理后获得，析出的石墨呈蠕虫状。

（1）蠕墨铸铁的化学成分和性能

蠕墨铸铁的原铁液一般为含高碳硅的共晶或过共晶化学成分。

蠕墨铸铁的力学性能介于灰铸铁和球墨铸铁之间；其在铸造性、减震性、导热性等方面都比球墨铸铁好；切削加工性与球墨铸铁相似，比灰铸铁稍差。

（2）蠕墨铸铁的牌号和用途

蠕墨铸铁的牌号由“RuT”和其后面的数字组成。“RuT”是“蠕铁”两字汉语拼音首字母，后面的数字表示最低抗拉强度。常用蠕墨铸铁牌号及用途如表 4-5 所示。

表 4-5　常用蠕墨铸铁牌号及用途

类　别	牌　号	应用举例
铁素体	RuT260	增压器、废气进气壳体、汽车底盘零件等
铁素体—珠光体	RuT300	变速箱体、排气管、液压件、汽缸盖、钢锭模等
	RuT340	
珠光体	RuT380	汽缸套、活塞环、制动盘、制动鼓等
	RuT420	

5. 合金铸铁

合金铸铁是在普通铸铁中加入适量合金元素，如硅、锰、磷、镍、铬、钼、硼等而获得。合金元素使铸铁的基体组织发生变化，从而具有相应的耐磨、耐热、耐蚀、耐低温等特性。

① 耐磨铸铁：不易磨损的铸铁称为耐磨铸铁。它可以用来制造犁铧、轧辊、球磨机磨球、机床导轨、汽缸套、活塞环和轴承等。

② 耐热铸铁：指可以在高温下使用，抗氧化或抗生长性能符合使用要求的铸铁。它主要用来制造工业加热炉附件，如炉底板、烟道挡板、废气道、热交换器、压铸模等。

③ 耐蚀铸铁：指能耐化学、电化学腐蚀的铸铁。它主要应用于化工机械，如管件、阀门、耐酸泵、反应锅及容器等。

4.1.3 有色金属及其合金

金属通常被分为两大类：黑色金属和非铁金属。黑色金属是指铁及其合金；非铁金属也称有色金属，是指除黑色金属以外的其他金属及其合金，如铝、铜、镁、锡、钛等及其合金。

由于有色金属具有某些黑色金属所不具备的特殊的物理和化学性能，因而广泛应用于航空、航海、汽车、石化、电气、能源等部门。虽然有色金属的种类很多，但由于其冶炼困难，生产成本高，所以其产量和使用量远远低于黑色金属。

常用的有色金属及其合金有以下几种。

1. 铝及铝合金

在有色金属中，铝及铝合金是应用最广泛的材料，目前其产量仅次于钢铁。

工业纯铝是指铝含量在98%～99.7%之间的铝，其具有良好的导电和导热性能，仅次于金、银和铜。在空气中，铝的表面能生成致密的氧化膜，防止内部金属继续氧化，因此铝在大气中具有良好的耐腐蚀性，但其不耐酸、碱、盐的腐蚀。工业纯铝的塑性好，但强度低，主要用于配制铝合金，制造电线、电缆、电器元件和要求质轻、导热、耐大气腐蚀但强度要求不高的构件及器皿等。

向铝中加入适量的合金元素，如铜、镁、硅、锌、锰等，即可得到铝合金。这些合金元素可以使铝合金具有较高的强度并保持纯铝的特性，具有良好的耐腐蚀性和可加工性，在航天航空工业中得到广泛的应用。

常用的铝合金分类如图4-1所示。

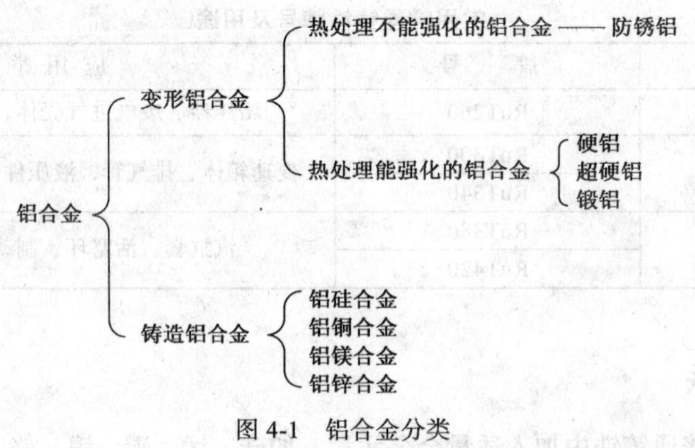

图4-1　铝合金分类

2. 铜及铜合金

纯铜又称电解铜或紫铜。它具有较高的导热、导电性，强度和硬度低，抗蚀性好，因此不宜制造受力构件，常用来制造电线、电缆、导热器件、电子器件、各种型材以及冶炼铜合金的原料等。

向纯铜中加入适量的元素就获得铜合金。工业上广泛使用的是铜合金，按照化学成分铜合金可分为黄铜、白铜和青铜。

① 黄铜是指以锌为主加元素的铜合金，可分为普通黄铜和特殊黄铜。普通黄铜常用于制造弹壳和散热器外壳等冷冲件、油管、垫片、螺钉、弹簧、气压表零件等；特殊黄铜常用于制造销子和螺钉等冲压件、船舶用零件、轴承、钟表零件等。

② 白铜是指以镍为主加元素的铜合金，可分为普通白铜和特殊白铜；根据生产方法的不同，白铜又分为压力加工白铜与铸造白铜。白铜具有良好的塑性、较高的耐热性和耐蚀性及特殊的电性能，常用来制造精密机械零件、仪表零件、蒸馏器、冷凝器、热交换器和电器元件等。

③ 青铜是指除黄铜和白铜以外的铜合金。根据主加元素锡、铝、铍、铅、硅的不同，分别称为锡青铜、铝青铜、铍青铜、铅青铜、硅青铜；根据生产方式不同，青铜又分为压力加工青铜和铸造青铜。青铜具有高的硬度、良好的耐磨性和耐蚀性，可以用来制造轴承、轴套、船舶及飞机上的零件、钟表零件、耐磨零件、抗磁零件等。

3. 钛及钛合金

钛及钛合金在 20 世纪 50 年代开始投入工业生产和应用，由于其资源丰富，应用越来越广泛，已成为航空航天、造船、化工等行业的重要材料。

纯钛呈银白色，其塑性好，强度低，容易加工成型。钛很容易与氧和氮在其表面形成致密的氧化膜，故在许多介质中钛的耐蚀性比不锈钢更优良，尤其是抗海水的腐蚀能力非常突出。工业纯钛常用于制造 350℃以下的低负荷零件，如发动机部件、飞机骨架等；也可用于制造耐蚀的强度要求不高的零件，如热交换器、阀门、舰船零部件等。

向钛中加入适量的合金元素就获得钛合金。钛合金按其使用状态下的组织不同，可分为α型钛合金、β型钛合金、（$\alpha+\beta$）型钛合金。$\beta\alpha$型钛合金主要用于制造使用温度不超过 500℃的零件，如宇宙飞船的高压低温容器、航空发动机压气机叶片和管道等；β型钛合金常用于制造使用温度在 350℃以下的零件，如压气机叶片、飞机的构件等；（$\alpha+\beta$）型钛合金常用于制造使用温度在 400℃以下和低温下工作的零件，如导弹发动机外壳、飞机结构件、武器结构件等。

4. 轴承合金

轴承是一种重要的机械零件，可分为滑动轴承和滚动轴承。滑动轴承广泛应用于发动机、机床等动力设备和传动装置中，支撑轴做旋转运动。滑动轴承由轴承体和轴瓦组成，制造轴瓦及其内衬的合金，称为轴承合金。根据轴瓦的工作条件，为了确保轴的磨损量最小，延长轴的使用寿命，要求轴承合金必须具有良好的耐磨性和减摩性。

常用的轴承合金有锡基轴承合金、铅基轴承合金、铜基轴承合金、铝基轴承合金等。根据其所加入的合金元素的不同，它们的力学性能会有所区别，因此分别适用于不同工作条件下的轴承，具体选择可以查阅相关手册，这里不再赘述。

4.1.4　粉末冶金及硬质合金

1．粉末冶金

将金属粉末（或金属粉末与非金属粉末的混合物）作原料，经过配料、压制成形、烧结等工艺获得金属材料或零件的工艺技术，称为粉末冶金。

粉末冶金是一种特殊的金属材料生产技术，用这种方法能够获得尺寸准确、表面光洁的零件，实现了少切削或无切削加工，能够降低加工成本。粉末冶金制件的大小和形状都受到一定限制，一般制件质量小于 10kg；由于粉末冶金制件所用的压模制作成本较高，所以粉末冶金适用于大批量生产。粉末冶金可用来制造含油轴承、齿轮、凸轮、摩擦离合器、刹车片和一些难熔金属材料如钨丝、核工业零件等。

2．硬质合金

硬质合金是将一些难熔的、高硬度的合金碳化物微米数量级粉末与金属黏结剂混合，经加压成型、烧结而成的粉末冶金材料。

硬质合金的硬度高，热硬性高，耐磨性好，是制作切削刀具的主要材料之一。硬质合金除制作刀具外，还可以制造冷作模具、量具、耐磨零件等。关于硬质合金的种类已在前面章节 2.3.2 中作过介绍，这里不再赘述。

4.2　金属材料热处理

金属热处理是机械制造中的重要工艺之一，是将材料放在一定的介质内加热、保温和冷却，通过改变材料表面或内部的组织结构，以获得所需性能的一种工艺过程。例如毛坯通过热处理可以改善其加工性能；零件通过最终热处理可获得所需的使用性能。

金属热处理包括普通热处理和表面热处理。普通热处理包括退火、正火、淬火和回火；表面热处理包括表面淬火和化学热处理。钢是机械工业中应用最广的材料，而且钢的显微组织复杂，可以通过热处理加以控制，所以钢的热处理是金属材料热处理的主要内容。本章节主要讲述钢的热处理。

4.2.1　热处理的相关概念

1．铁碳合金及其分类

钢和铸铁是现代工业中极为重要的金属材料，虽然品种很多，但最基本的组成是铁和碳两种元素，因此钢和铸铁又称为铁碳合金。

根据碳的质量分数、组织转变的特点及室温组织，铁碳合金可分为以下几类。

① 工业纯铁：指碳的质量分数小于 0.021 8%到铁碳合金。

② 钢：指碳的质量分数为 0.0218%～2.11%之间的铁碳合金。根据碳的质量分数及室温组织的不同，又可分为以下 3 种。

a. 亚共析钢：$0.0218\% < w(\mathrm{C})\% < 0.77\%$；

b. 共析钢：$w(\mathrm{C})\% = 0.77\%$；

c. 过共析钢：$0.77\% < w(\mathrm{C})\% < 2.11\%$。

③ 白口铸铁：指碳的质量分数为 2.11%～6.69%之间的铁碳合金。

2. 固溶体

将糖溶于水中，可以得到糖在水中的“液溶体”，其中水是溶剂，糖是溶质；如果糖水结成冰，便得到糖在固态水中的“固溶体”。在铁碳合金中也有类似的现象，在固态，碳可以溶于铁中，形成间隙固溶体。

3. 铁的相变

铁在固态下有不同的结构，纯铁随着温度的增加，由一种结构转变为另一种结构，这种现象称为相变。纯铁在室温下的结构被称为α-Fe；将纯铁加热，当温度到达 912℃时，由α-Fe 转变为γ-Fe；继续升高温度，到达 1 394℃时，由γ-Fe 转变为δ-Fe。

4. 铁碳合金的基本组织

铁碳合金在固态下的基本组织有以下几种。

（1）铁素体

碳溶解在α-Fe 中形成的间隙固溶体称为铁素体，用符号 F 表示。在室温状态下铁素体的性能几乎与纯铁相同，具有良好的塑性和韧性，但强度和硬度较低。铁素体在 770℃有磁性转变，在 770℃以下具有铁磁性，在 770℃以上则失去铁磁性。

（2）奥氏体

碳溶解在 γ-Fe 中形成的间隙固溶体称为奥氏体，用符号 A 表示。奥氏体的强度和硬度不高，但具有很好的塑性。在一般情况下，奥氏体是一种高温组织，通常对钢材进行热变形加工时，如锻造、热轧等，都将其加热成奥氏体状态。奥氏体不呈现铁磁性。

（3）渗碳体

指碳的质量分数为 6.69%的铁与碳的金属化合物，其化学式为 Fe_3C。渗碳体的熔点为 1 227℃，结构较复杂，硬度高，脆性大，塑性与韧性很小。渗碳体在 230℃以下具有弱铁磁性，在 230℃以上则失去铁磁性。

（4）珠光体

珠光体是铁素体与渗碳体的混合物，用符号 P 表示。珠光体的性能介于铁素体和渗碳体之间，有一定的强度和塑性，硬度适中，是一种综合力学性能较好的组织。

（5）莱氏体

莱氏体是奥氏体与渗碳体的混合物，用符号 Ld 表示。莱氏体的性能与渗碳体相似，硬度很高，塑性很差。

（6）马氏体和贝氏体

马氏体指碳在α-Fe中的过饱和固溶体，用M表示。马氏体具有高的强度和硬度。

贝氏体是钢过冷奥氏体的中温（350℃～550℃）转变产物，是α-Fe和Fe_3C的复合组织。贝氏体的转变温度介于珠光体转变和马氏体转变之间，在贝氏体转变温度偏高区域转变的产物叫上贝氏体，冲击韧性较差，生产上应力求避免；在贝氏体转变温度下端偏低温度区域转变的产物叫下贝氏体，其冲击韧性较好，生产上通过热处理控制可获得下贝氏体。

5．临界点(相变点)

金属或合金在加热或冷却过程中发生组织转变的温度称为临界点（相变点）。A_{C1}是指一般加热条件下珠光体向奥氏体转变的临界点，A_{C3}是指非平衡加热状态下铁素体完全溶解转变成奥氏体的临界点。

4.2.2 退火与正火

钢的退火和正火主要用来处理工件毛坯，其目的主要是消除毛坯加工时产生的应力，或者为后续加工和最终热处理做组织准备，所以又被称为预备热处理。对于一些性能要求不高的零件或者一般铸件、焊件，退火和正火也可以作为最终热处理。图4-2为退火、正火加热温度范围示意图。

1．钢的退火

退火是指将工件加热到适当的温度，保持一定的时间，然后缓慢冷却的热处理工艺。退火的主要目的是：降低工件的硬度，提高塑性，以利于切削加工或压力加工；消除内应力，减少变形；提高组织和成分的均匀化；或为后续的热处理做好组织准备等。

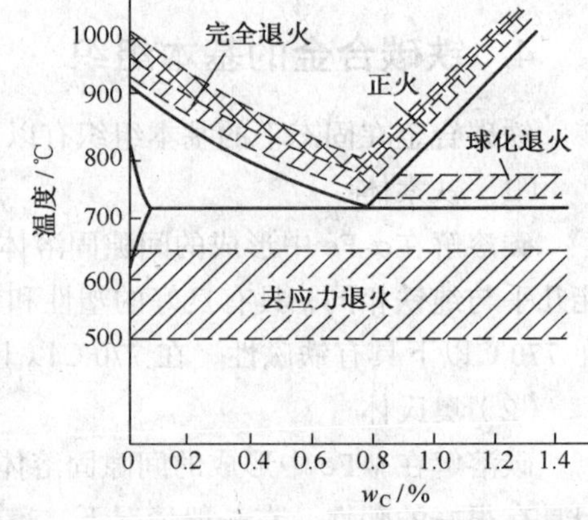

图4-2 退火、正火加热温度范围示意图

常见的退火工艺有：完全退火、球化退火、去应力退火、再结晶退火等。

（1）完全退火

完全退火是指将工件加热后变成全部的奥氏体组织，保温一段时间后缓慢冷却，最终获得室温组织为铁素体和珠光体的退火工艺。完全退火主要用于亚共析钢的铸件、锻件和焊接件等，可以降低钢的硬度，充分消除内应力，为后续加工做准备。过共析钢不宜采用完全退火。

（2）球化退火

球化退火是使钢中碳化物（渗碳体）球状化而进行的退火工艺，最终的室温组织为铁素体机体上均匀分布着球状渗碳体，即球状珠光体组织。球化退火主要用于共析钢和过共析钢及其合金（如刃具、刀具、模具等），其目的在于降低硬度，改善切削加工性，并为以后淬火做好准备。

（3）去应力退火

去应力退火是为了消除切削加工件、铸件、锻件、焊接件、热轧件、冷拉件等内存的残余应力等而进行的退火工艺。如果这些应力不予消除，将会引起工件在一定时间以后，或在随后的切削加工过程中产生变形或裂纹。

2．钢的正火

正火是指工件加热奥氏体化后在空气中冷却的热处理工艺。正火与退火相比，奥氏体化温度比退火高，冷却速度比退火快，因此正火后获得的工件组织更细，强度和硬度比退火高。正火的主要目的是：提高低碳钢的力学性能，以改善其切削加工性；细化晶粒，消除组织缺陷，为后道热处理做好组织准备等。

4.2.3 淬火和回火

淬火和回火是紧密相连的两个工艺过程，常常配合使用，缺一不可。它们通常作为钢件的最终热处理。

1．钢的淬火

钢的淬火是指将工件加热到其临界点 A_{C1} 或 A_{C3} 以上 30℃～50℃，保温一定的时间，然后以适当的冷却速度，获得马氏体或下贝氏体组织的热处理工艺。淬火的主要目的是为了获得马氏体（或下贝氏体），提高钢的硬度和耐磨性。

（1）冷却介质和冷却方法

淬火时常用的冷却介质有水、盐水、油和空气等。淬火时为了得到足够的冷却速度，以保证奥氏体向马氏体转变，又不至于因为冷却速度过大而引起零件内应力增大，造成零件的变形和开裂，应合理选用冷却介质。

常用的淬火冷却方法有单液淬火、双液淬火、马氏体分级淬火和贝氏体等温淬火等。单液淬火的冷却介质只有一种，适用于截面尺寸无突变，形状简单的工件；双液淬火的冷却介质为两种，主要用于形状不太复杂的高碳钢和较大尺寸的合金钢工件；马氏体分级淬火适用于形状复杂、尺寸要求精确的小型工件等；贝氏体等温淬火主要用于形状复杂、硬度和韧性都要求较高的小型工件，如各种模具、成形刃具等的淬火。

（2）淬透性与淬硬性

淬透性是钢的一种属性，是指钢淬火时获得马氏体的能力。对于亚共析钢，随着碳的质量分数的提高，其淬透性也提高；但对于过共析钢，随着碳的质量分数的提高，其淬透性却降低。钢的淬透性是选择材料、制订热处理工艺规程的重要依据之一。对于多数大截面和在动载荷下工作的重要结构件，如螺栓、大电机轴、发动机的连杆等，常要求表面和心部的力学性能一致，应选用淬透性好的钢；对于承受弯曲、扭转应力，冲击载荷和局部磨损的轴类零件等，工作时表面受力大，心部硬度要求不高，可选用淬透性较低的钢；对于形状复杂或对变形要求严格的零件，应选用淬透性较好的钢；对于焊接结构件，为防止焊件产生变形和开裂，需要选择淬透性低的钢。

淬硬性是指钢在理想条件下，进行淬火硬化所能达到的最高硬度的能力。它取决于淬火加热时固溶于奥氏体中的碳的质量分数的多少，奥氏体中的碳的质量分数越高，钢的淬硬性越高，淬火后的硬度值越高。

淬透性和淬硬性两者的概念不同，淬火后硬度高的钢，不一定淬透性就高；淬火后硬度低的钢，不一定淬透性就低。

2. 钢的回火

钢的回火是指工件经淬硬后，再加热到 A_{C1} 点以下某一温度，保温一定时间，然后冷却到室温的热处理工艺。一般淬火工件（除等温淬火）必须经回火后才能使用。回火通常也是工件进行热处理的最后一道工序。回火的主要目的是消除工件在淬火时所产生的应力，使工件具有高的硬度和耐磨性外，还具有所需要的塑性和韧性，稳定工件尺寸等。

根据回火温度范围的不同，可将回火分为低温回火、中温回火、高温回火 3 种。

（1）低温回火

低温回火的温度是150℃～250℃，其所得组织为回火马氏体，回火后硬度一般为58～64HRC。低温回火的目的是在保持淬火钢的高硬度和高耐磨性的前提下，降低其淬火内应力和脆性，以免使用时崩裂或过早损坏。它主要用于各种切削刃具、量具、冷冲模具、滚动轴承以及渗碳钢等。

（2）中温回火

中温回火的温度是 250℃～500℃，其所得组织为回火屈氏体，回火后硬度一般为 35～50HRC。中温回火的目的是获得良好弹性和高的屈服强度，并具有一定的韧性。它主要用于各种弹簧和热作模具等的处理。

（3）高温回火

低温回火的温度是 500℃～650℃，其所得组织为回火索氏体，回火后硬度一般为 25～35HRC。高温回火的目的是获得强度、硬度和塑性、韧性都较好地综合机械性能。因此，广泛用于汽车、拖拉机、机床等的重要结构零件，如连杆、螺栓、齿轮及轴类等。

习惯上，将淬火加高温回火相结合的热处理称为调质处理，简称调质。

4.2.4 表面热处理

在生产中有一些零件既要承受扭转、弯曲、冲击等动载荷，同时又要承受强烈的摩擦，这就要求这些零件表面具有高硬度、高耐磨性，而心部仍保持足够的强度和韧性，即“表硬里韧”。对于这种表里性能要求不一的零件，如各种齿轮、凸轮、顶杆、套筒等，常采用表面热处理来解决。

表面热处理是指为改变工件表面的组织和性能，仅对其表面进行热处理的工艺。目前常用的表面热处理方法有表面淬火和化学热处理。

1. 钢的表面淬火

表面淬火是指仅对工件表层进行淬火的工艺。它采用快速加热的方法，使工件表面迅速升温至淬火温度，而工件心部仍处于临界点以下，这时立即喷水冷却，使工件表层被淬硬成马氏体，具有高硬度和高耐磨性，而心部仍是原来的组织，保持着良好的韧性。

根据加热方法的不同，表面淬火的方法有感应加热表面淬火、火焰加热表面淬火、电接触加热表面淬火和电解液加热表面淬火等。目前应用最多的是感应加热表面淬火和火焰加热表面淬火。

（1）感应加热表面淬火

感应加热表面淬火是采用一定方法使工件表面产生一定频率的感应电流，将工件表面迅速加热，然后迅速淬火冷却的一种热处理工艺。

感应淬火的优点是加热速度快，生产率高，加热温度和淬硬层深度容易控制，工件表面氧化和脱碳少，工件变形小，可以使全部淬火过程实现机械化和自动化；缺点是设备较昂贵，形状复杂的工件感应圈不易制造，且仅适用于大批量生产。

感应淬火主要用于中碳钢和中碳合金钢制造的工件。根据电流频率的不同，感应加热可分为高频加热、中频加热、工频加热 3 类。表 4-6 所示为感应加热表面淬火的分类及应用。

表 4-6　感应加热表面淬火的分类及应用

分　类	常用频率范围（Hz）	淬硬深度（mm）	应 用 举 例
高频加热	50 000～300 000	0.5～2.5	适用于中、小型零件，如小模数齿轮，轴类等
中频加热	1 000～10 000	2～10	适用于直径较大的轴类和大、中模数齿轮以及钢轨、机床导轨等
工频加热	50	10～20	适用于大型工件或穿透加热，如火车车轮等

（2）火焰加热表面淬火

火焰加热表面淬火是利用乙炔—氧或其他可燃气体的火焰对零件表面进行加热，随即喷水快速冷却的淬火工艺。图 4-3 所示为火焰加热表面淬火示意图。

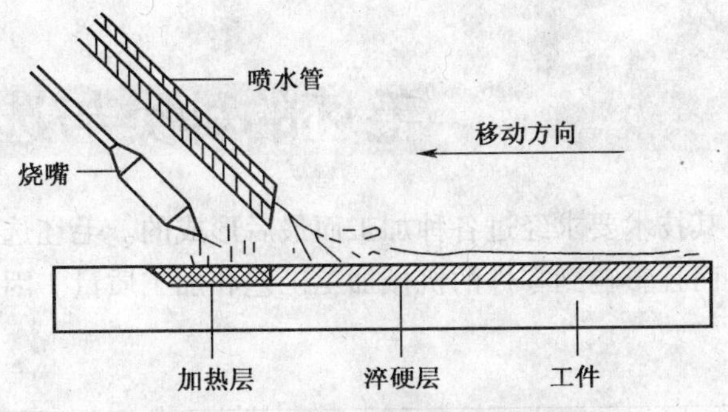

图 4-3　火焰加热表面淬火示意图

火焰加热表面淬火的优点是操作方便，无需特殊设备，成本低；缺点是若操作不当，容易引起零件表面加热不均，产生淬火裂纹，淬火质量不够稳定，生产率低。火焰加热表面淬火适用于单件或小批量生产的大型或需要局部淬火的零件，如大型轴、大齿轮、轧辊、齿条、钢轨面等。

2. 钢的化学热处理

钢的化学热处理是指将工件置于特定介质中加热和保温，使一种或几种元素渗入工件表面，以改变表层的化学成分、组织和性能的热处理工艺。通过化学热处理能有效地提高工件表层的耐磨性、耐蚀性、抗疲劳强度等。

目前最常用的化学热处理是渗碳、渗氮和碳氮共渗等。

（1）渗碳

渗碳是将工件在渗碳介质中加热、保温，使其表面层渗入碳原子的化学热处理工艺。渗碳后的工件常采用淬火加低温回火，其目的是使表层具有高的硬度和耐磨性，而心部仍保持一定的强度和较高的韧性，因此被广泛应用于要求“表硬里韧”的零件上，如齿轮、凸轮轴、活塞销等。

渗碳用钢一般是碳的质量分数在 0.10%～0.25%之间的低碳钢和低碳合金钢。根据渗碳剂的不同，渗碳法可分为气体渗碳、固体渗碳和液体渗碳 3 类。目前大量生产中广泛采用的是气体渗碳法。

（2）渗氮

渗氮是指在一定温度下于一定介质中，使工件表面层渗入氮原子的化学热处理工艺，又称氮化。其目的是提高工件表面硬度、耐磨性、耐蚀性及抗疲劳强度，因此多应用于有此类要求的工件，如精密机床的主轴、丝杆、高速精密齿轮、镗床镗杆、磨床主轴、汽轮机的阀门、阀杆等。

渗氮用钢大多是含铬、钼、铝、钛、钒等元素的中碳合金钢。渗氮后不需要淬火，因此工件变形小，但是渗氮生产周期长，工艺复杂，而且要用合金钢，使钢种受到限制，所以氮化零件的成本较高。常用的渗氮方法有气体渗氮法和离子渗氮法。

（3）碳氮共渗

碳氮共渗是指在一定温度下，向工件表面同时渗入碳原子和氮原子的热处理工艺。碳氮共渗兼有渗碳和渗氮的优点，与渗碳相比，具有较高的耐磨性和抗疲劳强度；与渗氮相比，表面脆性小，抗压强度高。其广泛用于处理模具、量具、齿轮、轴类、仪表零件等的表面处理。碳氮共渗的方法有液体碳氮共渗和气体碳氮共渗，常用的是气体碳氮共渗法。

4.3 毛坯的种类与选择

零件是由毛坯按照其技术要求经过各种加工而最后形成的。毛坯选择的正确与否，不仅影响其制造工艺和费用，而且影响到零件的机械加工工艺和加工质量。因此，正确选择毛坯有着重要的技术经济意义。

4.3.1 常见毛坯种类

机械制造中常用的毛坯有以下几种。

1. 铸件

铸件是指把熔融金属注入铸型，经凝固所得的金属毛坯。它适用于加工形状复杂的零件。目前大多数铸件采用砂型铸造方法；对于尺寸精度要求较高的小型铸件，可采用特种铸造方法，如压力铸造、永久性铸造、精密铸造、熔模铸造等。

2. 锻件

锻件是指金属材料经过锻造变形而得到的毛坯。因为它具有连续和均匀的金属纤维组织，因此适用于机械强度要求高、受力复杂的钢质零件。

锻件有自由锻件和模锻件两种。自由锻件的精度低，生产率也低，适用于小批量生产和大型锻件的制造；模锻件的精度和表面质量均比自由锻件好，生产率较高，主要适用于批量较大的中小型锻件。

3. 型材

型材按其制造方法可分为热轧和冷拉两种：热轧的尺寸较大，精度低，价格较冷拉的便宜，适用于一般零件的毛坯；冷拉的尺寸较小，精度高，但价格贵，多用于毛坯精度要求较高的中小型零件。常用型材的截面形状有方形、圆形、六角形和其他特殊断面形状等。

4. 焊接件

焊接件是将型钢或钢板焊接成所需的结合件。它适用于单件小批生产中制造大型毛坯，其优点是制造简便，周期短，毛坯重量轻；缺点是抗振性较差，由内应力重新分布引起的变形大，因此在进行机械加工前需经时效处理。

5. 冲压件

冲压件是在冲床上用冲模将板料冲制而成。冲压件的尺寸精度高，可以不再进行加工或只进行精加工；其生产效率高，适用于批量较大而厚度较小的中小型零件。

6. 冷挤压件

冷挤压件是在压力机上通过挤压模挤压而成。冷挤压件精度高，表面粗糙度小，可以不再进行机械加工，但要求材料塑性好，主要为有色金属和塑性好的钢材；其生产效率高，适用于大批量生产中形状简单的小型零件，如仪表上和航空发动机中的小型零件。

7. 粉末冶金件

粉末冶金件是以金属粉末为原料，在压力机上通过模具压制成型后经高温烧结而成。粉末冶金件的精度高，表面粗糙度小，一般可不再进行精加工；生产效率高，但金属粉末成本较高，适用于大批量生产中压制形状较简单的小型零件。

4.3.2 毛坯的选择原则

毛坯选择的原则，应在满足使用要求的前提下，尽可能的降低生产成本，一般需要从以下几个因素来考虑。

1. 生产批量

对于大批量的生产，应选择高精度和高生产率的毛坯制造方法，以减少机械加工，节省材料，降低费用。如铸件采用金属模机器造型或精密铸造；锻件采用模锻；选用冷拉型材。单件小批量生产中应选择低精度和低生产率的毛坯制造方法，如采用木模手工造型或自由锻。

2. 零件的结构形状和外形尺寸

结构复杂的毛坯多用铸造，大型且结构较简单的零件毛坯多用砂型铸造或自由锻，中小型零件可选用模锻件。薄壁零件不宜用砂型铸造。轴类零件的毛坯，若各台阶直径相差不大，可用棒料；若各台阶直径相差太大，可用锻件。

3. 零件的材料及机械性能要求

零件材料的工艺特性和力学特性大致确定了毛坯的种类。如铸铁零件不能锻造，只能选择铸造毛坯；钢质零件当形状不复杂且力学性能要求不高时，可选用型材；对于重要的钢质零件，为保证其良好的力学性能，应选用锻件；有色金属零件常用型材或铸造毛坯。

4. 现有生产条件

选择毛坯时，必须结合具体的生产条件来考虑，如现场毛坯制造的实际水平和设备能力、外协的可能性等因素，否则就不现实。

5. 充分利用新工艺、新材料

为节约材料，提高加工生产率，应充分考虑精锻、冷挤压、精密铸造、粉末冶金、异型钢材及工程塑料等在机械中的应用，这样可以大大减少机械加工量，甚至不需要进行加工，经济效益非常显著。

机械加工常用毛坯种类及其特点见表 4-7。

表 4-7　　机械加工常用毛坯种类及其特点

毛坯种类	毛坯制造方法	材　料	形状的复杂性	精度等级（IT）	特点及适应的生产方式	
铸件	木模手工造型	铸铁、铸钢和有色金属	复杂	14～12	单件小批生产	铸造毛坯可获得复杂形状，其中灰铸铁因其成本低廉、耐磨性和吸振性好而广泛用作机架、箱体类零件毛坯
	木模机器造型			12	成批生产	
	金属模机器造型			12	大批量生产	
	离心铸造	有色金属、部分黑色金属	回转体	14～12	成批或大批量生产	
	压铸	锌、铝、镁、铜、铅各金属的合金	复杂	10～9	大批量生产	
	熔模铸造	铸钢、铸铁	复杂	11～10	成批或大批量生产	
	失蜡铸造	铸铁、有色金属		10～9	大批量生产	
锻件	自由锻造	钢	简单	14～12	单件小批生产	金相组织纤维化且走向合理、零件力学性能高
	模锻		复杂	12～11	大批量生产	
	精密锻造			11～10		
型材	冷拉	钢、有色金属（棒、管、板、异型等）	简单	10～9	常用作轴、套类零件及焊接毛坯分件。冷拉坯尺寸精度高，但价格高，多用于自动机	
	热轧			12～11		
冲压件	板料冲压	钢、有色金属	较复杂	9～8	适用于大批量生产	
粉末冶金件	粉末冶金	铁、钢、铝基材料	较复杂	8～7	机械加工余量极小或无机械加工量，适用于大批量生产	
	粉末冶金热模锻			7～6		
焊接件	普通焊接	铁、钢、铝基材料	较复杂	13～12	加工余量极小或无机械加工量，适用于大批量生产	
	精密焊接			11～10		
工程塑料件	精密铸造	工程塑料	复杂	10～9	适用于大批量生产	
	吹塑成型					
	注射成型					

复习思考题

1. 试指出下列每个牌号的类别、碳的质量分数和主要用途：

Q345、20Cr、60Si2Mn、W18Cr4V、2Cr13、Cr12、0Cr18Ni9Ti、20CrMnTi。

2. 试为下列机械零件选用合适的钢种及牌号：

仪表箱壳、小柴油机曲轴、机床主轴、减速器壳、扳手、麻花钻头、手术刀、地脚螺栓、木工锯条、汽车发动机连杆、大型冷冲模、油气储罐、气门弹簧。

3. 何谓铸铁？根据碳在铸铁中存在的形态不同，铸铁可分为哪几类？各有何特征？

4. 正火和退火的主要区别是什么？生产中应如何正确选择？

5. 何谓淬透性？它与淬硬性有何区别？

6. 回火的目的是什么？工件淬火后为什么要及时回火？

7. 渗碳的主要目的是什么？适合什么材料？

8. 举出1～2个你所熟悉的零件，试分析如何选择毛坯。

9. 为什么说一般毛坯材料确定后，毛坯的种类也就基本上确定了？

第5章 零件表面加工方法的选择

零件是组成机器或部件最基本的单元，它服务于机器或部件，根据零件在机器或部件中应起的作用而对其提出各种要求。零件是由多个表面组成的，每一个表面又可以用多种加工方法获得。因此，应该对零件的结构特点、形状大小、技术要求、材料性能、生产批量、设备现状以及经济性等多方面进行分析，选择合适的加工方法。将多种加工方法按照一定的加工顺序链接起来，依次对各表面进行加工，多种加工方法的有机组合称为加工方案。加工方案是拟订工艺过程的基础。

5.1 外圆柱面的加工

外圆面是轴、套、盘等类零件的主要表面或辅助表面，这类零件在机器中占有相当大的比例。不同零件上外圆或同一零件上不同的外圆面，往往具有不同的技术要求，需要结合具体的生产条件，拟定较合理的加工方案。

对于一般钢铁零件，外圆面加工的主要方法是车削和磨削。要求精度高、粗糙度小时，往往还要进行研磨、超级光磨等光整加工。对于某些精度要求不高，仅要求光亮的表面，可以通过抛光来获得，但在抛光前要达到较小的粗糙度。对于塑性较大的有色金属（如铜、铝合金等）零件，由于其精加工不宜用磨削，故常采用精细车削。

外圆面加工方案的选择，除考虑应达到的技术要求外，还要考虑生产类型、现场设备条件和技术水平等，以求低成本、高效率的满足质量要求。

表 5-1 给出了外圆面加工方案及适用范围，可作为拟定加工方案的依据和参考。

表 5-1　　外圆面加工方案

序号	加 工 方 案	加工精度等级（IT）	表面粗糙度（R_a/μm）	适 用 范 围
1	粗车	13～11	50～12.5	主要适用于淬火钢以外的各种金属
2	粗车—半精车	10～9	6.3～3.2	

续表

序号	加工方案	加工精度等级（IT）	表面粗糙度（R_a/μm）	适用范围
3	粗车—半精车—精车	8～7	1.6～0.8	适用于非淬火钢以及其他金属
4	粗车—半精车—精车—滚压（或抛光）	6～5	0.2～0.025	
5	粗车—半精车—磨削	7～6	0.8～0.4	主要适用于淬火钢，也可用于非淬火钢；但不宜加工非铁金属
6	粗车—半精车—粗磨—精磨	6～5	0.4～0.1	
7	粗车—半精车—粗磨—精磨—超精加工	6～5	0.1～0.012	
8	粗车—半精车—精车—金刚石车	6～5	0.4～0.025	主要适用于要求较高非铁金属的加工
9	粗车—半精车—粗磨—精磨—超精磨	5 级以上	<0.025	主要用于极高精度要求的钢或铸铁的加工
10	粗车—半精车—粗磨—精磨—研磨	5 级以上	<0.1	

5.1.1 车削外圆柱面加工

用车削方法加工工件的外圆表面称为车外圆。外圆表面包括外圆柱表面和外圆锥表面。习惯上所说的车外圆是指外圆柱面车削。

车削外圆柱面时，工件回转，车刀作平行于工件轴线的进给运动。

1. 外圆车刀

图 5-1 所示为几种常用的外圆车刀。主偏角 $k_r = 45°$ 的弯头车刀是一种多用途车刀，可以车外圆、车平面和倒角。但切削时背向力较大，车削细长工件时，工件容易被顶弯而引起振动，所以常用来车削刚性较好的工件。主偏角 $k_r = 60° \sim 75°$ 外圆车刀的刀尖强度较高，散热条件好。由于主偏角的增大，切削时背向力得以减小，因此能车削刚性稍差的工件，适用于粗、精车外圆。主偏角 $k_r = 90°$ 的偏刀可以车外圆、端面、阶台。由于主偏角很大，切削时背向力较小，不易引起工件弯曲和振动，但刀尖强度较低，散热条件差，容易磨损。

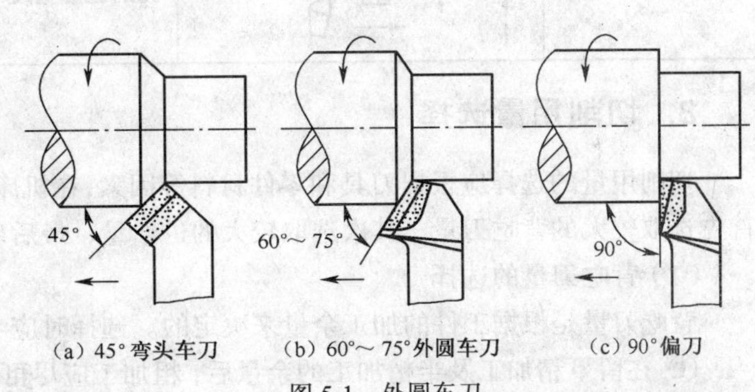

(a) 45° 弯头车刀　(b) 60°～75° 外圆车刀　(c) 90° 偏刀

图 5-1　外圆车刀

2. 车床上零件的装夹

车床常用的几种方法装夹方法见表 5-2。

表 5-2　装夹方法

装夹方法	装夹简图	装夹特点	应用
三爪卡盘自定心夹紧		3 个卡爪可同时移动，自动定心，装夹迅速方便	适宜长径比小于 4，截面为圆形、六边形的中小型工件加工

续表

装夹方法	装夹简图	装夹特点	应用
四爪单动卡盘夹紧		4 个卡盘可单独移动，装夹工件需要找正	长径比小于 4，截面为方形、椭圆形的较大型工件加工
双顶尖装夹		定心准确，装夹稳定	长径比 4～15 的实心轴类零件加工
双顶尖和中心架装夹		支爪可调，增加工件刚性	长径比大于 15 的细长轴工件形的粗加工
三爪、顶尖和跟刀架装夹		支爪随刀具一起运动，无接刀痕	长径比大于 15 的细长轴工件形的半精加工、精加工
心轴装夹		能保证外圆、端面对内孔的位置精度	以孔为定位基准的零件加工

3. 切削用量选择

切削用量的选择应根据刀具和零件材料等因素，在机床功率及工艺系统刚度足够的条件下，首先选取较大的背吃刀量，其次选取较大的进给量，最后确定切削速度。

（1）背吃刀量的选择

背吃刀量是根据工件的加工余量来决定的。选择时应考虑以下因素。

① 在留下精加工及半精加工的余量后，粗加工应尽可能将剩下的余量一次切除，以减少走刀次数。

② 如果工件余量过大，或机床动力不足而不能将粗切余量一次切除，则也应将第一次走刀的背吃刀量尽可能取大些。

③ 当冲击负荷较大（如断续切削时），或工艺系统刚性较差时，应适当减小背吃刀量。

④ 一般精车（$R_a1.6 \sim R_a0.8$）时，可取 $a_p = 0.05 \sim 0.80$ mm；半精车（$R_a = 6.3 \sim 3.2$）$a_p = 1.0 \sim 3.0$ mm。

（2）进给量 f 的选择

① 粗加工时，进给量主要受刀杆、刀具、机床、工件等的强度、刚度所能承受的切削力的限制，一般是根据刚度来选取。

② 精加工时，进给量主要受表面粗糙度要求的限制。要求表面粗糙度小，应选较小的 f。但 f 过小，切削厚度过薄，表面粗糙度反而大，而且刀具磨损加剧。

（3）切削速度的选择

① 粗车时，背吃刀量和进给量均较大，因此选择较低的切削速度。精车时，选择较大的切削速度。

② 加工材料的加工性能差时，切削速度选得低些。如加工灰铸铁的切削速度比加工中碳钢低；而加工铝合金和铜合金的切削速度比加工中碳钢要高得多。

③ 精加工时，选择的切削速度应避开生成积屑瘤的速度范围。

5.1.2 磨削外圆柱面加工

外圆磨削是磨削加工最基本的形式之一。外圆磨削的对象主要是加工各种圆柱体、圆锥体、带肩台阶轴、环形工件以及旋转曲面。外圆磨削的尺寸精度可达 IT7～IT6，表面粗糙度可达 R_a 0.8～0.1 μm。外圆磨削通常在外圆磨床上进行。

磨削加工精度高，因此，工件装夹是否正确、稳固，直接影响工件的加工精度和表面粗糙度。在某些情况下，装夹不正确还会造成事故。通常采用以下 4 种装夹方法，如图 5-2 所示。

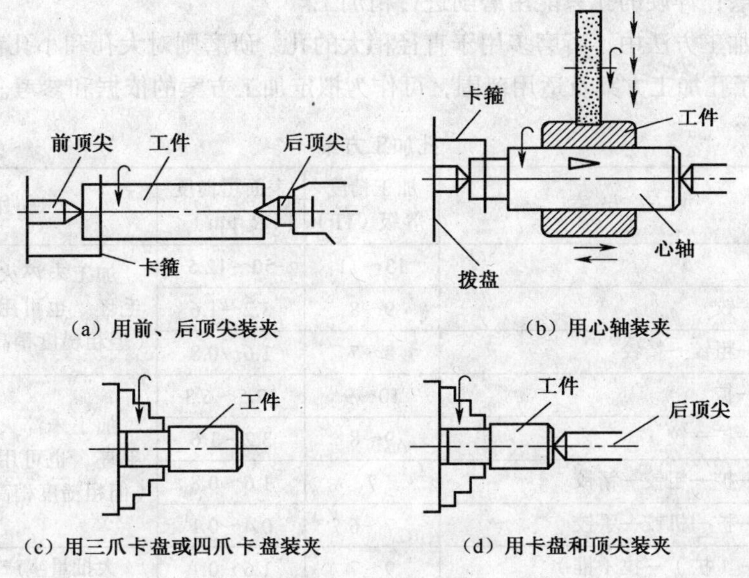

图 5-2 工件装夹方法

① 用前、后顶尖装夹：用前、后顶尖顶住工件两端的中心孔，中心孔应加入润滑脂，工件由头架拨盘、拨杆和鸡心夹头（卡箍）带动旋转。此方法安装方便、定位精度高，主要用于安装实心轴类工件。

② 用心轴装夹：磨削套筒类零件时，以内孔为定位基准，将零件套在心轴上，心轴再装夹在磨床的前、后顶尖上。

③ 用三爪卡盘或四爪卡盘装夹：对于端面上不能打中心孔的短工件，可用三爪卡盘或四爪卡盘装夹。四爪卡盘特别适于夹持表面不规则工件，但校正定位较费时。

④ 用卡盘和顶尖装夹：当工件较长，一端能打中心孔，一端不能打中心孔时，可一端用卡盘，一端用顶尖装夹工件。

5.2 内孔的加工

可以完成零件上孔加工的方法很多，如钻削、车削、镗削、拉削、磨削等。孔加工与外圆面加工相比，虽然在切削机理上有许多共同点，但是在具体的加工条件上，却有着较大差异。孔加工刀具的尺寸，受所加工孔的限制，一般呈细长状，刚性较差；加工孔时，刀具处在工件材料的包围之中，散热条件差，切屑不易排除，切削液难以进入切削区；加工的情形不易直接观察得到。因此，如果加工相同的精度和表面粗糙度，孔加工要比外圆面困难，成本也高。孔加工方法的选择和机床的选用比加工外圆面的选择复杂得多。

若在实体材料上加工孔（多属中小尺寸的孔），必须先采用钻孔。若是对已经铸出或锻出的孔（多为中、大型孔）进行加工，则可直接采用扩孔或镗孔。

至于孔的精加工，铰孔和拉孔适于加工未淬硬的中、小直径的孔；中等直径以上的孔，可以采用精镗或精磨；淬硬的孔只能用磨削进行精加工。

在孔的光整加工方法中，珩磨多用于直径稍大的孔，研磨则对大孔和小孔都适用。

表 5-3 给出了孔加工方案及适用范围，可作为拟定加工方案的依据和参考。

表 5-3 孔加工方案

序号	加工方案	加工精度等级（IT）	表面粗糙度（R_a/μm）	适用范围
1	钻	13～11	50～12.5	加工未淬火钢及铸铁的实心毛坯，也可用于加工非铁金属（但粗糙度稍高），孔径 < 20mm
2	钻—铰	9～8	3.2～1.6	
3	钻—粗铰—精铰	8～7	1.6～0.8	
4	钻—扩	10～9	12.5～6.3	加工未淬火钢及铸铁的实心毛坯，也可用于加工非铁金属（但粗糙度稍高），孔径 > 20 mm
5	钻—扩—铰	9～8	3.2～1.6	
6	钻—扩—粗铰—精铰	7	1.6～0.8	
7	钻—扩—机铰—手铰	7～6	0.4～0.1	
8	钻—（扩）—拉（推）	9～7	1.6～0.1	大批量生产中小零件通孔
9	粗镗（扩孔）	12～11	12.5～6.3	除淬火钢外各种材料，毛坯有铸出孔或锻出孔
10	粗镗（粗扩）—半精镗（粗扩）	10～9	3.2～1.6	
11	粗镗（精扩）—半精镗（精扩）—精镗（铰）	8～7	1.6～0.8	
12	粗镗（扩）—半精镗（精扩）—精镗—浮动镗刀块精镗	7～6	0.8～0.4	
13	粗镗（扩）—半精镗—磨孔	8～7	0.8～0.2	主要用于加工淬火钢，也可用非淬火钢，但不宜用于非铁金属
14	粗镗（扩）—半精镗—粗磨—精磨	7～6	0.2～0.1	
15	粗镗—半精镗—精镗—金钢磨	7～6	0.4～0.05	主要用于精度要求很高的非铁金属加工

续表

序　号	加 工 方 案	加工精度等级（IT）	表面粗糙度（R_a/μm）	适 用 范 围
16	钻—（扩）—粗铰—精铰—珩磨 钻—（扩）—拉—珩磨 粗镗—半精镗—精镗—珩磨	7～6	0.2～0.025	主要用于精度要求较高的孔
17	以研磨代替上述方案中的珩磨	6～5	＜0.1	
18	钻（粗镗）—扩（半精镗）—精镗—金钢镗—脉冲滚挤	7～6	0.1	大批量生产非铁金属零件的小孔，铸铁箱上的孔

5.2.1　车削内孔加工

对于回转体轴线上的孔，如套筒等，可以在车床上采用钻孔、扩孔、铰孔等方式完成，也可以用内孔车刀车削完成。

内孔车刀一般有两种形式：车前通孔用内孔车刀和车削不通孔用内孔车刀，如图 5-3 所示。车削阶台孔或不通孔的车刀的主偏角 $k_r > 90°$，以保证阶台平面或不通孔底面的平面度。加工阶台孔或不通孔时，车刀纵向进给到需要位置，然后改作横向进给车削阶台平面或孔底面。

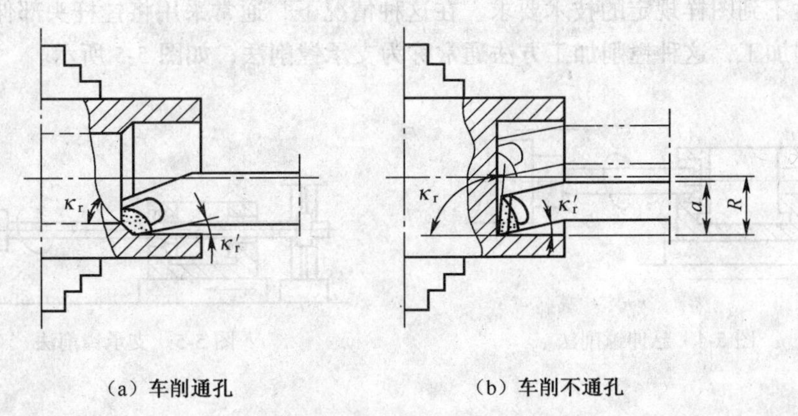

（a）车削通孔　　（b）车削不通孔

图 5-3　车削内孔

5.2.2　磨削内孔加工

磨孔可以在内圆磨床或万能外圆磨床上进行。孔的磨削与外圆磨削原理相同，是淬火钢套类零件的主要精加工方法，其磨削工作条件比外圆磨削差。

与磨外圆相比，内孔磨削有如下特点。

① 受加工工件孔径的限制。磨孔用的砂轮直径较小，为工件孔径的 0.5～0.9 倍，因此砂轮磨耗也较快，需经常修整和更换，辅助时间增加。

② 磨削速度低。由于砂轮直径小，即使砂轮速度高达每分钟几万转，要达到线速度 25～36 m/s 也是十分困难的，因此孔的磨削速度比外圆磨削低得多，磨削效率低，表面粗糙度值大。

③ 砂轮轴是悬臂结构，又受到工件孔径与长度的限制，轴的刚性差，容易产生弯曲变形与振动，因面影响加工精度和表面粗糙度。

④ 砂轮与工件内切，接触面积大，散热条件差，工件易发生烧伤，所以宜选择较软的砂轮。

5.2.3 镗削内孔加工

在镗床上不仅可以镗削单孔，还可以镗削孔系、沟槽、平面等。按镗削支承情况，可分为悬伸镗削和支承镗削。如图 5-4 所示。

（1）悬伸镗削法

悬伸镗削法就是使用悬伸的镗杆对中等孔径和不穿通的同轴孔系进行镗削加工的方法。悬伸镗削法是镗床的主要加工方式，在短床身镗床、无后立柱镗床、数控镗床上镗削孔，基本上多是采用悬伸镗削法。如图 5-4 所示。

根据镗床进给方式的不同，悬伸镗削法又可分为主轴进给和工作台进给两种方式。

在主轴进给方式中，主轴在作旋转运动的同时还作轴向进给运动。

在工作台进给方式中，镗床主轴只作旋转运动，进给运动由工作台来完成。

（2）支承镗削法

当镗削箱体类工件的同轴孔系时，孔轴线较长，且又是穿通孔。这时如仍采用悬伸镗削法进行加工，由于镗杆悬伸量大，镗杆轴线产生的挠度值可能超过了工件的加工要求，镗削加工出来的孔将达不到图样规定的技术要求。在这种情况下，通常采用将镗杆头部伸入镗床尾座套筒内进行镗削加工，这种镗削加工方法通常称为支承镗削法，如图 5-5 所示。

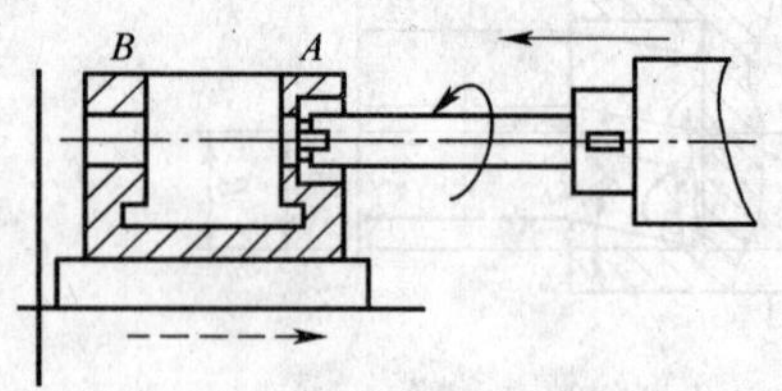

图 5-4 悬伸镗削法

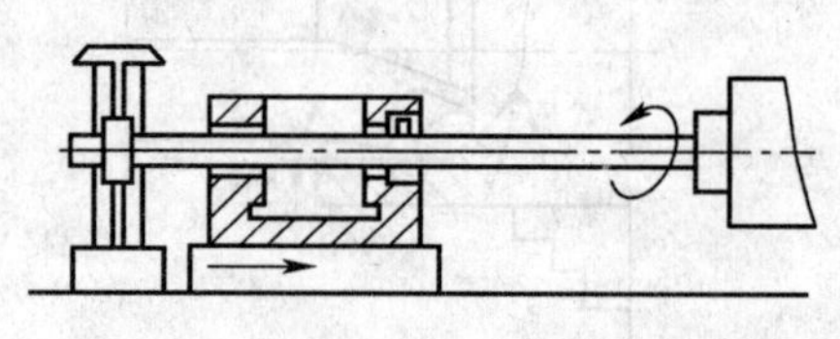

图 5-5 支承镗削法

5.3 平面的加工

根据平面的技术要求以及零件的结构形状、尺寸、材料和毛坯的种类，结合具体的加工条件（如现有设备等），平面可分别采用车、铣、刨、磨、拉等方法加工。要求更高的精密平面，可以用刮研、研磨等进行光整加工。回转体零件的端面，多采用车削和磨削加工；其他类型的平面，以铣削或刨削加工为主。拉削仅适于在大批量生产中加工技术要求较高且面积不太大的平面，淬硬的平面则必须用磨削加工。

表 5-4 给出了平面加工方案及适用范围，可作为拟定加工方案的依据和参考。

表 5-4　　平面加工方案

序　号	加 工 方 案	加工精度等级（IT）	加工表面粗糙度（R_a/μm）	适 用 范 围
1	粗车	13～11	12.5～50	回转体的端面
2	粗车—半精车	10～8	3.2～6.3	
3	粗车—半精车—精车	8～7	0.8～1.6	
4	粗车—半精车—磨削	8～6	0.2～0.8	
5	粗刨（或粗铣）	13～11	6.3～25	一般不淬硬平面（端铣表面粗糙度值 R_a 较小）
6	粗刨（或粗铣）—精刨（或精铣）	10～8	1.6～6.3	
7	粗刨（或粗铣）—精刨（或精铣）—刮研	17～6	0.1～0.8	精度要求较高的不淬硬平面，批量较大时宜采用宽刃精刨方案
8	以宽刃精刨代替上述刮研	7	0.2～0.8	
9	粗刨（或粗铣）—精刨（或精铣）—磨削	7	0.025～0.4	精度要求高的淬硬平面或不淬硬平面
10	粗刨（或粗铣）—精刨（或精铣）—粗磨—精磨	7～6	0.2～0.8	
11	粗铣—拉削	9～7	0.006～0.1（或 R_z0.05）	大批量生产，较小的平面（精度视拉刀精度而定）
12	粗铣—精铣—磨削—研磨	5 级以上		高精度平面

5.3.1　车削平面加工

在车床上进行平面加工主要有端平面（简称端面）加工和阶台平面加工两种。

1. 车端面

车端面常用 $k_r = 75°$ 的端面车刀，如图 5-6（a）所示，也可使用 $k_r = 45°$ 的弯头车刀。装刀时，刀尖高度必须严格保证与工件轴线等高，否则端面中心会留下凸起的剩余材料。车削时，工件回转，车刀作垂直于工件轴线的横向进给运动。为防止床鞍因间隙或误动作发生纵向位移而影响平面度，应将床鞍位置锁定。

2. 车阶台

车削阶台通常先用 $k_r = 75°$ 的偏刀粗车，切除阶台的大部分余量，然后用 $k_r = 90° \sim 95°$ 的偏刀精车，如图 5-6（b）所示。车削时，一般先纵向进给车外圆，到阶台处时，再由内向外横向进给车阶台平面，以保证阶台平面与外圆轴线的垂直。

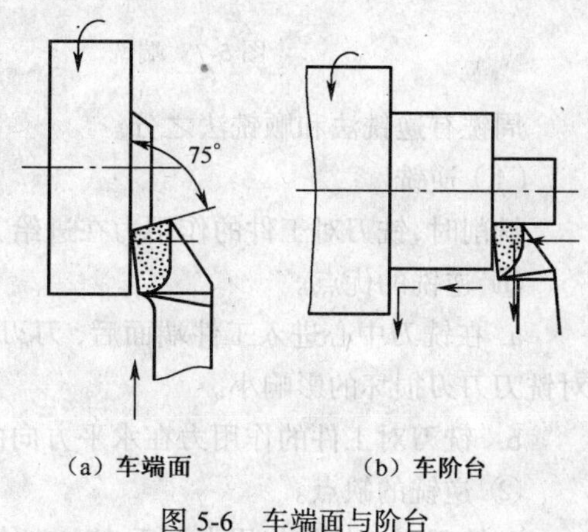

（a）车端面　　（b）车阶台

图 5-6　车端面与阶台

5.3.2 铣削平面加工

用铣削方法加工工件的平面称为铣平面。铣削是平面加工中最常用的加工方法，广泛应用于中批以上生产的箱体平面加工。加工精度一般可达 IT10～IT6 级，表面粗糙度可达 R_a 6.3～0.8 μm。当加工尺寸较大的平面时，在多轴龙门铣床上，采用多刀铣削，既保证平面之间的相互位置精度，也可获得较高的生产率。

平面质量的好坏，主要从平面的平整程度和表面的粗糙程度两个方面来衡量，分别用形状公差项目平面度和表面粗糙度值来考核。

平面的铣削方法主要有圆周铣和端铣两种。

1. 端铣

如图 5-7 所示为端铣平面，它是利用分布在铣刀端面上的刀刃来铣削并形成平面的。

在立式铣床或卧式铣床上均可端铣平面。端铣加工特点是：切削厚度变化小，同时进行切削的齿数多，因此铣削较平稳；端铣刀的侧刃承担主要切削工作，端面刃起修光作用，因此表面粗糙度 R_a 值小；端铣刀刀杆比圆柱铣刀刀杆短，刚性较好，能减少加工中的振动，提高切削用量。因此，在铣削平面时，广泛采用这种方法。

2. 周铣

圆周铣（简称周铣）是利用分布在铣刀圆柱面上的刀刃来铣削并形成平面的。圆周铣使用圆柱形铣刀在卧式铣床上进行，铣出的平面与铣床工作台台面平行，如图 5-8 所示。

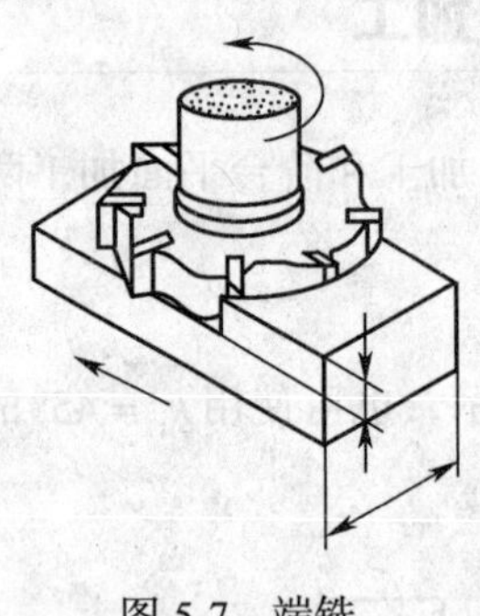

图 5-7 端铣

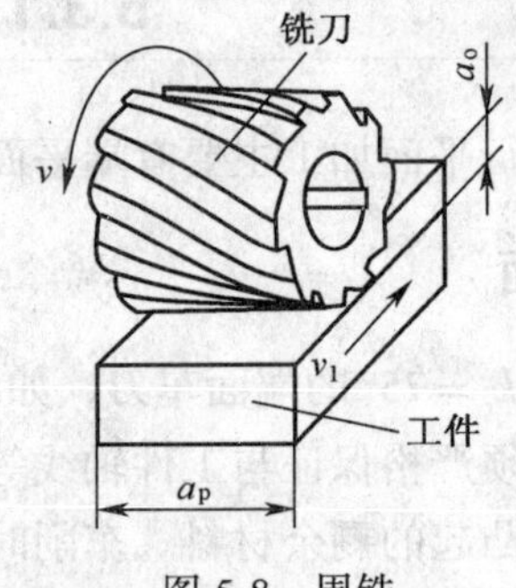

图 5-8 周铣

周铣有逆铣法和顺铣法之分。

（1）逆铣

铣削时，铣刀对工件的作用力在进给方向上的分力与工件进给方向相反的铣削方式叫逆铣。

① 逆铣的优点。

a. 在铣刀中心进入工件端面后，刀刃沿已加工表面切入工件，铣削表面有硬皮的毛坯件时，对铣刀刀刃损坏的影响小。

b. 铣刀对工件的作用力在水平方向的分力与工件进给方向相反，铣削时不会拉动工作台。

② 逆铣的缺点。

a. 铣刀对工件的作用力在垂直方向的分力始终向上，工件需要较大的夹紧力才能夹紧工件。

如图 5-9（a）所示。

b. 逆铣时，铣刀切入工件的切屑厚度由零逐渐增大，铣刀后面与工件表面的挤压、摩擦严重，加速刀齿磨损，降低铣刀耐用度，工件加工表面产生硬化层，降低工件表面的加工质量。

（2）顺铣

铣削时，铣刀对工件的作用力在进给方向上的分力与工件进给方向相同的铣削方式叫顺铣。如图 5-9（b）所示。

① 顺铣的优点。

a. 顺铣时铣刀对工件的作用力在垂直方向的分力始终向下，对工件起压紧作用，因此铣削过程较平稳。对不容易加紧的工件较适宜。

b. 顺铣时，铣刀切入工件的切削层厚度由大逐渐减小到零，后刀面与工件的已加工表面的挤压、磨损比较小，因此加工表面质量较高。

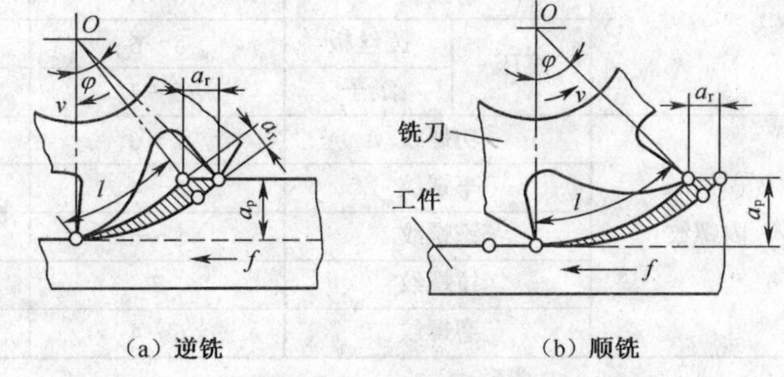

图 5-9　顺铣和逆铣

② 顺铣的缺点。

a. 顺铣时，刀具从工件的未加工外表面切入工件内部，当外表面较硬的毛坯时，刀具容易磨损和折断。

b. 顺铣时，铣刀对工件的作用力在水平方向的分力与工作台的进给方向相同。当工作台进给丝杠和螺母之间有间隙时，将会引起工作台间隙性的蹿动，导致铣刀刀齿折断等不良后果。

5.3.3　磨削平面加工

平面磨削和其他磨削方法一样，具有切削速度高、进给量小、尺寸精度易于控制以及获得较小的表面粗糙度等特点，加工精度一般可达 IT9～IT5 级，表面粗糙度 R_a 1.6～0.2μm。因而多用来加工平面度和表面粗糙度较高的各类零件的平面，常用作半精加工和精加工。

平面磨削可在电磁工作台上同时安装多个零件，进行连续加工，因此，在精加工中、小型零件，尤其是要求保持一定尺寸和相互位置精度的表面时，不仅加工质量高，而且可获得较高的生产率。随着磨削工艺的不断发展，特别是强力磨削的出现，不仅能对高硬度材料及淬火表面等进行精加工，而且能对带硬皮的、余量较均匀的毛坯平面进行粗加工。

5.4　螺纹的加工

螺纹的加工方法主要有切削加工和滚压加工两类。螺纹切削加工一般是指用成型刀具或磨具加工螺纹，常见的方法有螺纹车削、铣削、旋风切削、拉削、磨削、研磨、攻螺纹和套螺纹等。螺纹滚压加工是用成型滚压模具挤压，使工件塑性变形获得螺纹的方法，它主要用于大量生产。

表 5-5 给出了螺纹加工方案及适用范围，可作为拟定加工方案的依据和参考。

表 5-5　　螺纹加工方案

螺纹类别	加工方法		加工精度等级（IT）	加工表面粗糙度（R_a/μm）	适用范围
外螺纹	板牙套螺纹		9～8	6.3～3.2	各种批量
	车螺纹		7～4	3.2～0.4	单件小批
	铣螺纹		7～6	6.3～3.2	大批大量
	磨螺纹		6～4	0.4～0.1	各种批量
	滚压	搓丝板	8～6	1.6～0.8	大批大量
		滚子	6～4	1.6～0.2	大批大量
内螺纹	功螺纹		7～6	6.3～1.6	各种批量
	车螺纹		8～4	3.2～0.4	单件小批
	铣螺纹		8～6	6.3～3.2	成批大量
	拉螺纹		7	1.6～0.8	大批大量
	磨螺纹		6～4	0.4～0.1	单件小批

5.4.1　车削螺纹

螺纹车削是螺纹切削加工最常用的基本方法，它可用各类卧式车床或专门的螺纹车床加工，由于刀具结构简单，故广泛用于各种精度的非淬硬工件的螺纹加工。其加工精度可达 IT9～IT4 级，表面粗糙度 R_a3.2～0.8 μm。在车床上车削螺纹主要用车刀来完成。

螺纹车削可用来加工各种形状、尺寸及精度的内、外螺纹，特别适于加工尺寸较大的螺纹。但是，车螺纹的生产率较低，加工质量取决于工人的技术水平以及机床、刀具本身的精度，所以主要用于单件、小批生产。

螺纹车削所用的刀具是具有螺纹牙型廓形的成型车刀。

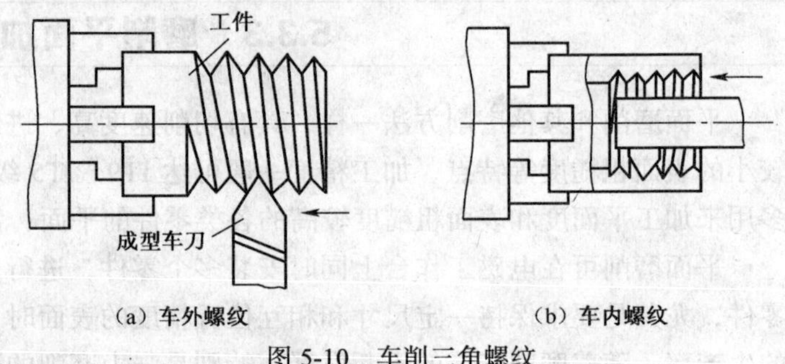

图 5-10　车削三角螺纹

如图 5-10 所示为车削三角螺纹。车削三角螺纹时，要使车刀的刀尖角等于牙型角；车普通螺纹车刀刀尖角应等于 60°；车英制三角螺纹时，车刀刀尖应等于 55°。

5.4.2　攻螺纹和套螺纹

攻螺纹和套螺纹是加工小尺寸螺纹常用的方法。加工精度不高。公差等级 IT8～IT6 级，表面粗糙度 R_a6.3～1.6 μm。

1. 攻螺纹

攻螺纹就是用丝锥在内孔表面上加工出螺纹的加工方法。如图 5-11 所示为用丝锥攻螺纹。分为手攻和机攻。攻螺纹加工刀具是丝锥和铰扛，丝锥可分为手用丝锥（初锥、中锥、底锥）、机用丝锥和圆锥管螺纹丝锥。攻丝时速度一般很低且要加切削液。单件小批量生产中，可以用手用丝锥手工攻螺纹；当批量较大时，则应在车床、钻床或攻螺纹机上用机用丝锥加工。

2. 套螺纹

套螺纹是用板牙在圆柱表面上加工出外螺纹的加工方法。如图 5-12 所示为用板牙套螺纹。套螺纹的螺纹直径一般不超过 16 mm，它既可以手工操作，也可以在机床上进行。单件小批量生产用手工套，大批量生产则用机器套。

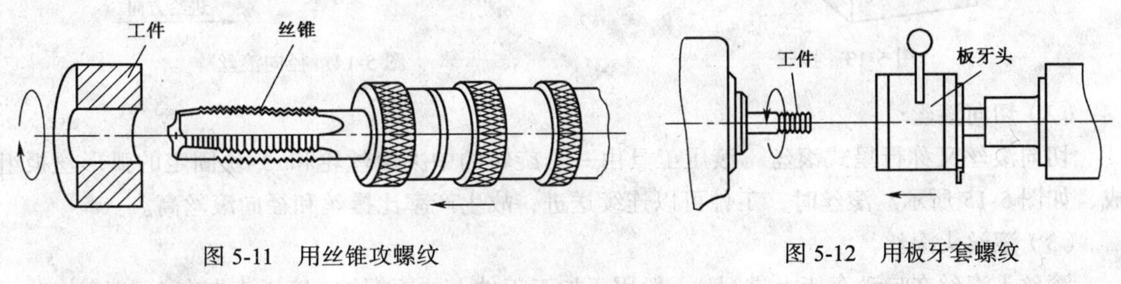

图 5-11 用丝锥攻螺纹　　图 5-12 用板牙套螺纹

5.4.3 滚压螺纹加工

螺纹滚压是用成型滚压模具使工件产生塑性变形以获得螺纹的加工方法。螺纹滚压一般在滚丝机、搓丝机或在附装自动开合螺纹滚压头的自动车床上进行，适用于大批量生产标准紧固件和其他螺纹联接件的外螺纹。滚压螺纹的外径一般不超过 25 mm，长度不大于 100 mm。滚压一般不能加工内螺纹，但对材质较软的工件可用无槽挤压丝锥冷挤内螺纹（最大直径可达 30 mm 左右），工作原理与攻螺纹类似。

螺纹滚压的特点是：表面粗糙度较小；滚压后的螺纹表面因冷作硬化而能提高强度和硬度；材料利用率高；生产率比切削加工成倍增长，且易于实现自动化；滚压模具寿命很长。但滚压螺纹要求工件材料的硬度不超过 40HRC；对毛坯尺寸精度要求较高；对滚压模具的精度和硬度要求也高，制造模具比较困难；不适于滚压牙形不对称的螺纹。

按滚压模具的不同，螺纹滚压可分搓丝和滚丝两类。

1. 搓丝

搓丝是两块带螺纹牙形的搓丝板错开 1/2 螺距相对布置，静板固定不动，动板作平行于静板的往复直线运动。当工件送入两板之间时，动板前进搓压工件，使其表面塑性变形而成螺纹，如图 5-13 所示。搓丝公差等级 IT7～IT5 级，表面粗糙度 R_a1.6～0.8 μm。

2. 滚丝

滚丝有径向滚丝、切向滚丝和滚压头滚丝 3 种。

（1）径向滚丝

径向滚丝是 2 个（或 3 个）带螺纹牙形的滚丝轮安装在互相平行的轴上，工件放在两轮之间的支承上，两轮同向等速旋转，其中一轮还作径向进给运动。工件在滚丝轮带动下旋转，表面受径向挤压形成螺纹。对某些精度要求不高的丝杠，也可采用类似的方法滚压成型。如图 5-14

所示。公差等级 IT5～IT3 级，表面粗糙度 R_a0.8～0.2 μm。

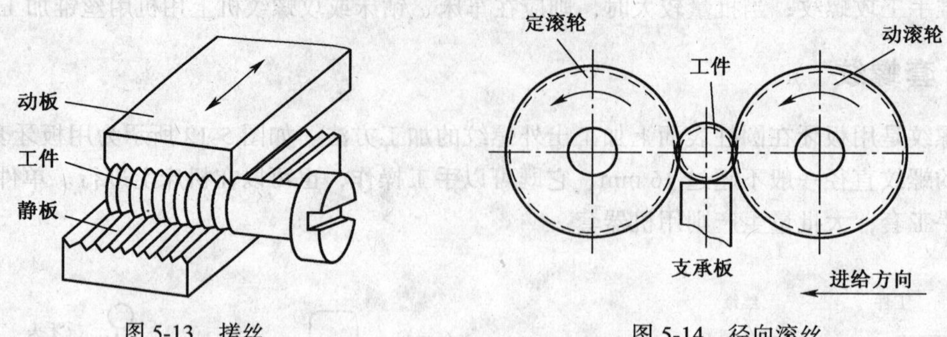

图 5-13　搓丝　　图 5-14　径向滚丝

（2）切向滚丝

切向滚丝又称行星式滚丝，滚压工具由一个旋转的中央滚丝轮和 3 块固定的弧形丝板组成，如图 5-15 所示。滚丝时，工件可以连续送进，故生产率比搓丝和径向滚丝高。

（3）滚丝头滚丝

滚丝头滚丝在自动车床上进行，一般用于加工工件上的短螺纹。滚压头中有 3～4 个均布于工件外周的滚丝轮，如图 5-16 所示。滚丝时，工件旋转，滚压头轴向进给，将工件滚压出螺纹。

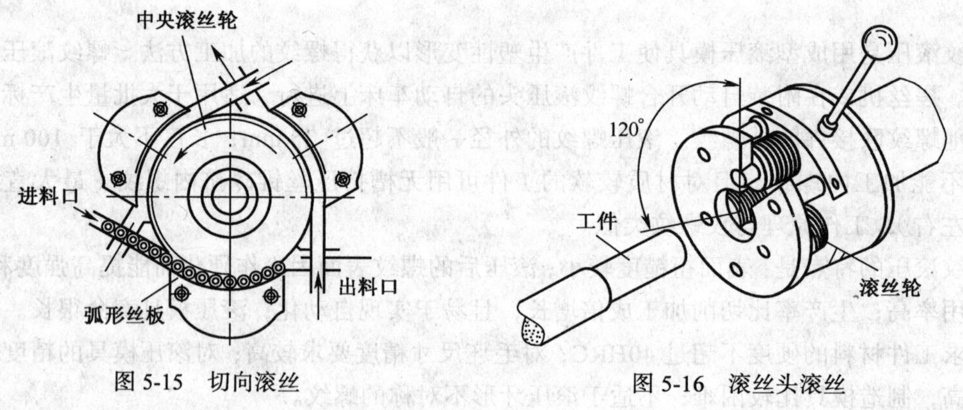

图 5-15　切向滚丝　　图 5-16　滚丝头滚丝

复习思考题

1. 外圆柱面车削分为几个阶段？各阶段的切削用量如何选择？
2. 外圆柱面磨削有哪几种方法？说说各自的优缺点。
3. 内孔的加工方法有哪些？各有何特点？
4. 什么是顺铣和逆铣？二者有何区别？
5. 平面磨削有哪几种方法？各有何特点？
6. 车削螺纹应注意什么？
7. 攻螺纹与套螺纹有何区别？
8. 滚丝有哪几种方法？各有何特点？

第6章 零件的机械加工工艺过程

在生产过程中，由于零件的技术要求和生产条件等不同，故其制造工艺方案也不相同。相同的零件采用不同的工艺方案生产时，其生产效率、经济效益也是不相同的。在确保零件质量的前提下，研究拟定具有良好的综合技术经济效益、合理可行的工艺方案就显得十分重要。工艺方案的拟定就称为零件的工艺过程设计。本章主要介绍机械加工工艺规程的基本概念及其制订的思路，目的是让读者具备制订零件加工工艺的能力。

6.1 基本概念

6.1.1 生产过程和工艺过程

一部机器或者一个机器零件的诞生，都是从原材料开始，然后经过材料的运输和保管、生产技术准备、毛坯制造、工件加工、热处理、部件和产品的装配、检验、包装、运输等环节，最后转变成为合格的机器或者合格的零件。这种从原材料（或半成品）开始直到成品的所有相互关联的劳动过程总和就称为生产过程，其内容如下。

（1）技术准备过程

包括产品投产前的市场调查、预测、新产品鉴定、工艺设计、标准化审查等。

（2）工艺过程

指直接改变原材料或半成品的尺寸、形状、表面的相互位置、表面粗糙度或性能，使之成为成品的过程。它包括：铸造工艺、锻造工艺、焊接工艺、冲压工艺、电镀工艺、热处理工艺、机械加工工艺、装配工艺等。采用金属切削去除零件表面材料的方式，获得成品的工艺过程称为机械加工工艺过程（简称为工艺过程）。

将合理的工艺过程编写成用以指导生产的技术文件，这份技术文件称作工艺规程。

（3）辅助生产过程

指为了保证基本生产过程的正常进行所必须的辅助生产活动，如工艺装备制造、能源供应、设备维修等。

（4）生产服务过程

指原材料的组织、运输、保管、储存、供应及产品包装、销售等过程。

其中，工艺过程是生产过程的主体，它可以在一个工厂内完成，也可以按专业协作的原则，将产品的若干个零部件分散到若干专业化厂家进行生产，总装厂只进行主要零部件的生产及总装调试。例如，汽车、飞机制造等行业大都采用这种模式生产。

6.1.2 工艺过程的组成

机械加工工艺过程是由一个或若干个顺序排列的工序组成的，而工序又可分为安装、工位、工步和走刀。毛坯依次通过这些工序变为成品。

1. 工序

一个或一组工人，在一台机床上或在同一个工作地点对一个或一组个工件连续完成的工艺过程，称为工序。划分工序的依据是工作地点是否变化和工作是否连续。

如图 6-1 所示轴的加工，如果是单件生产，其工艺过程如表 6-1 所示，共有 6 道工序。

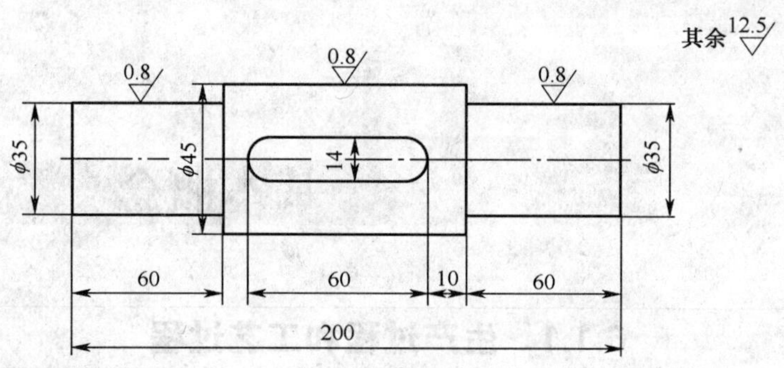

图 6-1 轴

表 6-1 轴的加工工艺

工序号	工种	工序内容	工作地点
0	下料	下料	锯床
5	车	车两端面，钻中心孔	车床
10	车	粗车、精车大外圆和小外圆；掉头车另一小外圆	车床
15	铣	铣键槽	铣床
20	磨	磨大外圆、小外圆，调头磨另一小外圆	磨床
25	检	检验	检验台

表 6-1 中工序的划分，是由一个人在一台车床上连续完成车两端面、钻中心孔后，便换第 2 个工件加工，重复以上内容，则这部分工艺过程为一个工序。该人又在同一台车床上连续完成粗车各外圆、半精车各外圆后，便换第 2 个工件加工，重复以上内容，则这部分工艺过程又为一个工序。如果是由一个人在一台车床上连续完成车两端面、钻中心孔、粗车各外圆、半精车各外圆后再换第 2 个工件重复这些内容，则这部分工艺过程是一个工序，而不是两个工序。

工序是工艺过程的基本单元，也是生产计划的基本单元。

2. 安装

工件在机床或夹具中定位并夹紧的过程称为装夹。在一个工序内，工件的加工可能需要装夹几次。如表 6-1 中的工序 10，共有两次装夹。第 1 次装夹完成车右端面、中心孔、车大外圆和小外圆，第 2 次装夹完成另一端面和小外圆的加工。

工件（或装配单元）经一次装夹后所完成的那一部分工序称为安装。上述工序 10 也是两个安装过程。

3. 工步与复合工步

工步是指加工表面、切削刀具、切削速度和进给量都保持不变的条件下所完成的那一部分工艺过程。在一个工序中可以只包含一个工步，也可以包括几个工步。如在表 6-1 中的工序 10 中，若要完成大外圆的加工，需在粗车后经过多次半精车，每次半精车的切削刀具、切削速度和进给量都一样，因此有多个工步。而工序 15 铣键槽只包含一个工步。

在大批量生产中，尤其在专用设备中，为提高生产率，用几把刀具或复合刀具同时加工一个工件的几个表面的工步称为复合工步。工艺文件上，复合工步记为一个工步。

4. 工位

相对刀具或设备的固定部分，工件所占有的每一个加工位置称为工位。多数情况下，一个工序中工件仅安装一次，有时也可能安装多次。如图 6-1 所示阶梯轴，在 5 号工序中一般需两次安装，夹住一端车另一端，然后调头。调头后又形成一个新的工位。多次安装会增加生产辅助时间，还会降低相对位置精度。为此，当工件必须在不同位置上加工时，可以利用不必卸下工件而能改变其位置的夹具（如分度头、回转工作台等）进行位置变换，这样，工件在一次安装中，可获得几个不同的加工位置，辅助时间也会减少。

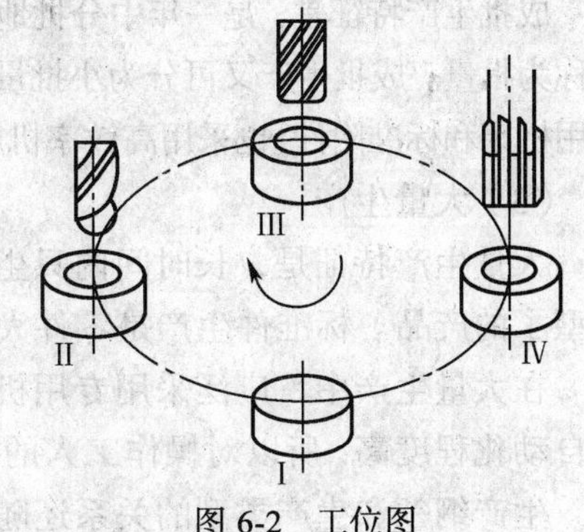

图 6-2 工位图

工位 I —装卸工件 工位 II —钻孔 工位 III —扩孔 工位 IV —铰孔

图 6-2 所示为利用回转工作台，在一次装夹中顺次完成装卸工件、钻孔、扩孔和铰孔 4 个工位加工实例。采用多工位加工可以减少工件装夹次数，缩短辅助时间，提高生产率，有利于保证加工精度。

在一个工步内，若被加工表面需切除的余量较大，需要分多次切削，刀具从被加工表面每切去一层余量，就称作一次走刀。一个工步可以包括一次或几次走刀。

6.1.3 生产纲领和生产类型

由于零件机械加工的工艺过程与其所采用的生产组织形式是密切相关的，所以在制订零件的机械加工过程时，应首先确定零件机械加工的生产组织形式。通常先依据零件的年生产纲领确定生产类型，然后再根据生产类型来确定零件机械加工的生产组织形式。

1. 生产纲领

生产纲领是指企业在计划期内应当生产的产品产量和进度计划。计划期常定为一年，所以生产纲领也称年产量。

零件的生产纲领要计入备品和废品的数量，可按下式计算，即

$$N = Qn(1+\alpha+\beta)$$

式中 N——某零件的生产纲领，件/年；

Q——产品的生产纲领，台/年；

n——每台产品中该零件数，件/台；

α——备品的百分率；

β——废品的百分率。

2. 生产类型

在生产上，一般按照生产纲领的大小划分 3 种生产类型：单件生产、批量生产、大量生产。

（1）单件生产

单件生产的特征是，每种产品仅制造一个或少数几个，而且很少再重复生产，如各种试制产品、机修零件、某些专用量具、夹具、模具等的生产属于这一生产类型。在单件生产中，一般多采用通用机床和标准附件，极少采用专用夹具，靠划线等方法保证尺寸精度。所以，零件的加工质量及生产率主要取决于工人的技术熟练程度。

（2）成批生产

成批生产特征是，是一年中分批地生产相同的零件，生产呈周期性重复。每批生产相同零件的数量称为批量。成批生产又可分为小批量生产、中批量生产、大批量生产 3 种。在成批生产中，既采用通用机床和标准附件，也采用高效率机床和专用工艺装备。对工人操作技术水平较单件生产的要求低。

（3）大量生产

大量生产特征是，长时间内只生产同一种产品。这些产品多为应用广泛，产量很大，已经定型了的产品。标准件生产是零件大量生产的典型例子。

在大量生产中，广泛采用专用机床、自动机床、自动生产线及专用工艺装备。由于工艺过程自动化程度高，所以对操作工人的技术水平要求较低，但对机床调整工的技术水平要求较高。

生产纲领和生产类型的关系还随零件的大小及复杂程度而有所不同，表 6-2 列出了它们之间的大致关系，可供参考。

表 6-2 生产纲领和生产类型的关系

生产类型		生产纲领（台/年或件/年）		
		小型机械或轻型零件	中型机械或中型零件	重型机械或重型零件
单件生产		≤100	≤0	≤5
批量生产	小批生产	100～500	10～150	5～100
	中批生产	500～5 000	150～500	100～300
	大批生产	5 000～50 000	500～5 000	300～1 000
大量生产		＞50 000	＞5 000	＞1 000

3. 生产类型及工艺过程的关系

生产类型不同，生产组织、设备布局、毛坯制造及机床、刀具的配置等方面就均有不同；生产类型还影响着制订工艺过程的繁简程度。对于简单零件的单件生产，一般只制订工艺路线；而对于重要零件的单件生产、各类零件的成批和大量生产，就要制订详细的工艺规程，以免造成质量事故和经济损失。各种生产类型的工艺特点如表 6-3 所示。

表 6-3　　生产类型

项　目	单 件 生 产	成 批 生 产	大 量 生 产
加工产品	经常变换	周期性变换	长期加工一种零件
毛坯及加工余量	锻件：自由锻造 铸件：木模、手工造型 毛坯精度低，余量大	锻件：模锻 铸件：手工造型和金属模造型 毛坯精度及余量中等	锻件：模锻 铸件：机器造型、压力铸造等高效方法 毛坯精度高、余量小
机床设备及布局	通用机床，部分采用数控机床 机群式分布	通用机床和部分专用机床及高效自动机床 零件类别分工段分布	广泛采用自动机床、专用机床 自动线分布
夹具及尺寸保证	通用夹具、标准附件或组合夹具；划线试切保证尺寸	通用夹具，专用或成组夹具	高效专用夹具
刀具和量具	通用刀具，标准量具	专用或标准刀具、量具	专用刀具、量具，自动测量
零件的互换性	配对制造，互换性低，多采用钳工修配	多数互换，部分试配或修配	全部互换，高精度偶件采用分组装配
工艺文件的要求	编制简单的工艺路线卡片	编制较详细的工艺及工序卡片	编制详细的工艺、工序和调整卡片
生产效率	低	中等	高
成本	较高	中等	低
对操作人员的技术要求	高	较高	对人员的技术要求较低，对调整人员的技术要求较高

6.1.4　机械加工工艺规程

机械加工工艺规程简称工艺规程，它是规定产品或零部件制造工艺过程、操作方法等的工艺文件，即把较成熟的工艺过程的有关内容，编写成文字和表格的形式，使之规范化。

1. 工艺规程的作用

① 工艺规程是指导生产的主要技术文件。

合理的工艺规程往往是在总结广大工人和技术人员的实践经验基础上，依据工艺理论和必要的工艺试验而制定的。按照工艺规程进行生产，可以保证产品质量、较高的生产率和良好的经济效益。因此，生产中应严格地执行既定的工艺规程。实践表明，不按科学的工艺进行生产，往往会引起产品质量的大幅度下降，生产效率的降低，甚至使生产陷入混乱状态。

② 工艺规程是生产、组织和管理工作的基本依据。

在产品投产前，原材料及毛坯的供应、通用工艺装备的准备、机床负荷的调整、专用工艺装备的设计和制造、作业计划的编排、劳动力的组织以及生产成本核算等都必须以工艺规程作为基本依据。

③ 工艺规程是新建或扩建工厂或车间的基本资料。

在新建，扩建工厂或车间时，只有根据工艺规程才能正确地确定生产所需的机床和其他设备的种类、规格和数量，车间的面积，机床的布置，生产工人的工种、等级和数量以及辅助部门的安排等。

2. 工艺规程制订的要求

同一零件，由于生产批量、机床设备以及工、夹、量具等条件的不同，其加工工艺也不尽相同。在一定生产条件下，一个零件可能有几种工艺方案，但其中总有一个是更为合理的。

合理的加工工艺必须能保证零件的全部技术要求；在一定的生产条件下，使生产率最高，成本最低；有良好、安全的劳动条件。因此，制订一个合理的加工工艺，并非轻而易举。除须具备一定的工艺理论知识和实践经验外，还要深入工厂或车间，了解生产的实际情况。一个较复杂零件的工艺，往往要经过反复实践、反复修改，使其逐步完善。

3. 制订工艺规程的步骤

制订工艺规程的步骤大致如下：

① 根据零件的生产纲领确定生产类型；

② 对零件进行工艺分析；

③ 确定毛坯；

④ 拟定工艺路线；

⑤ 确定各工序的加工余量、计算工序尺寸及公差；

⑥ 选择或设计各工序所采用的机床设备及刀具、夹具、量具等工艺装备；

⑦ 确定各主要工序的切削用量和工时定额；

⑧ 确定各主要工序的技术要求及检验方法；

⑨ 工艺方案的技术经济分析；

⑩ 填写工艺文件。

4. 工艺规程的类型与格式

为了适应工业发展的需要，加强科学管理和交流，机械工业管理部门制订了指导性的工艺规程文件格式，要求各机械企业按照统一的格式填写。其中最常用的工艺文件有如下几种。

① 机械加工工艺过程卡片：其主要作用是简要说明机械加工的工艺路线。实际生产中，机械加工工艺过程卡片的内容也不完全一样，最简单的只有工序目录，较详细的则附有关键工序

的工序卡片。主要用于单件、小批量生产中。

② 机械加工工序卡片：要求工艺文件尽可能地详细、完整，除了有工序目录以外，还有每道工序的工序卡片。工序卡片的主要内容有：加工简图、机床、刀具、夹具、定位基准、夹紧方案、加工要求等。填写工序卡片的工作量很大，因此，主要用于大批、大量生产中。

③ 机械加工工艺（综合）卡片：对于成批生产而言，机械加工工艺过程卡片太简单，而机械加工工序卡片太复杂且没有必要。因此，应采用一种比机械加工工艺过程卡片详细，比机械加工工序卡片简单且灵活的机械加工工艺卡片。工艺卡片既要说明工艺路线，又要说明各工序的主要内容，甚至要加上关键工序的工序卡片。

最常用的机械加工工艺过程卡片和机械加工工序卡片如表 6-4 和表 6-5 所示。

表 6-4　　　　机械生产工艺过程卡片

机械加工工艺过程卡片	产品型号		零（部）件图号			
	产品名称		零（部）件名称		共（ ）页	第（ ）页

材料牌号		毛坯种类		毛坯外形尺寸		每个毛坯可制件数		每台件数		备注	

	工序号	工序名称	工序内容	车间	工程	设备	工艺装备	工时 准终	工时 单件
机绘									
绘校									
底图号									

											设计（日期）	审核（日期）	标准化（日期）	会签（日期）
装订号														
	标记	处数	更改文件号	签字	日期	标记	处数	更改文件号	签字	日期				

表 6-5　　　　机械加工工序卡片

机械加工工序卡片	产品型号		零（部）件图号			
	产品型号		零（部）件图号		共（ ）页	第（ ）页

	车间	工序号	工序名称	材料牌号
	毛坯种类	毛坯外形尺寸	每个毛坯可制作数	每台件数
	设备名称	设备型号	设备编号	同时加工件数
	夹具编号		夹具名称	切削液
	工位器具编号		工位器具名称	工序工量
				准终 / 单件

	工步号	工步内容	工艺装备	主轴转速 r·min-1	切削速度 m·min-1	进给量 mm·r-1	切削深度 mm	进给次数	工步工时 机动	工步工时 辅助
机绘										
绘校										
底图号										

装订号											设计（日期）	审核（日期）	标准化（日期）	会签（日期）
	标记	处数	更改文件号	签字	日期	标记	处数	更改文件号	签字	日期				

6.2 零件的工艺分析

6.2.1　零件的技术要求分析

零件的技术要求一般包括以下几方面。

① 加工表面的尺寸精度。

② 主要加工表面的形状精度。

③ 主要加工表面之间的相互位置精度。

④ 加工表面质量。

⑤ 热处理要求及其他要求（如动平衡等）。

根据零件结构特点，审查所规定的技术要求是否合理。过高的技术要求，会使工艺过程复杂化，加工困难，成本增加。

6.2.2 零件的结构工艺性分析

1. 零件结构工艺性的概念

零件结构工艺性是指制造和装配时的可行性和经济性。根据使用要求所设计的零件结构，在毛坯生产、切削加工、热处理等生产阶段都能用高效率、低消耗和低成本的方法制造出来，并便于装配和拆卸，则说明该零件具有良好的结构工艺性。在制定机械加工工艺规程时，主要进行切削加工工艺分析。

在分析零件结构工艺性时应注意以下几点。

① 满足使用要求。这是设计、制造零件的根本目的，是考虑零件结构工艺性的前提。

② 零件结构工艺性的优劣随生产条件的不同而异。在进行零件的结构设计时，必须考虑现有设备条件、生产类型、技术水平等生产条件。在不同的生产类型和生产条件下制造的可行性和经济性可能不同。

③ 统筹兼顾，综合考虑。从毛坯制造、机械加工、热处理和装配几个方面全面地综合评价零件的结构工艺性。在结构设计时，要尽可能使各个生产阶段都具有良好的结构工艺性。

2. 零件结构工艺性的要求

为使零件在切削过程中具有良好的工艺性，对零件结构设计提出了以下几方面的要求。

① 加工表面的几何形状应尽量简单，尽可能布置在同一平面上或同轴线上。

② 不需要加工的毛面不要设计成加工面，要求不高的面不要设计成高精度、低粗糙度的表面。

③ 有相互位置精度要求的各个表面，最好能在一次安装中加工。

④ 应使定位准确，夹紧可靠，便于加工，易于测量。

⑤ 尽量使用标准刀具和通用量具，减少专用刀具和专用量具的设计和制造。

⑥ 结构应与采用高效机床和先进的工艺方法相适应。

表 6-6 列出了常见零件结构工艺性实例。

表 6-6 零件常见结构

设计准则	不合理的结构	合理的结构	说明
便于装夹，保证定位可靠	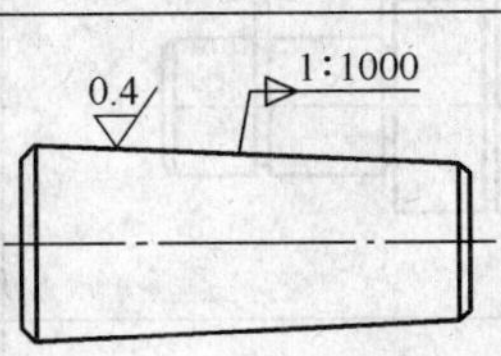 0.4 1:1000	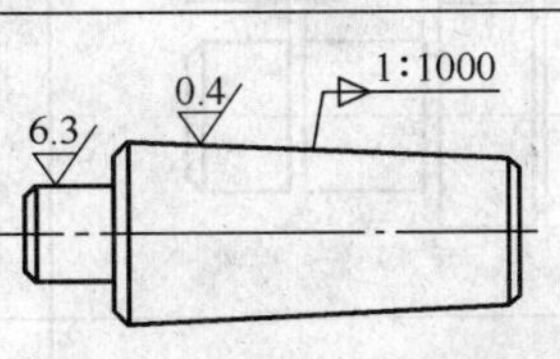 6.3 0.4 1:1000	在锥度一段设计圆柱面便于磨削时装夹
	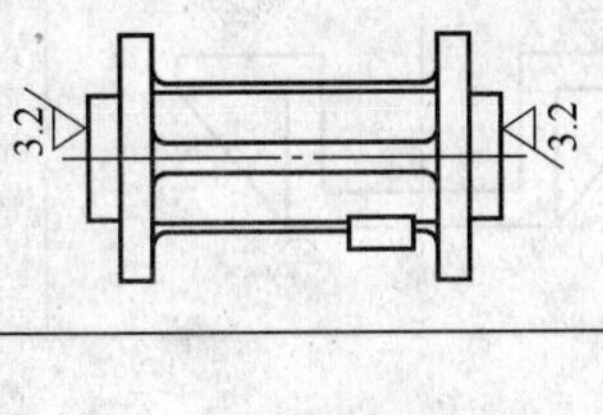 3.2 3.2	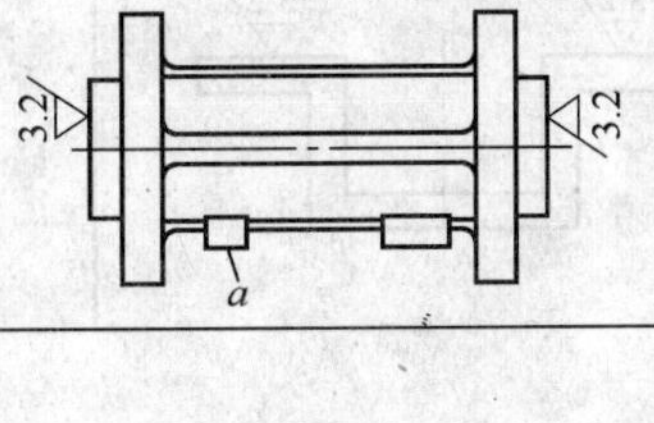 3.2 3.2 a	增加工艺凸台 a，使得定位可靠

续表

设计准则	不合理的结构	合理的结构	说明
			工件上钻头的进出表面应该与钻头轴线垂直，否则钻头容易折断
减少加工困难	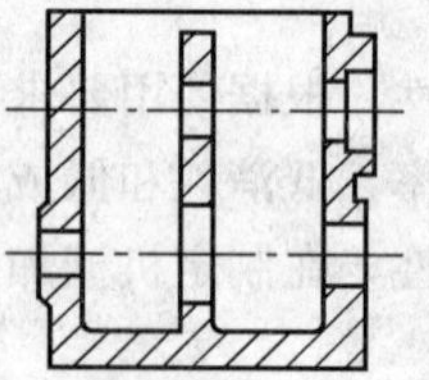	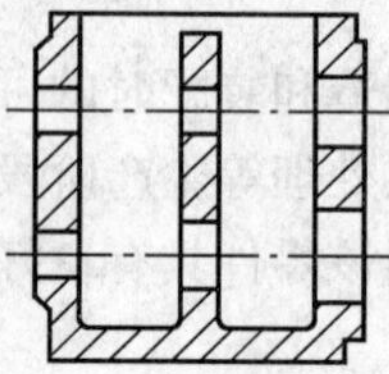	箱体的同轴孔系应尽可能设计成无台阶的通孔。孔径应向一个方向递减
便于进刀和退刀	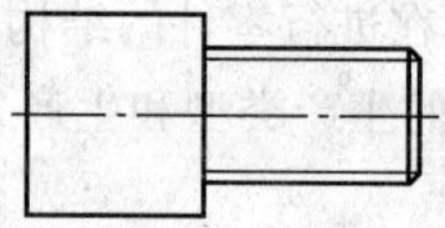	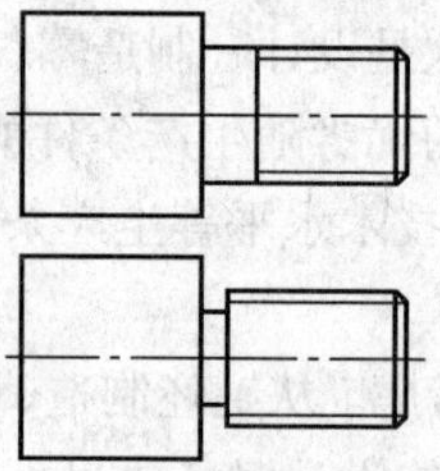	加工内、外螺纹时应留有退刀槽或保留足够的退刀长度
	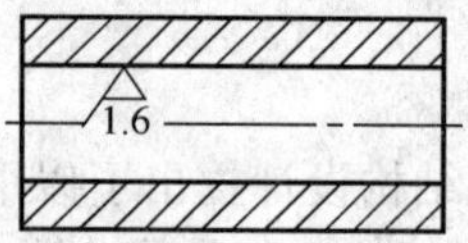 1.6	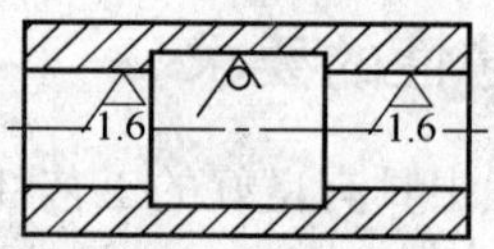 1.6 1.6	当孔的长度与直径之比较大时，应保证与轴相配合部位的精度，以节省材料和降低工时
减少加工表面面积	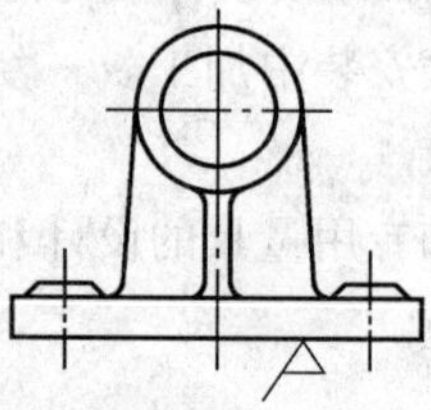	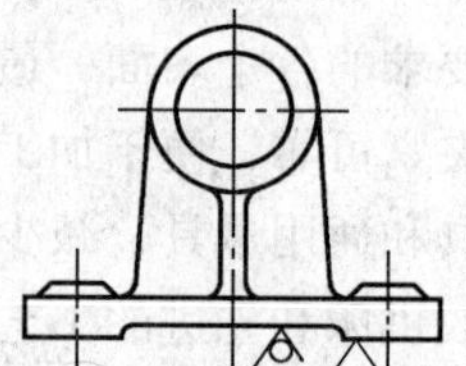	轴承座、箱体、支架等类零件的底平面，应设计成中部成凹状的平面，以减少加工面积，并保证工作可靠
较少换刀次数	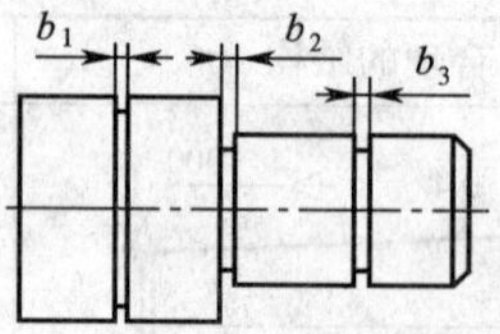 b_1 b_2 b_3	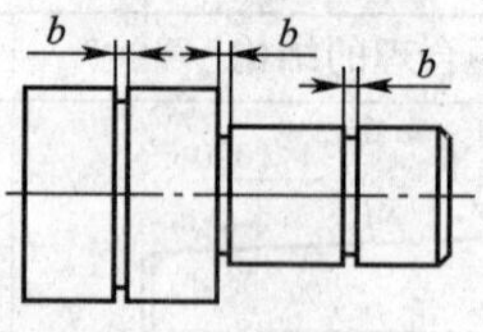 b b b	同一零件上结构相同的槽（键槽、刀槽），其宽度（包括内圆角半径）应尽可能一致，以减少刀具种类和换刀次数
增加刚性	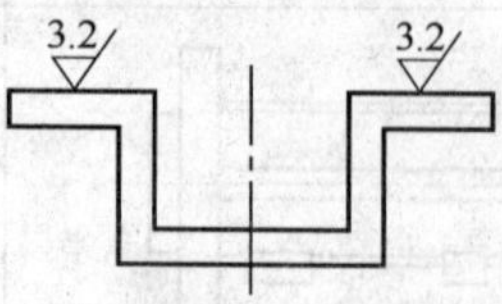 3.2 3.2	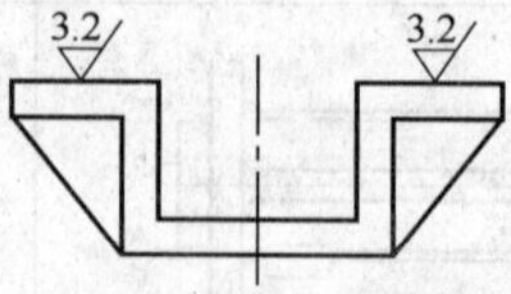 3.2 3.2	增加加强筋，减少加工时工件的变形

6.3 工件定位与基准的选择

6.3.1 工件的定位

对工件进行机械加工时，为了保证加工要求，首先要调整工件相对于刀具（或机床）有正确的位置，并使这个位置在加工过程中不因外力的影响而变动，此过程即为工件的装夹。

工件的装夹包括定位和夹紧两个过程。装夹方式有两种：一种是将工件直接装夹在机床的工作台或花盘上，如将工件直接装在车床的三爪卡盘上；另一种是将工件装夹在夹具中，再通过夹具与机床的连接实现工件在机床上的装夹。

6.3.2 六点定位原理

任意一个刚体，在空间直角坐标系中有 6 个方向活动的可能性，即沿 3 个坐标轴方向的移动（分别用符号 $\overrightarrow{X}$ 、$\overrightarrow{Y}$ 和 $\overrightarrow{Z}$ 表示）和绕 3 个坐标轴方向的转动（分别用符号 $\overrightarrow{X}$ 、$\overrightarrow{Y}$ 、$\overrightarrow{Z}$ 表示）。习惯上把某个方向活动的可能性称为一个自由度，故空间的一个自由刚体，共有 6 个自由度。

工件可近似地看成自由刚体。要使工件在某个方向有确定的位置，必须限制该方向的自由度。尽管工件的形状和结构千差万别，但它们的 6 个自由度都可以用 6 个支承点限制，只是 6 个支承点的分布不同罢了。用适当分布的 6 个支承点限制工件 6 个自由度的原理，称为六点定位原理。但并非每种零件的加工都必须限制 6 个自由度，应该限制多少个自由度应根据工件的加工要求而定。

6.3.3 定位基准的选择

1. 基准的概念

零件的结构和形状都是由许多表面以各种不同的组合形式构成的，各表面之间有一定的尺寸和相互位置要求。基准就是确定零件（或部件）上某些点、线、面的位置时所依据的点、线、面，即基准是零件本身上的一些点、线或面，根据这些点、线或面来确定零件上的另一些点、线或面的位置。

2. 基准的分类

按其作用的不同，基准可分为设计基准和工艺基准，工艺基准又可分为定位基准、测量基准和装配基准，定位基准又可分为粗基准和精基准。

（1）设计基准

在零件图上，确定其他点、线、面的位置所依据的那些点、线、面称为设计基准。

（2）工艺基准

工艺基准是在加工和装配过程中所采用的基准。它包括下述 3 个基准。

① 定位基准：是指在加工时，工件在机床或夹具中定位用的基准。用夹具定位时，定位基准就是工件上直接与夹具的定位元件相接触的点、线、面；用找正法定位时，定位基准就是工件上的被找正面。例如，轴类零件常用顶尖孔作为车磨工序的定位基准。若作为定位基准的表面是加工过的面，则称为精基准；若是未加工过的面，则称为粗基准。

② 测量基准：是指零件检验时，用于测量被加工表面的尺寸和位置的基准。

③ 装配基准：是装配时用来确定零件或部件在产品中的相对位置所采用的基准。

3. 定位基准的选择

（1）粗基准的选择

粗基准主要影响不加工表面与加工表面的相互位置精度，以及加工表面的余量分配。因此，选择粗基准时，注意以下问题。

① 如果必须保证工件上加工表面与不加工表面之间的位置精度要求，应以不加工表面作为粗基准。如果工件上有很多不需加工的表面，则应以其中与加工表面的位置精度要求较高的表面作为粗基准。

② 如必须首先保证工件上某重要表面的加工余量均匀，则应选择该表面作为粗基准。

③ 尽量选用面积较大、平整光洁的表面作粗基准。应避免选用飞边、浇口、冒口或其他缺陷的表面作粗基准，以保证定位准确，夹紧可靠。

④ 因为粗基准本身是毛坯面，精度和表面粗糙度很差，如果重复使用会导致加工表面产生较大的位置误差。因此粗基准一般只能使用一次，尽量避免重复使用。

（2）精基准选择

精基准的选择应从保证零件的加工精度，特别是加工表面的相互位置来考虑。选择精基准时，应能保证加工精度和装夹可靠方便，按下列原则选择。

① 基准重合原则。若选择的定位基准就是设计基准，则称为基准重合。这样就不存在基准不重合误差。

② 基准统一原则。零件的多个表面需要加工时，尽量使用通一组基准作为各表面加工的基准，即为基准统一原则，这样，可以保证各加工表面的相互位置精度。例如轴类零件的加工时通常采用中心孔作为基准，这样既保证了各个外圆表面的同轴度，又可提高生产效率。

③ 自为基准原则。当有些精加工工序要求加工表面的余量小且均匀时，应该以该加工表面为精基准。

④ 互为基准原则。当两个表面之间的位置精度和它们本身的尺寸与形状精度要求很高时，就要采用相互作为另一个表面的基准的方式，反复多次进行加工。

6.4 工艺路线的拟订

拟订工艺路线就是根据零件每个加工表面（特别是主要表面）的精度、粗糙度及技术要求，确定每个表面的工序内容，然后把各个工序按顺序排列起来。常见典型表面的加工方案可参照

第 5 章来确定。

6.4.1 加工阶段的划分

当零件的精度要求较高或零件形状较复杂时，应将整个工艺过程划分为以下几个阶段。

① 粗加工阶段，其主要目的是切除绝大部分余量。

② 半精加工阶段，使次要表面达到图纸要求，并为主要表面的精加工提供基准。

③ 精加工阶段，保证各主要表面达到图纸要求。

划分加工阶段的目的如下。

① 有利于保证加工质量。由于粗加工余量大，切削力大，切削温度高，工件变形大，变形恢复时间长，如果不划分加工阶段，连续进行粗、精加工，会使已加工好的表面精度因变形恢复而受到破坏。

② 有利于合理使用设备。粗加工采用精度低、功率大、刚性好的机床，有利于提高生产率。精加工采用精度高的机床，既有利于保证加工质量，也有利于长期保持设备精度。

③ 有利于安排热处理工序。

④ 可避免损伤已加工好的主要表面，也可及时发现毛坯缺陷，及时采取补救措施或报废，以免浪费过多工时。

6.4.2 加工顺序的安排

应合理地安排机械加工工序、热处理工序、检验工序和其他辅助工序，以保证加工质量，提高生产率，提高经济效益。

1. 机械加工工序的安排

在安排机械加工工序时，必须遵循以下几项原则。

① 基准先行。作为精基准的表面应首先加工出来，以便用它作为定位基准加工其他表面。

② 先粗后精。先进行粗加工，后进行精加工，有利于保证加工精度和提高生产率。

③ 先主后次。先安排主要表面的加工，然后根据情况相应安排次要表面的加工。主要表面就是要求精度高、表面粗糙度低的一些表面，次要表面是除主要表面以外的其他表面。因为主要表面是零件上最难加工且加工次数最多的表面，因此安排好了主要表面的加工，也就容易安排次要表面的加工。

④ 先面后孔。在加工箱体零件时，应先加工平面，然后以平面定位加工各个孔，这样有利于保证孔与平面之间的位置精度。

2. 热处理工序的安排

根据热处理工序的目的不同，可将热处理工序分为以下几项。

① 预备热处理：为了改善工件的组织和切削性能而进行的热处理，如低碳钢的正火和高碳钢的退火。

② 时效处理：为了消除工件内部因毛坯制造或切削加工所产生的残余应力而进行的热处理。

③ 最终热处理：为了提高零件表面层的硬度和强度而进行的热处理，如调质、淬火、渗碳、

氮化等。

3. 工序的集中与分散

在制订工艺路线时，在确定了加工方案以后，就要确定零件加工工序的数目和每道工序所要加工的内容。可以采用工序集中原则，也可以采用工序分散原则。

① 工序集中原则。使每道工序包括尽可能多的加工内容，因而工序数目减少。工序集中到极限时，只有一道加工工序。其特点是工序数目少，工序内容复杂，工件安装次数少，生产设备少，易于生产组织管理，但生产准备工作量大。

② 工序分散原则。使每道工序包括尽可能少的加工内容，因而使工序数目增加。工序分散到极限时，每道工序只包括一个工步。其特点是工序数目多，工序内容少，工件安装次数多，生产设备多，生产组织管理复杂。

在制订工艺路线时，是采用工序集中，还是采用工序分散，要根据下列条件确定。

① 生产类型。单件、小批量生产时，采用工序集中原则；大批、大量生产时，采用工序分散原则，有利于组织流水线生产。对于大尺寸和大重量的工件，由于安装和运输的问题，一般采用工序集中原则。

② 工艺设备条件。自动化程度高的设备一般采用工序集中原则，如加工中心、柔性制造系统等。

6.5 加工余量和工序尺寸的确定

工艺路线拟定以后，即可确定每个工序的加工余量、工序尺寸及其公差。工序尺寸是工件加工过程中各个工序应保证的加工尺寸。工序尺寸允许的变动范围就是工序尺寸公差。由于工序尺寸的确定与工序的加工余量有密切关系，因此先讨论加工余量的问题。

1. 加工余量的概念

要使毛坯变成合格零件，从毛坯表面上所切除的金属层称为加工余量。加工余量分为总余量和工序余量。从毛坯到成品总共需要切除的余量称为总余量。在某工序中所要切除的余量称为该工序的工序余量。总余量应等于各工序的余量之和。工序余量的大小应按加工要求来确定。

2. 工序尺寸及其公差的确定

工序尺寸及其公差的确定与工序余量的大小、工序尺寸的标注方法以及定位基准的选择与变换都有密切的关系，一般可分为两大类。

（1）基准重合时，工序尺寸及其公差的计算

这是指工序基准或定位基准与设计基准重合，表面多次加工时工序尺寸及其公差的计算。

首先确定各工序的加工余量，由手册或凭经验决定，或者查附表；其次计算各工序的基本尺寸，其顺序是由最后一道工序开始往前推算；最后确定各工序尺寸的公差，一般由各工序所采用的加工方法的经济精度及有关公差表查出，并按“入体”原则标注。

例 1 如图 6-3 所示的轴径 $\phi60_{-0.03}^{\ 0}$，工艺路线为粗车、调质、精车、磨外圆；如图 6-4 所示的孔 $\phi80_{\ 0}^{+0.02}$，其加工工序为粗镗、半精镗、精镗。试确定各工序尺寸及其偏差。

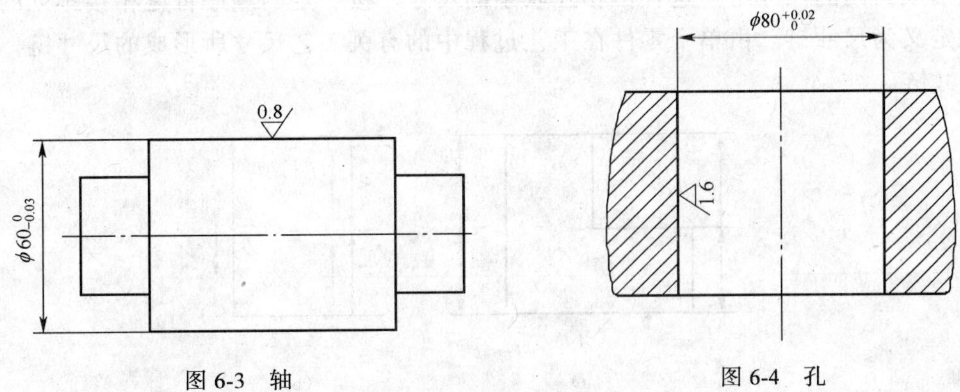

图 6-3 轴　　　　图 6-4 孔

解 在此，用查附表 11 的方式确定加工余量和工序尺寸，分别如表 6-7 和表 6-8 所示。

表 6-7　　轴的工序尺寸

工序名称	工序尺寸	工序尺寸公差
精镗	$\phi80$	H6($_{\ 0}^{+0.02}$)
半精镗	$\phi79.5$	H11($_{\ 0}^{+0.20}$)
粗镗	$\phi78$	H12($_{\ 0}^{+0.30}$)
毛坯孔	$\phi70$	

表 6-8　　孔的工序尺寸

工序名称	工序尺寸	工序尺寸公差
磨外圆	$\phi60$	$_{-0.03}^{\ 0}$
半精车	$\phi60.4$	H11($_{-0.120}^{\ 0}$)
粗车	$\phi62.3$	H12($_{-0.30}^{\ 0}$)
毛坯	$\phi65$	

（2）基准不重合时，工序尺寸及其公差的计算

工序基准或定位基准与设计基准不重合时，需要借助于工序尺寸链来分析计算工序尺寸及公差。

6.6 工艺尺寸链

6.6.1 工艺尺寸链的定义

如图 6-5 所示的台阶零件，零件图样上标注设计尺寸 A_1 和 N。当用调整法最后加工表

面 B 时（其他表面均已加工完成），为了使工件定位可靠和夹具结构简单，常选 A 面为定位基准，按尺寸 A_2 对刀加工 B 面，间接保证 N。这样，尺寸 A_1、A_2 和 N 就在加工过程中相互连接形成封闭的尺寸组。这种由相互联系的尺寸，按一定的顺序首尾相接排列的尺寸封闭图就定义为尺寸链。由单个零件在工艺过程中的有关工艺尺寸所形成的尺寸链，就称为工艺尺寸链。

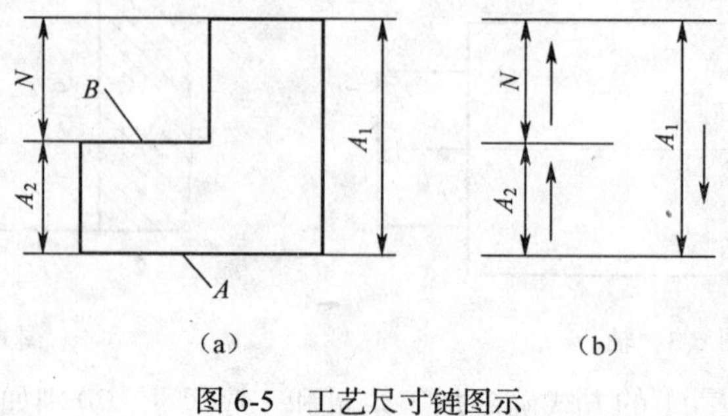

图 6-5　工艺尺寸链图示

6.6.2　工艺尺寸链的组成

组成尺寸链的各个尺寸称为尺寸链的环。这些环又可分为两大类。

1. 封闭环

根据尺寸链的封闭性，最终被间接保证精度的那个环称为封闭环。图 6-5 中 N 是封闭环。

2. 组成环

尺寸链中除封闭环外的其他环称为组成环。组成环还可分为增环和减环两类，若某环尺寸增大，其余各环尺寸保持不变时，封闭环尺寸也随之增大，则该环为增环，表示方法 $\overrightarrow{A}$；若某环尺寸增大，其余各环尺寸保持不变时，封闭环尺寸反而减小，则该环为减环，表示方法 $\overrightarrow{A}$。

工艺尺寸链一般都用工艺尺寸链图表示。建立工艺尺寸链时，应首先对工艺过程和工艺尺寸进行分析，确定间接保证精度的尺寸，并将其定为封闭环，然后再从封闭环出发，按照零件表面尺寸间的联系，用首尾相接的单向箭头顺序表示各组成环，这种尺寸图就是尺寸链图。根据上述定义，利用尺寸链图即可迅速判断组成环的性质，凡与封闭环箭头方向相同的环即为减环，而凡与封闭环箭头方向相反的环即为增环。

6.6.3　尺寸链的计算公式

解尺寸链的常用方法为极值法。在工艺规程制订过程中，当原始基准与设计基准或与它的其余工艺基准不重合时，应用此法进行尺寸换算是非常可靠的。

1. 封闭环基本尺寸计算

封闭环的基本尺寸等于增环基本尺寸之和减去减环基本尺寸之和，即

$$N=\sum_{i=1}^{m}\vec{A_i}-\sum_{i=1}^{n}\overleftarrow{A_i}$$

2. 封闭环的极限尺寸

封闭环的最大极限尺寸等于增环最大极限尺寸之和减去减环的最小极限尺寸之和，封闭环的最小极限尺寸等于增环最小极限尺寸之和减去减环最大极限尺寸之和，即

$$N_{\max}=\sum_{i=1}^{m}\vec{A}_{i\max}-\sum_{i=1}^{n}\overleftarrow{A}_{i\min}$$

$$N_{\min}=\sum_{i=1}^{m}\vec{A}_{i\min}-\sum_{i=1}^{n}\overleftarrow{A}_{i\max}$$

3. 封闭环的上偏差与下偏差

封闭环的上偏差等于增环的上偏差之和减去减环下偏差之和，封闭环的下偏差等于增环下偏差之和减去减环上偏差之和，即

$$\Delta_{s}N=\sum_{i=1}^{m}\Delta_{s}\vec{A}_i-\sum_{i=1}^{n}\Delta_{x}\overleftarrow{A}_i$$

$$\Delta_{x}N=\sum_{i=1}^{m}\Delta_{x}\vec{A}_i-\sum_{i=1}^{n}\Delta_{s}\overleftarrow{A}_i$$

4. 封闭环的公差

封闭环的公差等于组成环公差之和，即

$$\delta N=\sum_{i=1}^{m+n}\delta A_i$$

例 2 加工如图 6-6 所示的零件，设计尺寸为$35^{+0.30}_{0}$、$60^{0}_{-0.20}$。尺寸$35^{+0.30}_{0}$的设计基准为 C 面。在用调整法加工平面 B 时，为了定位方便，以 A 面为工艺定位基准加工 B 面。请用工艺尺寸链的知识确定平面 A 与 B 之间的距离尺寸。

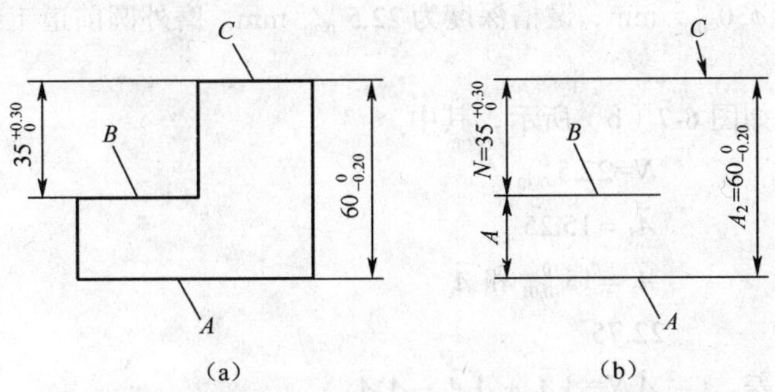

图 6-6 工艺基准和设计基准不重合

解 图 6-6（b）所示为加工 B 面的工艺尺寸链，其中

封闭环为 $N=35^{+0.30}_{0}$

增环为 $\vec{A}_2=60^{0}_{-0.20}$

减环为 $\overleftarrow{A}_1$

由于封闭环公差 $\delta N=\delta\overrightarrow{A}_2+\delta\overleftarrow{A}_1$

所以减环 $\overleftarrow{A}_1$ 的公差 $\delta\overleftarrow{A}_1=\delta N-\delta\overrightarrow{A}_2=0.30-0.20=0.10$

由于 $\Delta_s N=\Delta_s\overrightarrow{A}_2-\Delta_x\overleftarrow{A}_1$

所以 $\Delta_x\overleftarrow{A}_1=\Delta_s\overrightarrow{A}_2-\Delta_s N=0-(+0.30)=-0.30$

由于 $\Delta_x N=\Delta_x\overrightarrow{A}_2-\Delta_s\overleftarrow{A}_1$

所以 $\Delta_s\overleftarrow{A}_1=\Delta_x\overrightarrow{A}_2-\Delta_x N=(-0.20-0)=-0.20$

因此 $\overleftarrow{A}_1=25_{-0.30}^{-0.20}$

这样的计算还存在一个问题，即该工件加工完成后需要对尺寸进行检测，其中检测 $35_{0}^{+0.30}$ 的方法有两种。

第一种是，*C* 面为测量基准进行测量，如果测量值位于 35.00～35.30 mm 范围，则为合格品。此时，测量基准和设计基准是重合的。

第二种是，*A* 面为测量基准进行测量，这时，测量基准和工艺基准是重合的，但和设计基准不重合。如果测量值位于 24.70～24.80 mm 范围内，则为合格品。但是，测量值 A_1 不在这个范围内，该零件不一定是不合格品。例如，当 $A_1=25$ mm，而 $A_2=60$ mm 时，*B* 和 *C* 面之间的尺寸为 35 mm，满足设计尺寸的要求，因此是合格的零件。可见当测量基准和设计基准不重合时，可能会出现“假废品”现象。

因此，对于诸如上述的情况，当用调整法加工时，调整刀具的位置时可以按照 A_1 尺寸调整，当检测零件时，最好按照设计尺寸 $35_{0}^{+0.30}$ 进行测量。

例 3 图 6-7 所示为轴类某零件的剖面图，图中标出了该零件整个工艺中的两道工序铣键槽和磨外圆的相关工序尺寸。最终成品尺寸外圆为 $\phi30_{-0.02}^{\ 0}$ mm，键槽深度为 $22.5_{-0.30}^{\ 0}$ mm。磨外圆前道工序为铣键槽，请计算工序尺寸 A_1 为多少？

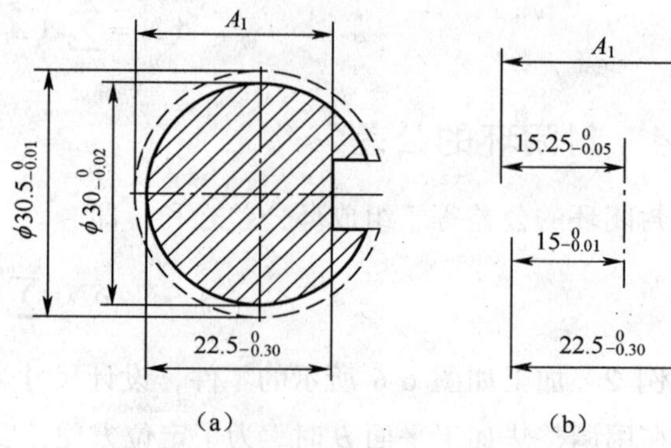

图 6-7 轴的尺寸链

解 工艺尺寸链如图 6-7（b）所示，其中

封闭环为 $N=22.5_{-0.30}^{\ 0}$

减环为 $\overleftarrow{A}_2=15.25_{-0.05}^{\ 0}$

增环为 $\overrightarrow{A}_3=15_{-0.01}^{\ 0}$ 和 $\overrightarrow{A}_1$

A_1 的基本尺寸为 22.75

由于封闭环上偏差 $\Delta_s N=\Delta_s\overrightarrow{A}_3+\Delta_s\overrightarrow{A}_1-\Delta_x\overleftarrow{A}_2$

所以 A_1 的上偏差 $\Delta_s\overrightarrow{A}_1=\Delta_x\overleftarrow{A}_2+\Delta_s N-\Delta_s\overrightarrow{A}_3=(-0.05)+0-0=-0.05$

由于封闭环下偏差 $\Delta_x N=\Delta_x\overrightarrow{A}_3+\Delta_x\overrightarrow{A}_1-\Delta_s\overleftarrow{A}_2$

所以 A_1 的上偏差 $\Delta_x\overrightarrow{A}_1=\Delta_x N+\Delta_s\overleftarrow{A}_2-\Delta_x\overrightarrow{A}_3=(-0.30)+0-(-0.01)=-0.29$

故工序尺寸 $A_1=22.75_{-0.29}^{-0.05}$

6.7 变速箱箱体机械加工工艺设计

根据前面章节介绍的内容，现在来回答第 1 章 1.5.3 小节中针对案例 1 提出的问题。

根据生产批量的定义，显然案例 1 中箱体属批量生产，需要建立专用零件加工生产线。箱体工艺内容的安排要根据生产线的要求来设计，工艺分析如下。

1. 毛坯的选择

第 4 章 4.3 节中提及，各种毛坯的特点和适用场合，据此可以选用铸件，材料牌号选为 HT200。

2. 主要技术要求分析

（1）主要的尺寸精度

① 各孔的孔径大小 $\phi52_{-0.012}^{+0.018}$、$\phi62_{-0.012}^{+0.018}$、$\phi100_{-0.012}^{+0.018}$、$\phi16_{0}^{+0.027}$ $\phi22_{0}^{+0.033}$、$\phi18_{0}^{+0.033}$。

加工方案分析：箱体零件体积大，质量大，显然不适宜在车床上加工这些孔；对于 $\phi52_{-0.012}^{+0.018}$、$\phi62_{-0.012}^{+0.018}$、$\phi100_{-0.012}^{+0.018}$ 这些直径大的孔，最适宜在镗床上完成孔加工；对于 $\phi16_{0}^{+0.027}$、$\phi22_{0}^{+0.033}$、$\phi18_{0}^{+0.033}$ 这种小直径孔，适合钻、铰加工；由于批量生产，各工序加工工时就要求短，且尽量均衡；考虑到 3 个大孔精度要求都很高，故工艺过程宜分为粗加工和精加工。

② 孔距精度要求的有：59 ± 0.023、58 ± 0.023、82 ± 0.027、118 ± 0.027。

加工方案分析：在坐标镗床、数控镗床和加工中心等高精度机床上，均可满足上述孔距的精度要求，但效率低；由于批量生产，在满足精度的同时，还必须有高的生产效率，故此选择具有高效率、高精度的专用组合镗床来完成大孔的加工。

（2）主要的形位公差

主要的形位公差有：孔系的同轴度和孔中心线间的平行度。

加工方案分析：镗孔有两种方法，一是将箱体两侧面上同一轴线上的两孔，用同一个镗杆一次镗出，简称单面镗；二是箱体两侧面上同一轴线上的两孔，用两根镗杆从两面镗，简称对镗。用第 1 种方法，孔的同轴度高，加工效率低；用第 2 种方法，加工效率高，但同轴度不如第一种。但是，只要严格控制专用组合镗床的制作精度，采用双面对镗的方式，仍然可以使同轴度误差控制在公差范围之内。

（3）表面粗糙度要求

孔的表面粗糙度最低，用镗削方法可以满足要求。箱体的两侧面和上下面的粗糙度，用铣削的加工方式完全可以达到。

3. 其他表面的加工方案

（1）两侧面和上下表面

平面的加工方法有多种，对于本案例箱体选用铣削加工。由于是批量生产，铣床选用高效率的卧式双柱端面铣床。

（2）两侧面和上下表面上的螺纹底孔

有两种加工方案，第 1 种方案是采用专用多头钻，一次加工多个孔，加工的效率高，但制造成本也高，制作周期长，调整也困难；第 2 种方案是逐个孔加工，可以在台钻、摇臂钻、立钻上完成，只是效率低。但只要按照加工生产线生产节拍的要求，多配置几个钻床即可满足要求，生产准备的周期相应要短。在此，选用台钻加工各个螺纹底孔。

（3）不适合镗削的孔

$\phi16^{+0.027}_{0}$ 的孔是装换挡拨叉用的，由于孔较小，无法用镗削加工，故选用钻铰的方式加工。$\phi22^{+0.033}_{0}$ 和 $\phi18^{+0.033}_{0}$ 用于安装倒挡轴，同样选用钻铰方式加工。

将上述各表面的加工方案，合理排列先后顺序，即为该箱体的加工工艺过程，如表 6-9 所示。

表 6-9　　变速箱箱体机械加工工艺过程

序　号	工序内容	工艺装备
05	铸	
10	退火	
15	铣上下面	卧式双柱端面铣床及相应的铣上下面铣床夹具
20	铣两侧面	卧式双柱端面铣床及相应的铣两侧面铣床夹具
25	粗镗两侧面轴承孔	专用组合镗床及相应的粗镗夹具
30	精镗两侧面轴承孔	专用组合镗床及相应的精镗夹具
35	钻、铰倒档轴孔 $\phi22^{+0.033}_{0}$ 和 $\phi18^{+0.033}_{0}$	立式钻床、钻模
40	钻、铰装拨叉轴孔 $\phi16^{+0.027}_{0}$	摇臂钻床、钻模
45	钻上表面各螺纹孔底孔	台钻、钻模
50	钻一侧面上各螺纹孔底孔	台钻、钻模
55	钻另一侧面上各螺纹底孔	台钻、钻模
60	攻上表面各螺纹	台钻
65	攻一侧面上各螺纹孔	台钻
70	攻另一侧面上各螺纹孔	台钻
75	检验	
80	入库	

复习思考题

1. 简述生产过程和工艺过程的含义。
2. 什么是工序？
3. 什么是机械加工工艺规程？它有什么作用？
4. 简述机械加工工艺规程制定的步骤。
5. 什么是定位？什么叫夹紧？
6. 什么叫设计基准？什么叫工艺基准？
7. 粗基准选择的原则是什么？精基准选择的原则是什么？

8. 工艺过程通常包括哪几个阶段？各阶段的目的是什么？

9. 机械加工工序安排的原则是什么？

10. 试确定图 6-8 所示零件的粗基准。

11. 在批量生产图 6-9 所示的箱体零件，其工艺路线如下：

粗、精铣底面→粗、精铣上表面→在卧式镗床上粗镗、半精镗、精镗 ϕ70H7 的孔→粗镗、半精镗、精镗 ϕ90H7 的孔。

试分析上述工艺路线是否恰当？如不恰当如何改进？

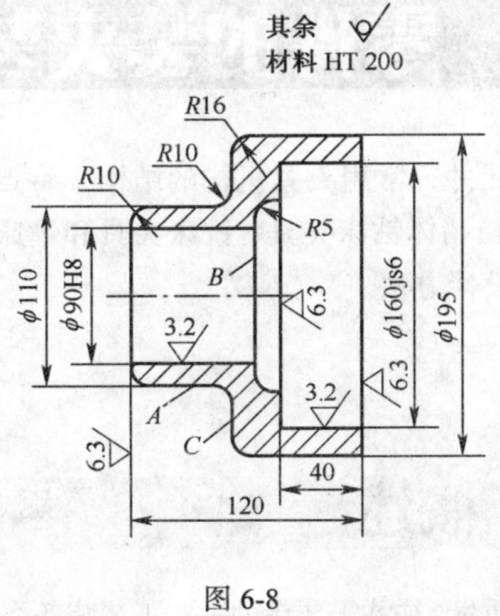

图 6-8

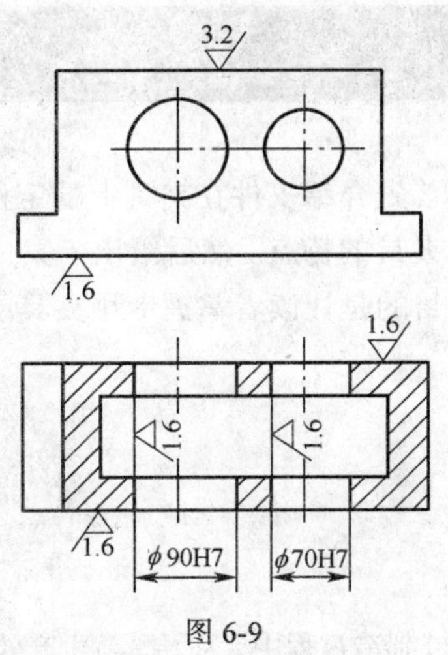

图 6-9

12. 图 6-10 所示为某镗套的简图，毛坯为耐磨铸铁件，加工外圆的工艺过程为：粗车→精车→磨外圆。加工内孔的工艺过程为：粗车内孔→半精车内孔→磨内孔。查表确定加工外圆和内孔的工序尺寸和偏差。

13. 如图 6-11 所示的零件，在外圆、内孔和端面加工完后，加工孔 $\phi12^{+0.03}_{0}$。试回答下列问题：

① 孔 $\phi12^{+0.03}_{0}$ 的距离尺寸 40±0.05 的设计基准是哪个面？

② 若用 B 面作为定位基准加工孔 $\phi12^{+0.03}_{0}$，试对该零件的技术要求分析，并确定一个可行性方案。

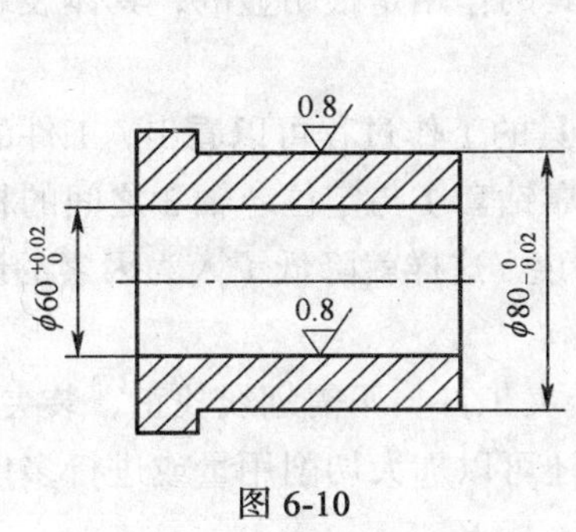

图 6-10

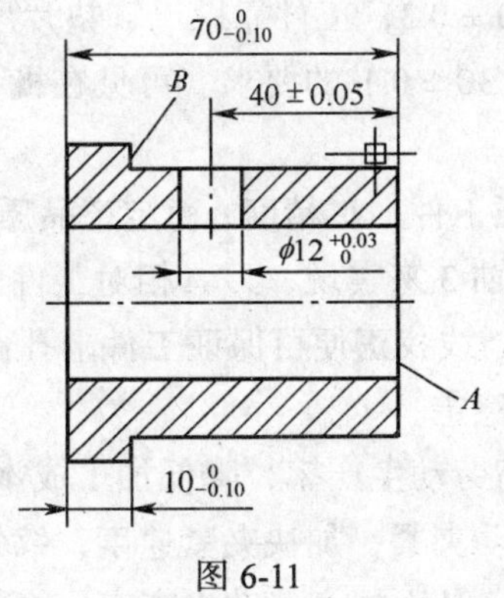

图 6-11

第7章 零件的装夹装置

本章首先介绍工件在夹具上的定位方法及定位元件，常用夹紧机构的结构、特点与应用，典型机床夹具的特点。然后给出了案例 1 —— 变速箱箱体钻床夹具、铣床夹具和镗床夹具的设计步骤，目的是让读者掌握专用夹具的设计原理和设计方法。

7.1 概述

在机械制造过程中，为了提高生产效率，保证加工质量，往往需要借助一些工艺装备将工件迅速、准确地固定在机床上，以完成切削加工、检验、装配、焊接等工艺过程，这些工艺装备就称为夹具。

7.1.1 夹具的作用

图 7-1（a）所示是某套类零件，在加工 ϕ6H 的孔时，如果是单件生产，用划线的方式或者从端面对刀的方式就可以保证 30 ± 0.1 的尺寸要求。但如果是批量生产，这种靠划线的方式显然效率很低，并且每次划线的精度也差别很大。如果借助于图 7-1（b）所示的夹具，这种情况就可以很好地解决。图 7-1（b）的工作过程是：把工件放到芯轴 3 上，钻套 1 的中心到平面 A 的距离为 30 ± 0.3，工件靠螺母、垫片压紧。钻孔时，只要钻头对准钻套 1 就可以很方便地保证设计尺寸 30 ± 0.1 的要求。可见在批量生产时，夹具的作用是很明显的，具体表现在以下几方面。

① 保证工件加工精度，稳定产品质量。从上述夹具的工作过程可以看出，工件的定位靠夹具的定位芯轴 3 来实现，刀具相对工件的正确位置则靠钻套 1 与定位芯轴 3 之间的相对位置来保证，不需划线找正便可保证工件上孔 ϕ6H7 的位置精度。这样就降低了人为因素的影响，保证了产品质量稳定。

② 提高劳动生产率，降低加工成本。采用夹具装夹工件，不需划线找正，装夹方便迅速。可以采用机动夹紧，加快夹紧速度，缩短辅助时间。还可以加大切削用量或进行多件加工，缩短机动时间，从而提高劳动生产率，降低加工成本。

③ 改善工人劳动条件。夹具一般采用杠杆、螺旋、凸轮、气动等夹紧机构，减轻了工人的劳动强度。

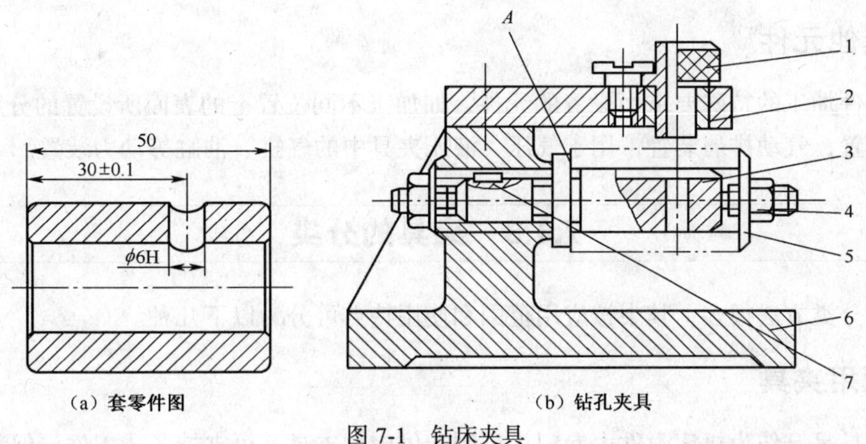

（a）套零件图　　（b）钻孔夹具

图 7-1　钻床夹具

1—快换钻套　2—钻模板　3—定位芯轴　4—螺母　5—开口垫圈　6—夹具体　7—定位键

④ 扩大机床工艺范围。在多品种、小批量生产的条件下，设计制造专用夹具，可以使机床“一机多能”，能解决机床的数量、品种与工件的种类、规格不相符合的矛盾。例如，通过在车床床鞍上安装专门设计的镗模，就可以用车床代替镗床进行箱体镗孔加工。

7.1.2　夹具的组成

机床夹具的种类和结构虽然很多，但是通常由以下几部分构成。

1. 定位元件或定位装置

使一批工件在夹具中占有正确位置的元件或装置，称为定位元件或定位装置。图 7-1（b）所示的定位芯轴 3 就是定位元件，通过它使整批套筒工件在夹具中处于正确的位置。

2. 夹紧装置

夹紧装置的作用是将工件压紧夹牢，保证工件在加工过程中由于自重或受到切削力或振动等外力作用时不离开已确定的正确位置。如图 7-1（b）所示的螺母 4、开口垫圈 5、定位芯轴 3 组成的螺旋夹紧装置。

3. 夹具体

夹具体是用于连接夹具上各元件及装置使其成为一个整体的基础件连接，以确定夹具相对于机床的位置，如图 7-1（b）所示的夹具体 6。

4. 对刀引导元件

确定或引导刀具与被加工工件的加工表面之间处于正确位置的元件，如对刀块、钻套、镗套等。

5. 连接元件

确定夹具在机床上占有正确位置的元件，如定位键、过渡盘等。

6. 其他元件

根据零件加工的特殊要求而设置的元件，如加工不同位置上的表面所设置的分度装置，自动上下料装置，气动排屑装置，用于气压、液压夹具中的气缸、油缸等动力装置。

7.1.3 夹具的分类

夹具的分类方法很多，其中按应用范围和使用特点可分为以下几种。

1. 通用夹具

通用夹具是已作为机床附件由专门工厂制造供应的夹具，可夹持各式工件，但装夹较慢。

2. 专用夹具

专为某一工件的某道工序加工而设计制造的夹具，称为专用夹具。如图 7-1（b）所示的钻床夹具就是专用于钻铰套筒零件上ϕ6H 孔的专用夹具。专用夹具使用方便，但设计制造周期较长，成本较高，产品变更时即报废，所以用于批量较大的生产中，由产品生产厂自行设计制造。

3. 组合夹具

组合夹具是按照某工件的某道工序加工要求，由一套预先制造好的通用的标准元件或部件组装而成的夹具。这些元件和部件具有精度高、互换性好、组装和拆卸方便迅速的特点。但是组装后精度不高，刚性较差。

4. 成组夹具

这类夹具用以配合成组技术，由通用基础件和可调整元件组成，用于装夹一组尺寸、形状、结构以及工艺特征相似的工件。使用时只需调整或更换个别定位、夹紧、对刀或分度元件，就可以用于组内的不同工件的装夹。

5. 随行夹具

它用于大批量生产的自动生产线上，安装后随自动线的移动将工件输送到各加工工位的一种移动式夹具。

另外按照使用夹具的机床可分为：车床夹具、钻床夹具、铣床夹具、镗床夹具等。按夹具工作的力源可分为：手动夹具、气动夹具、液压夹具、电磁和电动夹具等。

7.2 工件的定位

为了保证同一批工件在夹具中占据一个正确的位置，必须选择合理的定位方法和设计相应的定位装置。在实际应用时，一般不允许将工件的定位基准面直接与夹具体接触，而是通过定位元件上的工作表面与工件定位基准面的接触来实现定位。

所谓定位，就是使一批工件中的每一个工件都能在机床或夹具上占据同一个正确位置。设计专用夹具，首先必须考虑工件如何定位。

7.2.1 定位方案的确定

1. 六点定位原理

第 6 章中我们已阐述了工件的六点定位原理，即用适当分布的 6 个支撑点限制工件的 6 个自由度的原理。

2. 工件自由度限制数量的分析

工件的 6 个自由度并非每种工件的加工都必须限制 6 个自由度。确定工件需要限制哪几个自由度的主要依据是工件的加工精度要求。如图 7-1（a）所示的零件，孔的位置在圆周方向上的分布没有精度要求，绕 Y 轴旋转的自由度就没有必要限制。

表 7-1 所示是常见工件加工需要限制的自由度。

表 7-1 常见工件的加工自由度

序号	工序简图	加工要求	机床及刀具	需要限制的自由度
1	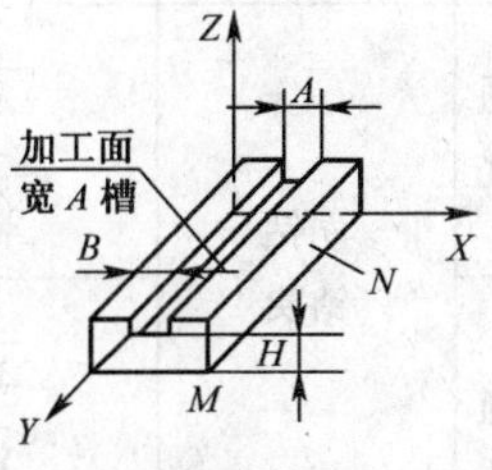	① 尺寸 B ② 尺寸 H ③ 槽侧面与 N 面平行度 ④ 槽底面与 M 面平行度	立式铣床 立铣刀	$\overrightarrow{X}$、$\overrightarrow{Z}$; $\overset{\frown}{X}$、$\overset{\frown}{Y}$、$\overset{\frown}{Z}$
2	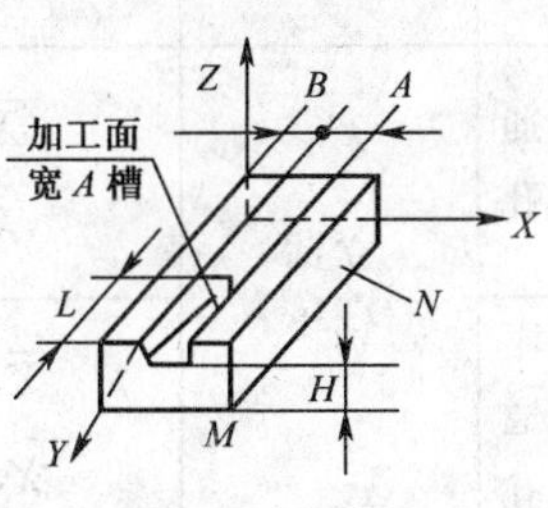	① 尺寸 B ② 尺寸 H ③ 尺寸 L ④ 与 N 面平行度 ⑤ 与 M 面平行度	立式铣床 键槽铣刀	$\overrightarrow{X}$、$\overrightarrow{Y}$、$\overrightarrow{Z}$; $\overset{\frown}{X}$、$\overset{\frown}{Y}$、$\overset{\frown}{Z}$
3	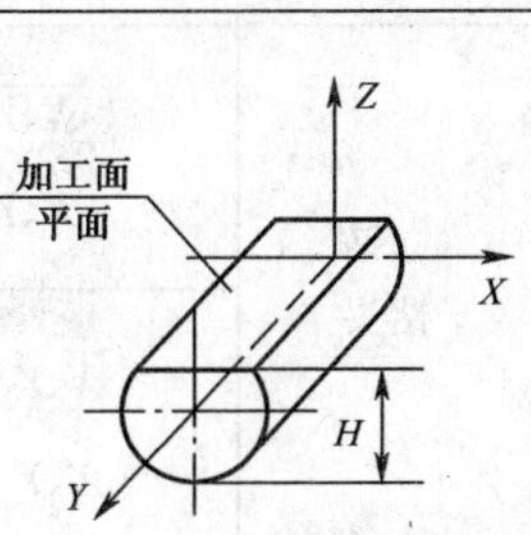	尺寸 B	立式铣床 端铣刀	$\overrightarrow{Z}$; $\overset{\frown}{X}$

续表

序号	工序简图	加工要求		机床及刀具	需要限制的自由度
4	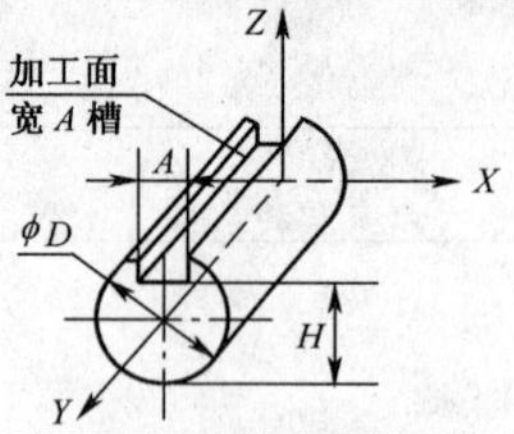	① 尺寸 H ② 槽与 ϕD 轴线平行并对称		立式铣床 键槽铣刀	$\vec{X}$、$\vec{Z}$; $\widehat{X}$、$\widehat{Z}$
5	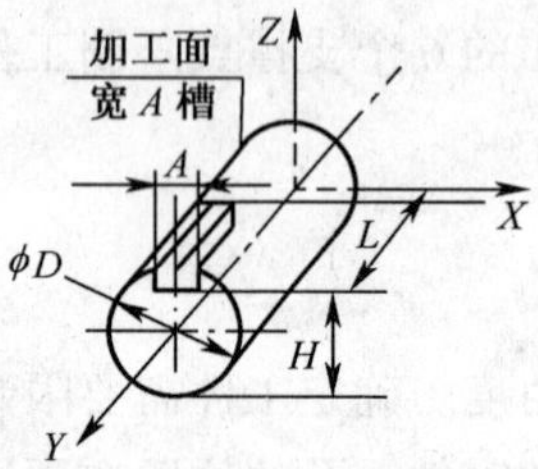	① 尺寸 H ② 尺寸 L ③ 槽与 ϕD 轴线平行并对称		立式铣床 键槽铣刀	$\vec{X}$、$\vec{Y}$、$\vec{Z}$; $\widehat{X}$、$\widehat{Z}$
6	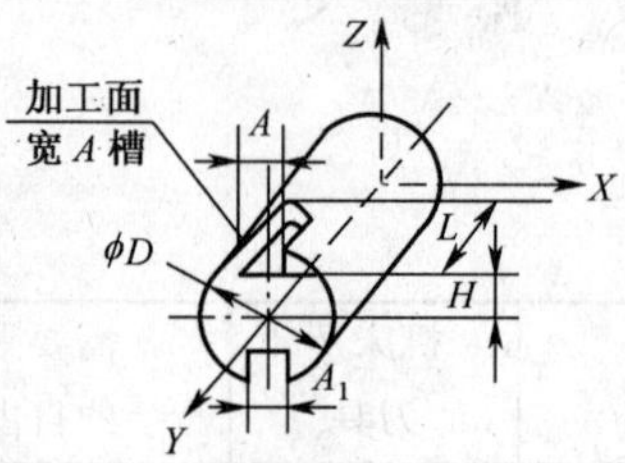	① 尺寸 H ② 尺寸 L ③ 槽与 ϕD 轴线平行并对称 ④ 槽 A 与 A_1 同轴		立式铣床 键槽铣刀	$\vec{X}$、$\vec{Y}$、$\vec{Z}$; $\widehat{X}$、$\widehat{Y}$、$\widehat{Z}$
7	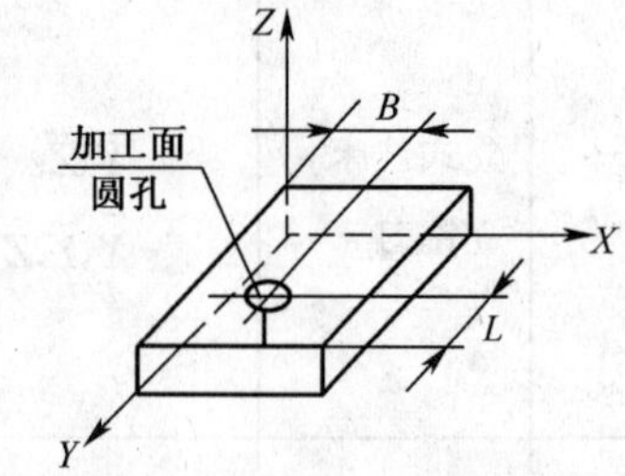	① 尺寸 B ② 尺寸 L ③ 孔轴线与底面垂直度	通孔	立钻 钻头	$\vec{X}$、$\vec{Y}$; $\widehat{X}$、$\widehat{Y}$、$\widehat{Z}$
			不通孔		$\vec{X}$、$\vec{Y}$、$\vec{Z}$; $\widehat{X}$、$\widehat{Y}$、$\widehat{Z}$
8	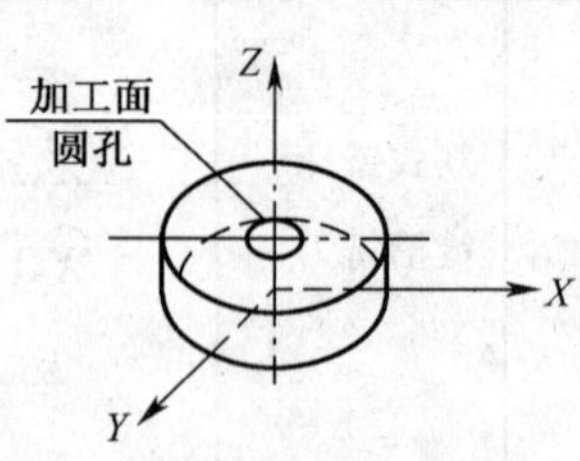	① 孔与外圆柱面的同轴度 ② 孔轴线与底面垂直度	通孔	立钻 钻头	$\vec{X}$、$\vec{Y}$; $\widehat{X}$、$\widehat{Y}$
			不通孔		$\vec{X}$、$\vec{Y}$、$\vec{Z}$; $\widehat{X}$、$\widehat{Y}$
9	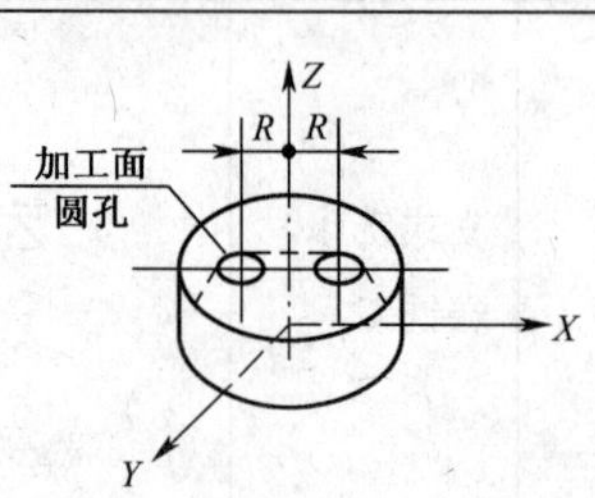	① 尺寸 R ② 两孔对称于外圆柱轴 ③ 两孔轴线垂直于底面	通孔	立钻 钻头	$\vec{X}$、$\vec{Y}$; $\widehat{X}$、$\widehat{Y}$
			不通孔		$\vec{X}$、$\vec{Y}$、$\vec{Z}$; $\widehat{X}$、$\widehat{Y}$

续表

序号	工序简图	加工要求		机床及刀具	需要限制的自由度
10	加工面 圆孔 Z X L ϕD Y	① 尺寸 L ② 加工孔轴线与 ϕD 轴线的垂直度	通孔	立钻 钻头	$\overline{X}$、$\overline{Y}$； $\overset{\frown}{X}$、$\overset{\frown}{Z}$
			不通孔		$\overline{X}$、$\overline{Y}$、$\overline{Z}$； $\overset{\frown}{X}$、$\overset{\frown}{Z}$
11	加工面 外圆柱 Z X ϕd Y	加工面对 ϕd 孔的同轴度		车床 车刀	$\overline{X}$、$\overline{Z}$； $\overset{\frown}{X}$、$\overset{\frown}{Z}$
12	加工面 外圆柱 及凸肩 L Z X ϕD Y	① 尺寸 L ② 加工外圆柱面对 ϕD 的同轴度 ③ 加工凸肩面对 ϕD 轴线的垂直度		车床 车刀	$\overline{X}$、$\overline{Y}$、$\overline{Z}$； $\overset{\frown}{X}$、$\overset{\frown}{Z}$

在确定需要限制的自由度时，除考虑加工精度要求外，有时还须考虑承受切削力、定程加工等要求，附加限制某方向的自由度。如图 7-2 所示，由于键槽是通槽，所以沿轴线方向的自由度不必限制，但为了承受铣削力，还是应该限制该方向上的自由度。

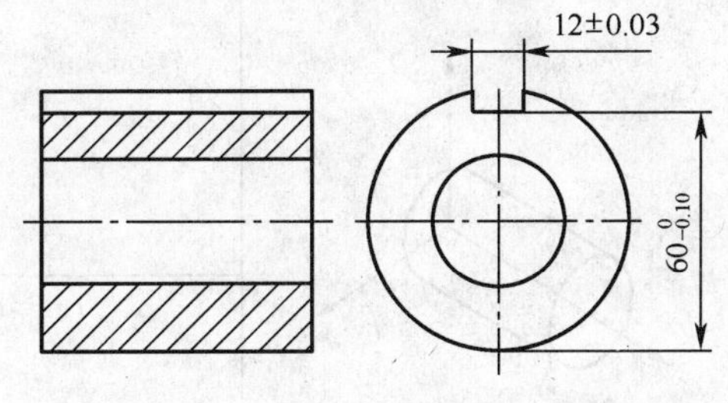

图 7-2　套筒

3. 能够限制的自由度

自由度的限制是通过工件上的定位基面与夹具定位元件工作面的接触（或配合）来实现的。不同的定位基面和不同的定位元件所能限制的自由度也不同，定位基面的形状及其与定位元件的接触（或配合）面的大小、长短不同，所能限制的自由度也不同。表 7-2 列出了常用定位基面和定位元件所能限制的自由度。

4. 定位方式

（1）完全定位

工件的 6 个自由度都被限制的定位方式称为完全定位。例如表 7-1 序号 6 的加工形式的情况：工件在 X、Y、Z 方向均有加工尺寸要求，需要限制全部 6 个自由度。

（2）不完全定位

没有全部限制工件的 6 个自由度，但仍能保证加工精度要求的定位方式，称为不完全定位。例如表 7-1 序号 1 的加工形式的情况：工件在 Y 方向没有加工尺寸要求（槽在该向是贯通的），不限制它对工件加工精度没有影响，所以只限制 5 个自由度即可。

表 7-2　　　　常见定位元件限制的自由度

工件定位基准面	采用的定位元件	定位方式简图	能够限制的自由度
平面 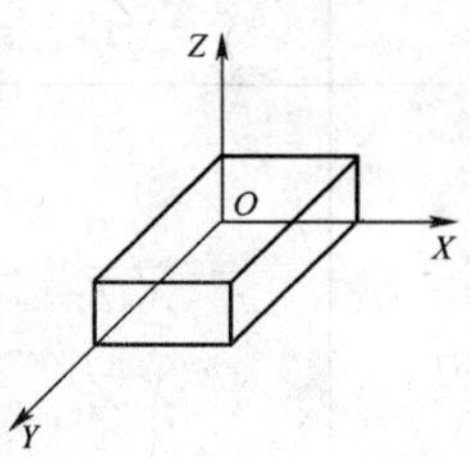	支撑钉	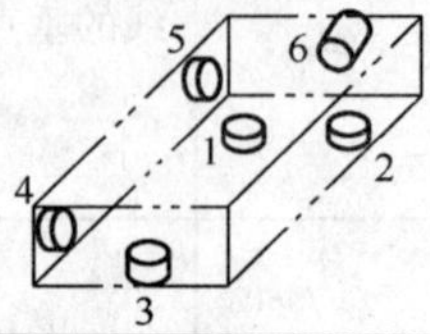	1、2、3—$\vec{Z}$、$\widehat{X}$、$\widehat{Y}$ 4、5—$\widehat{X}$、$\widehat{Z}$ 6-$\vec{Y}$
	支撑板	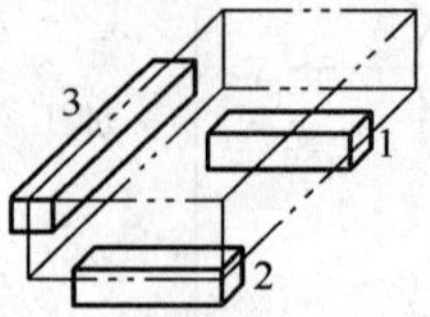	1、2—$\vec{Z}$、$\widehat{X}$、$\widehat{Y}$ 3—$\vec{X}$、$\widehat{Z}$
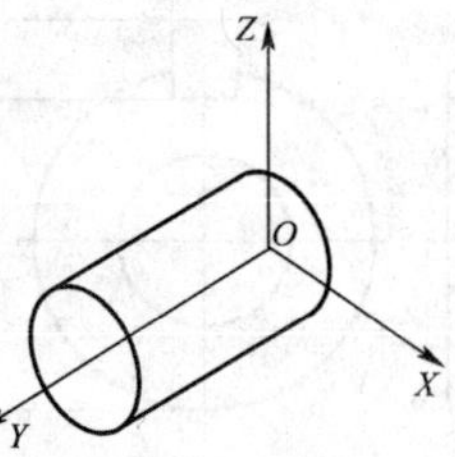	支撑板或支撑钉	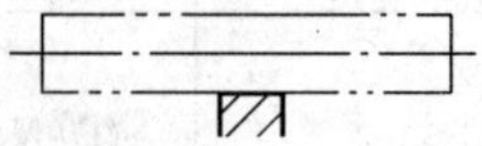	$\vec{Z}$
		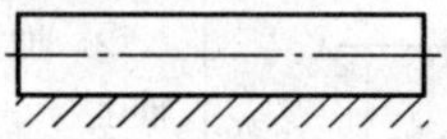	$\vec{Z}$、$\widehat{X}$
	V 形块	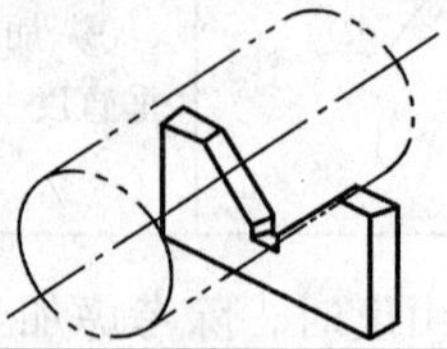	$\vec{X}$、$\vec{Z}$
		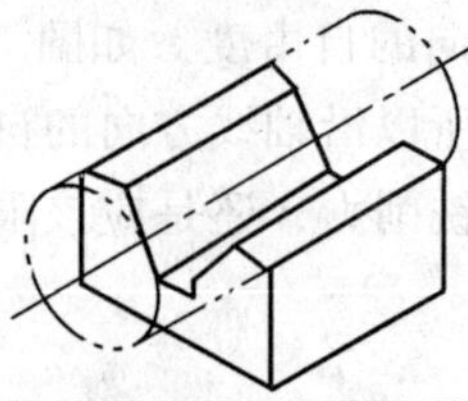	$\vec{X}$、$\vec{Z}$ $\widehat{X}$、$\widehat{Z}$
	定位套	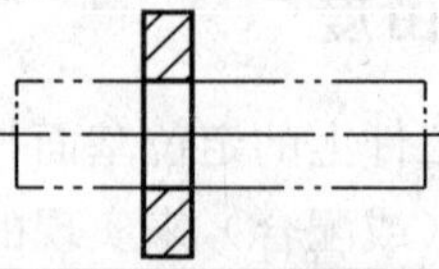	$\vec{X}$、$\vec{Z}$
		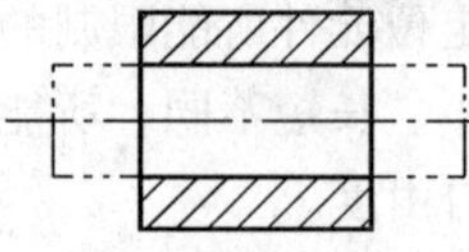	$\vec{X}$、$\vec{Z}$ $\widehat{X}$、$\widehat{Z}$
	半圆套	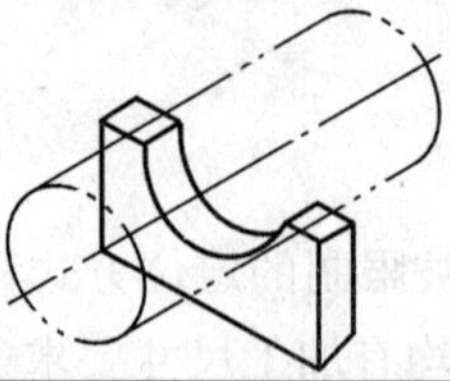	$\vec{X}$、$\vec{Z}$

续表

工件定位基准面	采用的定位元件	定位方式简图	能够限制的自由度
	定位销（芯轴）		$\vec{X}$、$\vec{Y}$
	定位销（芯轴）		$\vec{X}$、$\vec{Y}$ $\widehat{X}$、$\widehat{Y}$
	菱形销		$\vec{Y}$、$\widehat{X}$
	菱形销		$\vec{Y}$
	锥销		$\vec{X}$、$\vec{Y}$、$\vec{Z}$
	锥销	2 1	$\vec{X}$、$\vec{Y}$、$\vec{Z}$ $\widehat{X}$、$\widehat{Y}$
	锥销		$\vec{X}$、$\vec{Y}$ $\widehat{X}$、$\widehat{Y}$
	菱形销		$\vec{Y}$、$\widehat{X}$
	菱形销		$\vec{Y}$

（3）欠定位

按照加工要求需要限制的自由度没有被限制的定位方式称为欠定位。欠定位不能保证工件的正确安装，因而是不允许的。

（4）过定位

工件某一个自由度（或某几个自由度）被两个（或两个以上）约束点约束，称为过定位。

图 7-3 所示为在立式铣床上用面铣刀加工矩形件的上表面，当定位基面为毛坯面时，4 个支撑钉定位便形成了过定位现象。因为工件定位面形状精度很低，工件放在支撑钉上与任意 3 个支撑钉接触，因而一批工件在夹具中的位置便会不一致。为了避免过定位，一个毛坯面都只用 3 个支撑钉。

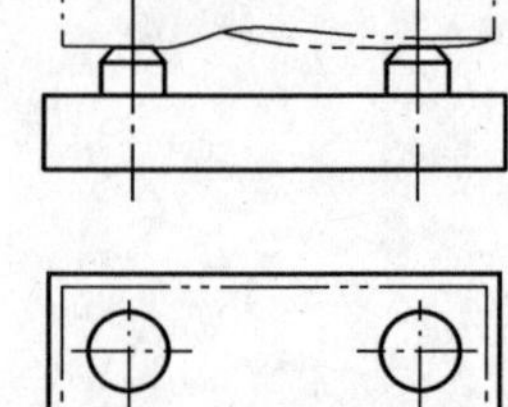
图 7-3　定位基准面为毛坯面时的过定位

过定位是否允许，要视具体情况而定。

① 如果工件的定位面经过机械加工，且形状、尺寸、位置精度均较高，则过定位是允许的。有时还是必要的，因为合理的过定位不仅不会影响加工精度，还会起到加强工艺系统刚度和增加定位稳定性的作用。

② 如果工件的定位面是毛坯面，或虽经过机械加工，但加工精度不高，这时过定位一般是不允许的，因为它可能造成定位不准确，或定位不稳定，或发生定位干涉等情况。

7.2.2　定位元件及选择

1．工件以平面定位

（1）支撑钉

如果加工中，若需要以平面定位时，都可以用支撑钉来定位。常用的支撑钉的结构如图 7-4 所示，有 3 种结构。平头支撑钉用于支撑精基准面，球头支撑钉用于支撑粗基准面，网纹支撑钉能产生较大的摩擦力，但网槽中的切屑不易清除，常用在工件以粗基准定位且要求较大摩擦力的侧面定位场合。1 个支撑钉限制 1 个自由度。2 个支撑钉限制 2 个自由度，不在同一直线上的 3 个支撑钉限制 3 个自由度。

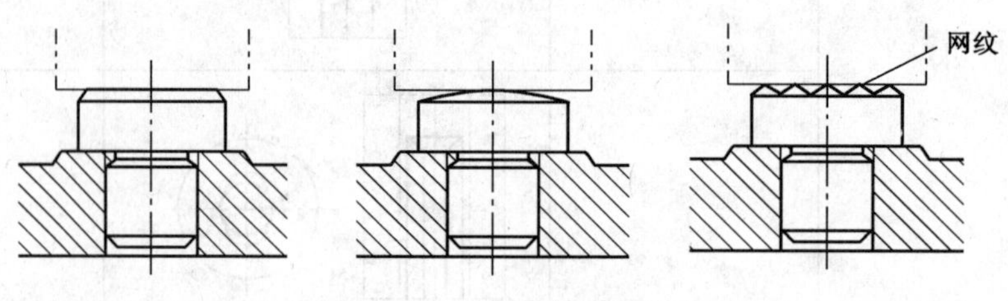

图 7-4　常见的支撑钉

（2）支撑板

若以较大的已加工的平面做定位基准时，也可采用支撑板做定位元件。常见的结构如图 7-5 所示。平面型支撑板结构简单，但沉头螺钉处清理切屑困难，适宜做侧面定位。斜槽型支撑板，在带有螺钉孔的斜槽中容许有少量的切屑，适宜做底面定位。如果定位平面较大，常常用 2 个或多个支撑板间隔一定距离组合成平面定位。1 个支撑板相当于 2 个定位点，因此限制 2 个自由度。2 个相距一定距离的定位板，相当于 1 个平面，共限制 3 个自由度。对于案例 1 中的箱体，铣两侧面和镗孔工序中，都选用支撑板做定位元件。

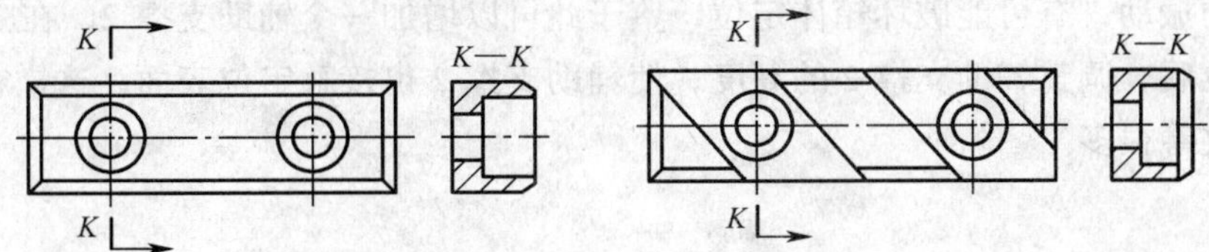

图 7-5　常见的支撑板

（3）可调支撑

在实际生产中，常会出现同一种零件，其不同批次毛坯的尺寸相差较大，如图 7-6 所示，工件为砂型铸件，先以 *A* 面定位铣 *B* 面，再以 *B* 面定位镗双孔。铣 *B* 面时若用固定支撑，由于定位基面 *A* 的尺寸和形状误差较大，铣完后的 *B* 面与两毛坯孔的距离尺寸 H_1、H_2 变化也大，致使镗孔时余量很不均匀，甚至可能使余量不够。这时可以将固定支撑钉做成如图 7-6 所示的可以调节的形式，这种支撑就叫可调支撑。常见的可调支撑的形式如图 7-7 所示。定位时适当调整支撑钉的高度，便可避免出现上述情况。对于中小型零件，一般每批调整一次，调整好后，用锁紧螺母拧紧固定，此时其作用与固定支撑完全相同。若工件较大且毛坯精度较低时，也可能每件都要调整。

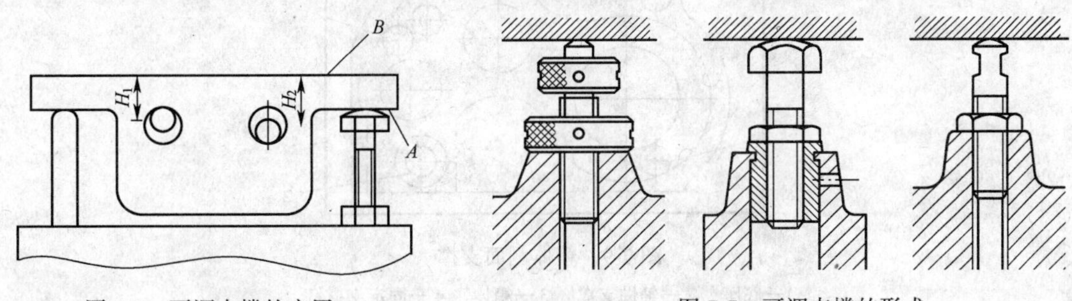

图 7-6　可调支撑的应用　　　　图 7-7　可调支撑的形式

（4）自位支撑

自位支撑的结构如图 7-8 所示。自位支撑的特点是活动的或浮动的。它可以根据工件表面的高低不平的情况，自动调整支撑的高度。由于支撑点是浮动的，因此自位支撑相当于限制一个自由度。采用自位支撑，增加了与工件的接触点，提高了稳定性和支撑刚度，消除了过定位。主要用于工件以粗基准、阶梯平面或刚度不足平面等定位。

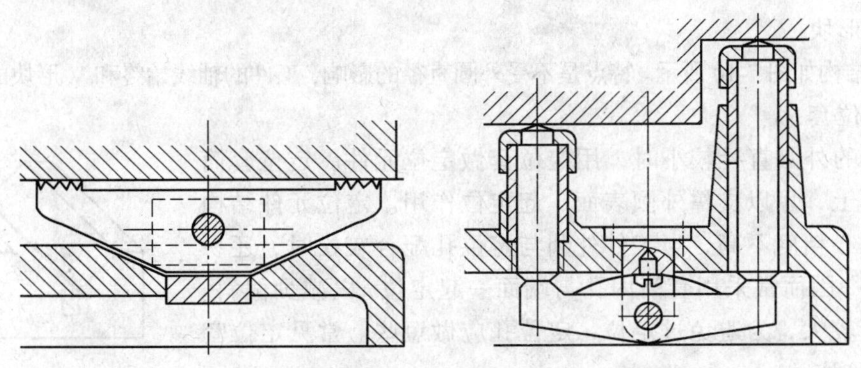

图 7-8　常见的自位支撑

（5）辅助支撑

对于案例 1 中的箱体，铣上下两面时，以未加工的其中一个侧面做粗基准定位，如图 7-9 所示。3 个固定支撑钉限制了 3 个自由度。考虑到箱体的自重很大，以及铣削加工过程中不连续切削产生的振动，有可能破坏箱体定位，鉴于此可以增加一个辅助支撑 2，在 3 个固定支撑钉 4 完成定位后，调整辅助支撑 2 的高度，使辅助支撑 2 也接触定位表面，这样箱体的稳定性和刚度就会改善很多。

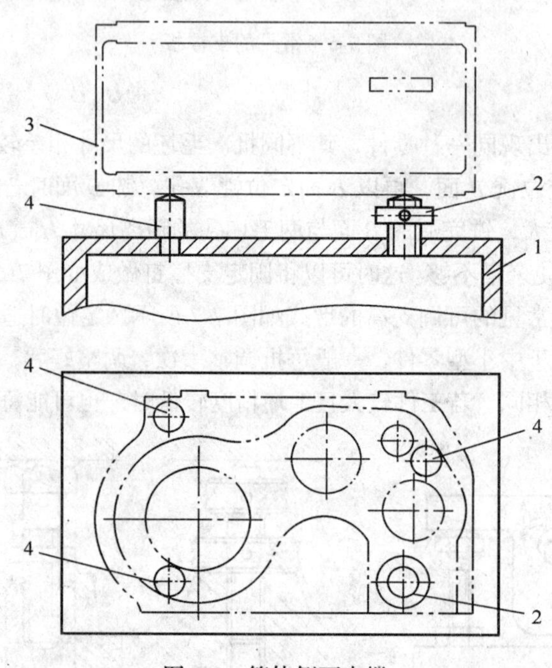

图 7-9　箱体侧面支撑

1—底座　2—辅助支撑　3—箱体　4—固定支撑钉

辅助支撑在形式上与可调支撑相似，但它们的作用不同，辅助支撑对每一个工件都需重新调整，它不起定位作用，必须于工件在主要支撑上定位夹紧后才参与工作。多用于增加工件的刚度、夹具的刚度以及工件的预定位。有时也用来承受工件重力、夹紧力或切削力。

2. 工件以外圆定位

（1）V 形块

V 形块结构如图 7-10 所示。特点是不受外圆直径的影响，工件的轴线始终和 V 形块的中心重合。

（2）定位套

当工件的外圆直径较小时，用定位套做定位元件。定位套筒装在夹具体上，用以支撑外圆表面，起定位作用。定位元件结构简单，但定心精度不高，当工件外圆与定位孔配合较松时，还易使工件偏斜，因而常采用套筒内孔与端面一起定位，以减少偏斜。若工件端面较大，为避免过定位，定位孔应做短些。常见定位套如图 7-11 所示。

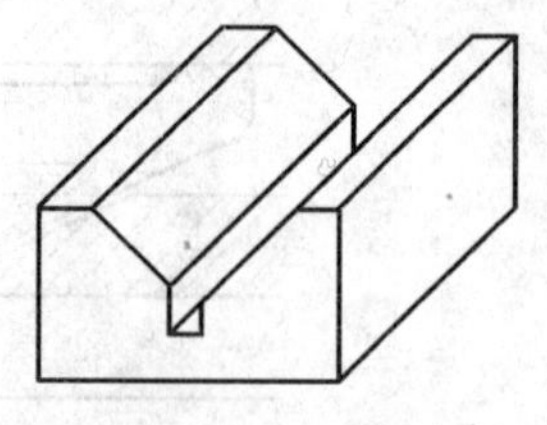

图 7-10　V 形块

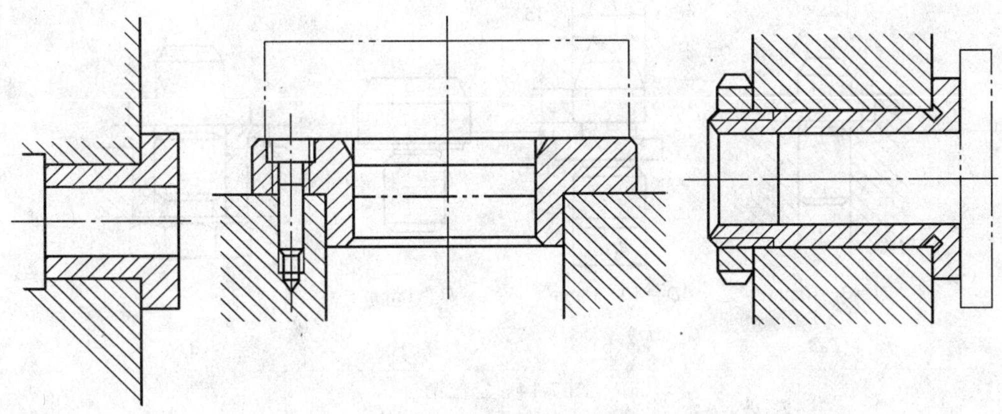

图 7-11 常见的定位套

（3）半圆孔定位座

将同一圆周面的孔分成两半圆，下半圆部分装在夹具体上，起定位作用，上半圆部分装在可卸式或铰链式盖上，起夹紧作用，如图 7-12 所示。如图 7-13 所示的某企业生产的液压缸体，工艺要求在卧式镗床上加工内孔。最初以 V 形块定位夹紧，结果发现夹紧力使得内孔变形。后改用半圆孔定位夹紧，这种现象就可以避免。

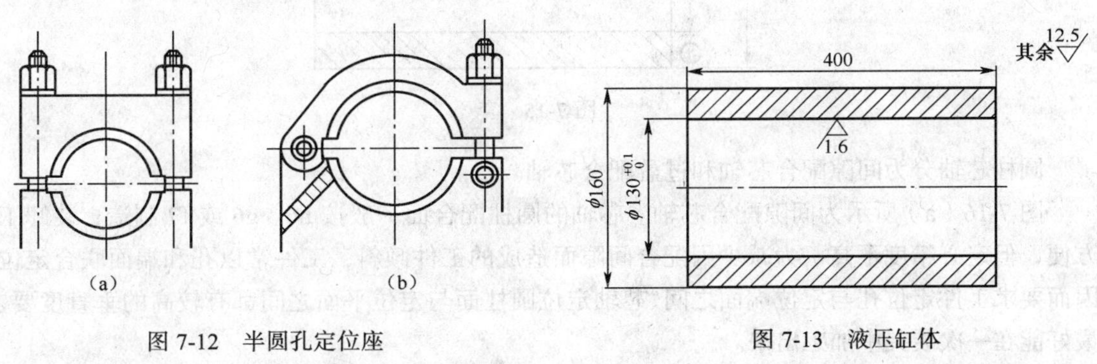

图 7-12 半圆孔定位座　　图 7-13 液压缸体

3. 工件以内孔定位

常用的定位元件有以下 4 种。

（1）定位销

定位销是以内孔定位最常用的定位元件之一。图 7-14 为常用定位销结构。当定位销直径 D 介于 3～10mm 时，为避免使用中折断或热处理时淬裂，通常将根部制成圆角 R。夹具体上应有沉孔，使定位销的圆角部分沉入孔内而不影响定位。大批量生产时，为了便于定位销的更换，可采用图 7-14（d）所示的带有衬套的结构形式。为了便于工件装入，定位销头部有 15°的倒角。此时衬套的外径与夹具体底孔采用 H7/h6 或 H7/r6 配合，而内径与定位销外径采用 H7/h6 或 H7/h5 配合。

（2）圆柱芯轴

对于套类零件，如图 7-15 所示，内孔、外圆有同轴度要求。在磨削外圆时常常以内孔定位，选用的定位元件常常为圆柱芯轴。

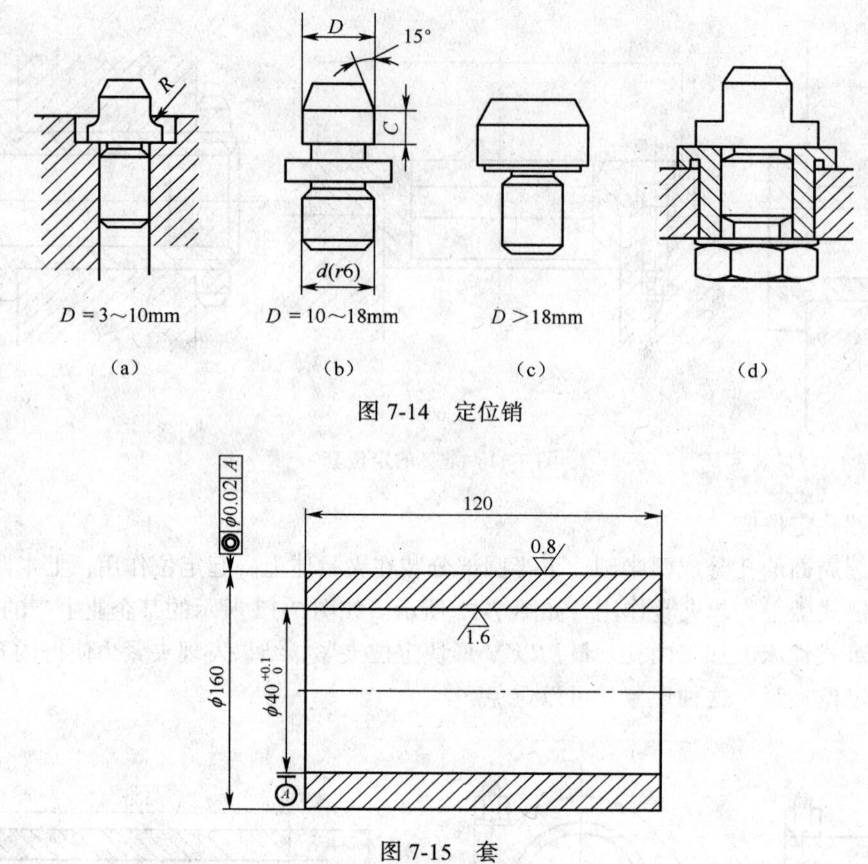

图 7-14 定位销

图 7-15 套

圆柱芯轴分为间隙配合芯轴和过盈配合芯轴。

图 7-16（a）所示为间隙配合芯轴。芯轴的圆柱配合面一般按 h6、g6 或 f7 制造，装卸工件方便，但定心精度不高。为减少因配合间隙而造成的工件倾斜，工件常以孔和端面联合定位，因而要求工件定位孔与定位端面之间、芯轴定位圆柱面与定位平面之间都有较高的垂直度要求，最好能在一次装夹中加工出来。

图 7-16（b）所示为过盈配合芯轴，由引导部分、工作部分、传动部分组成。引导部分的作用是使工件迅速而准确地套入芯轴，其直径 D_3 按 e8 制造，D_3 的基本尺寸等于工件孔的最小极限尺寸，D_1 的基本尺寸为工件孔的最大极限尺寸，公差带为 r6，D_2 的基本尺寸为工件孔最小极限尺寸，公差带为 r6。

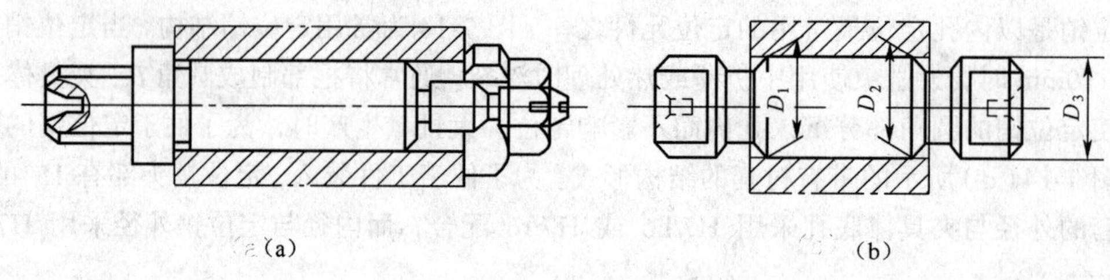

图 7-16 圆柱芯轴

（3）圆锥芯轴（小锥度芯轴）

图 7-17 所示的套也可以用圆锥芯轴做定位元件，这样可以提高芯轴定位精度，但锥体的锥

度要做得很小，否则工件在芯轴上会产生歪斜，如图 7-15（a）所示。常用的锥度为 $C = 1/1\ 000 \sim 1/5\ 000$。定位时，工件楔紧在芯轴上，楔紧后孔会产生弹性变形，从而使工件不致倾斜。

小锥度芯轴的优点是靠楔紧产生的摩擦力带动工件，不需要其他夹紧装置，定位精度高，可达 0.005～0.01mm。缺点是工件的轴向无法定位。

当工件直径不太大时，可采用锥度芯轴（锥度 1:1 000～1:2 000）。工件套入压紧、靠摩擦力与芯轴固紧。锥度芯轴对中准确、加工精度高、装卸方便，但不能承受过大的力矩。

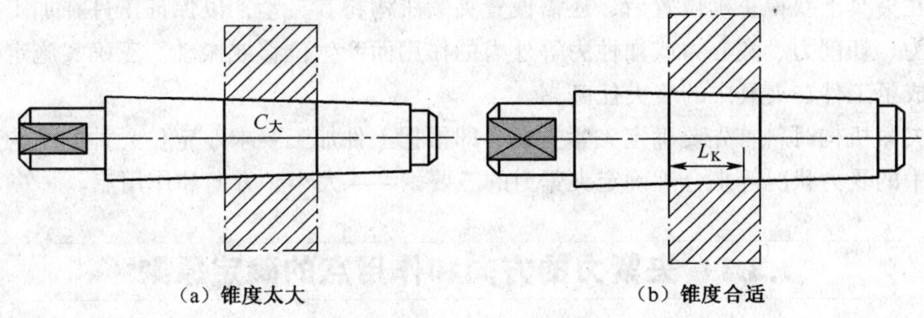

（a）锥度太大　　（b）锥度合适

图 7-17　圆锥芯轴

4. 工件以组合表面定位

以上所述定位方法，多为以单一表面定位。实际上，工件往往是以两个或两个以上的表面同时定位的，即采取组合定位方式。

组合定位的方式很多，生产中最常用的就是一面两孔定位。如加工箱体、杠杆、盖板等。这种定位方式简单、可靠，夹紧方便，易于做到工艺过程中的基准统一，保证工件的相互位置精度。

工件采用一面两孔定位时，定位平面一般是加工过的精基面，两孔可以是工件结构上原有的，也可以是为定位需要专门设置的工艺孔。相应的定位元件是支撑板和两定位销。案例 1 中的箱体镗孔时，就可以采用一面两销的定位方案。如图 7-18 所示，在箱体上表面专门制作出两个销孔，分别与两个销配合。支撑板 1 限制工件 3 个自由度，短圆柱销 2 限制工件的两个自由度。销 4 做成菱形销，限制一个自由度。如果销 4 也做成圆柱形销，它将限制 2 个自由度，这样 3 个定位元件共限制 7 个自由度，产生过定位现象，严重时将不能安装工件。

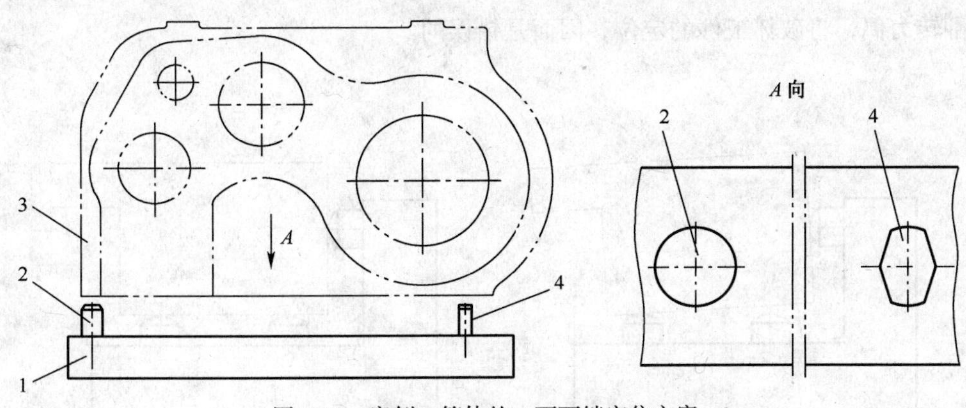

图 7-18　案例 1 箱体的一面两销定位方案

1—支撑板　2—短圆柱销　3—箱体　4—菱形销

7.3 夹紧方案的确定

工件在夹具上获得正确位置后，还需设置夹紧机构将其夹紧，以保证工件在加工过程中不会由于重力、切削力、离心力或惯性力等外力的作用而产生位移或振动。正确实施定位和夹紧后才算完成了工件在夹具中的装夹任务。

设计夹紧机构时，首先要确定夹紧方案，即根据工件加工要求、定位元件的结构和布置、加工过程中的受力状况等来合理确定夹紧力的三要素——大小、方向和作用点。

7.3.1 夹紧力的方向和作用点的确定原则

1. 夹紧力应朝向主要定位面

对工件施加一个夹紧力，或施加几个方向相同的夹紧力时，夹紧力的方向应尽可能朝向主要定位面。如图 7-19 所示，工件孔的轴线与左端面有一定的垂直度要求，因此，工件以左端面与定位元件的 A 面接触，限制 3 个自由度，以底面与 B 面接触，限制 2 个自由度；夹紧力朝向主要定位面 A。这样做，有利于保证孔与左端面的垂直度要求。如果夹紧力改朝 B 面，则由于工件左端面与底面的夹角误差，夹紧时将破坏工件的定位，影响孔与左端面的垂直度要求。

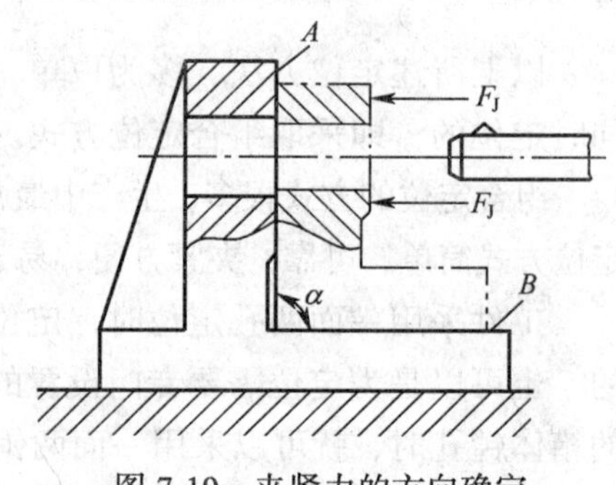

图 7-19　夹紧力的方向确定

2. 夹紧力的作用点应落在定位元件的支撑范围内

如图 7-20 所示，夹紧力的作用点落到了定位元件的支撑范围之外，夹紧时夹紧力与支反力形成了翻转力偶，将破坏工件的定位，因而是错误的。

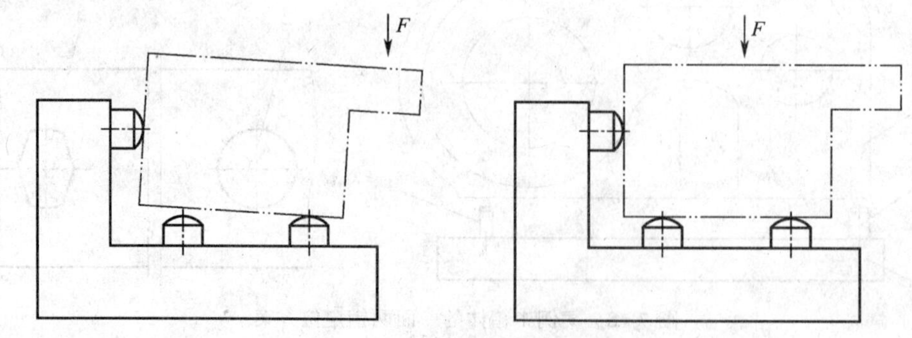

图 7-20　夹紧力作用点的确定

3. 夹紧力的作用点应落在工件刚度高的方向和部位

使工件受“拉压”力而不受“弯矩”作用，夹紧力的作用点落在工件刚度高的方向和部位，这一原则对刚度低的工件特别重要。如图 7-21（a）所示，薄壁套的轴向刚度比径向高，用卡爪径向夹紧工件变形大，若沿轴向施加夹紧力变形就会小得多。夹紧图 7-21（b）所示的薄壁箱体时，夹紧力不应作用在箱体的顶面，而应作用在刚度高的凸边上。箱体没有凸边时，可如图 7-21（c）那样将单点夹紧改为三点夹紧，使着力点落在刚度较高的箱壁上，并降低了着力点的压强，减小了工件的夹紧变形。

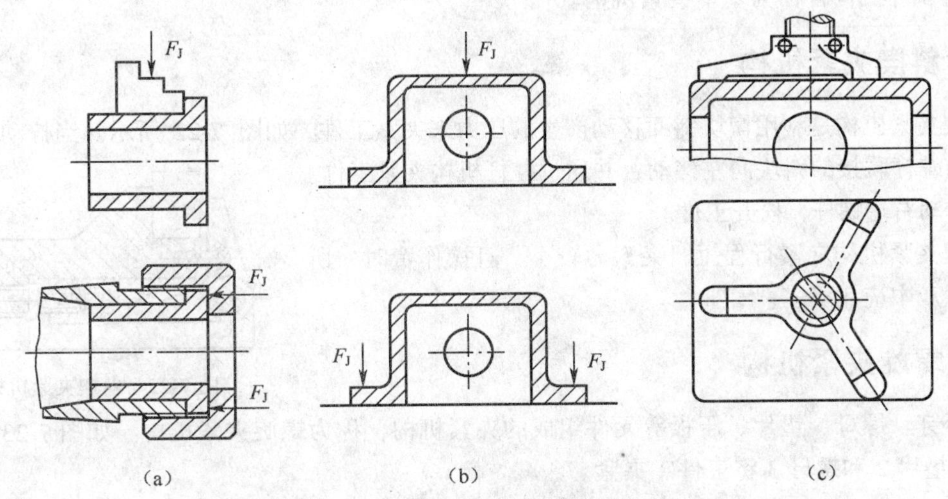

图 7-21　夹紧力作用点与变形的关系

7.3.2　夹紧装置的组成及基本要求

工件是由夹紧装置进行夹紧的，因此夹紧方案确定后，就可以进行夹紧装置的结构设计。

1. 夹紧装置的组成

（1）产生力源部分

力源是产生夹紧的原始作用力。机动夹紧装置常用的力源由汽缸等所产生；手动夹紧的力源由人力来保证。

（2）中间传力部分

中间传力机构是将力源产生的力传递给夹紧元件的机构据需要保证夹紧机构的自锁性及夹紧可靠性。

（3）夹紧元件部分

夹紧元件是实现夹紧的最终执行元件。夹紧元件直接与工件接触而完成夹紧作用。

2. 设计夹紧装置的基本要求

① 夹紧时不应破坏工件定位时已获得的正确位置，即在夹紧力的作用下，工件不会离开定位元件。

② 夹紧力大小适当，夹紧可靠，保证在加工过程中工件不会产生松动或振动、变形和表面压伤。

③ 夹紧机构应操作安全、方便、省力，以减轻劳动强度，缩短辅助时间，提高生产率。结构力求简单、紧凑和刚度好，使夹具有良好的工艺性，并尽量选用标准元件。

④ 夹紧机构的复杂程度和自动化程度，应与工件的生产批量和生产方式相适应。

7.3.3 基本夹紧机构

夹紧机构的种类虽然很多，但其结构都以斜楔夹紧机构、螺旋夹紧机构和偏心夹紧机构为基础，这 3 种机构合称为基本夹紧机构。

1. 斜楔夹紧机构

斜楔夹紧机构是利用楔块斜面移动产生的压力来夹紧工件，如图 7-22 所示。当拧动右端螺杆时，与螺杆联接的斜块向左移动，并通过杠杆机构夹紧工件。反方向拧动右端螺杆，松开工件。

斜楔夹紧机构夹紧行程短，夹紧力较小，且操作费时，所以实际生产中应用不多。

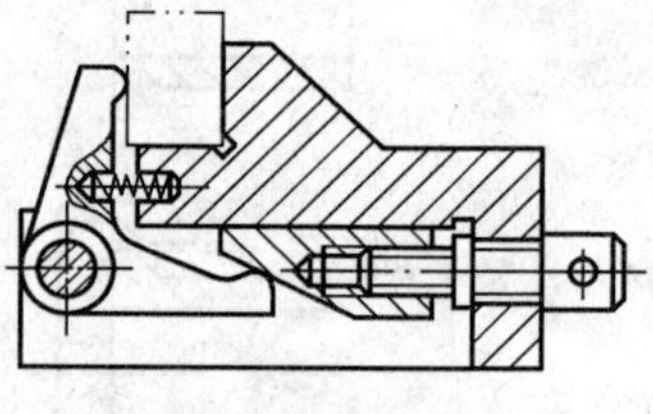

图 7-22 斜楔夹紧机构

2. 螺旋夹紧机构

由螺钉、螺母、垫片、压板等元件组成的夹紧机构，称为螺旋夹紧机构。如图 7-23 所示，螺钉 4、垫片 2 和螺母 3 将工件 1 夹紧。

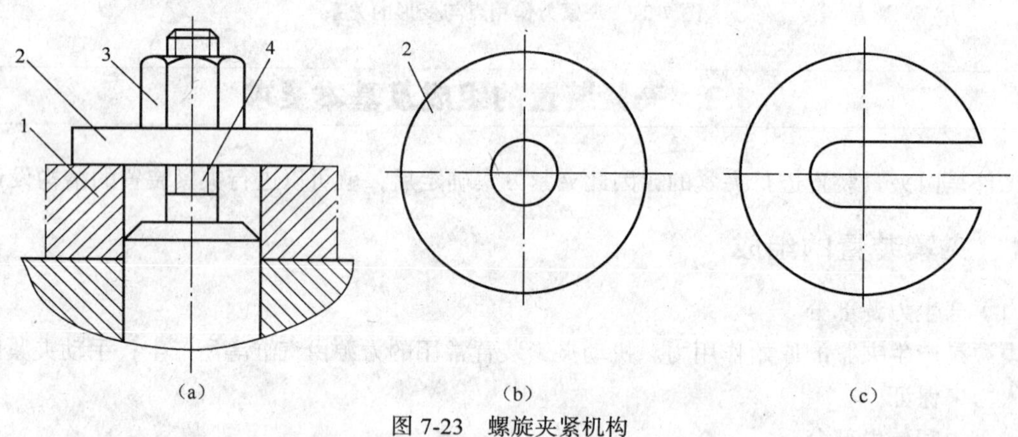

图 7-23 螺旋夹紧机构

1—工件 2—垫片 3—螺母 4—螺钉

螺旋夹紧机构的自锁性能好，是手动夹紧中用得最多的一种夹紧机构，只是夹紧动作较慢。如图 7-23 所示，若要把工件 1 取出或放入，需要先将螺母 3 拧出来，再把垫片 2 沿轴向取出，然后才可以将工件取出或放入。显然螺旋夹紧机构夹紧动作慢、工件装卸效率低。

为了提高装夹效率，可以将垫片 2 做成图 7-23（c）所示的结构，装卸工件时，只需将开口垫片横向取出或插入即可。

在夹紧机构中，用得比较多的是变形螺旋压板机构，如图 7-24 所示。

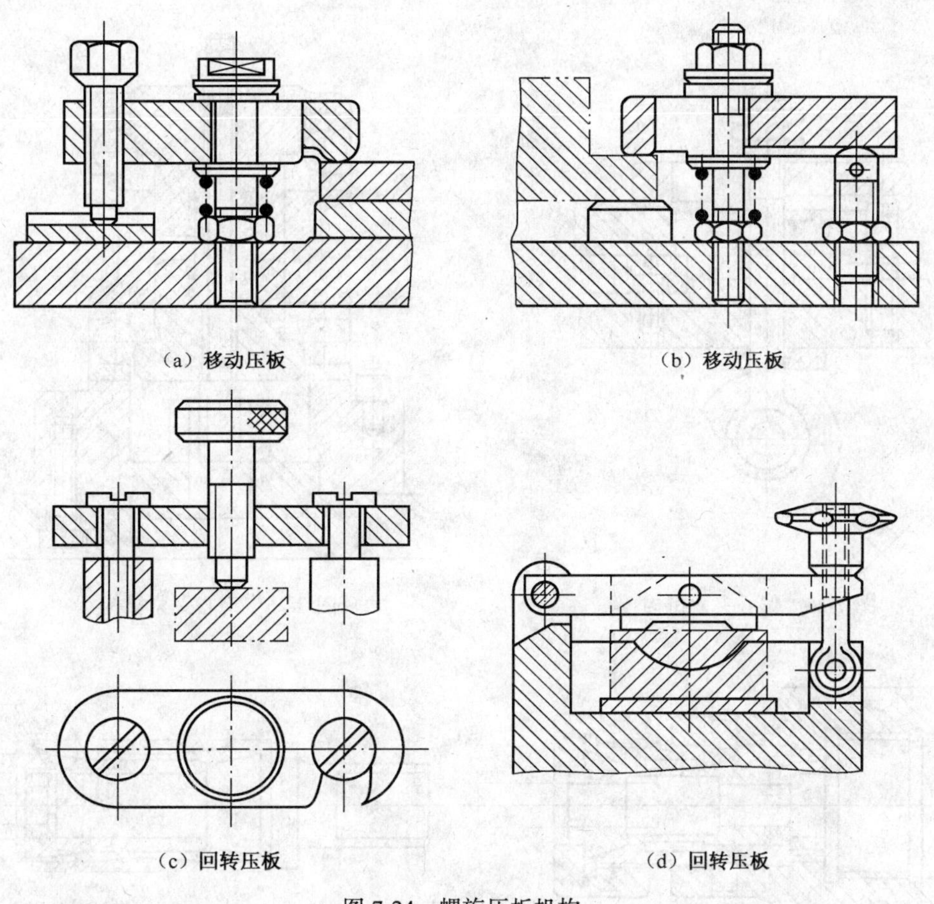

（a）移动压板　（b）移动压板

（c）回转压板　（d）回转压板

图 7-24　螺旋压板机构

3. 偏心夹紧机构

偏心夹紧机构是斜楔夹紧机构的一种变形，它通过偏心轮直接夹紧工件或与其他元件组合夹紧工件，如图 7-25 所示是一种常见的夹紧机构。偏心夹紧机构具有结构简单、夹紧迅速等优点，但是夹紧行程小，增力倍数小，自锁性能差，常用在被夹紧表面尺寸变换不大和切削过程振动较小的场合。铣削加工的切削振动较大，故铣床夹紧一般不用偏心夹紧机构。

4. 定心夹紧机构

定心夹紧机构能够在实现定心作用的同时，又起着将工件夹紧的作用。定心夹紧机构中与工件定位基面相接触的元件，既是定位元件，又是夹紧元件。

如图 7-26 所示，拧动上方的螺母，可使上下两个锥柱向中间滑动，锥面挤压上下两排钢球（每排 6 个）向外，并定心和夹紧工件。松开时由弹簧力复位。

图 7-27 所示为工件以外圆柱面定位的弹簧夹头。旋转螺母 4，其内螺孔端面推动弹性筒夹 2 向左移动，锥套 3 内锥面迫使弹性筒夹 2 上的簧瓣向内收缩，将工件定心夹紧。图 7-27（b）所示为工件以内孔定位的弹簧芯轴，旋转带肩螺母 8 时，其端面向左推动锥套 7 迫使弹性筒夹 6 上的簧瓣向外胀开，将工件定心夹紧。

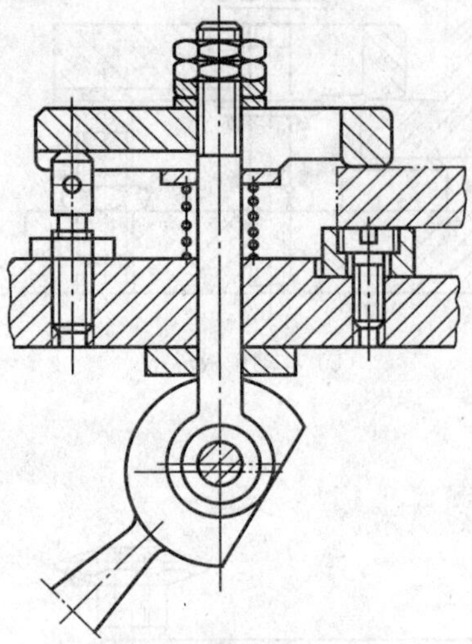

图 7-25　偏心夹紧机构

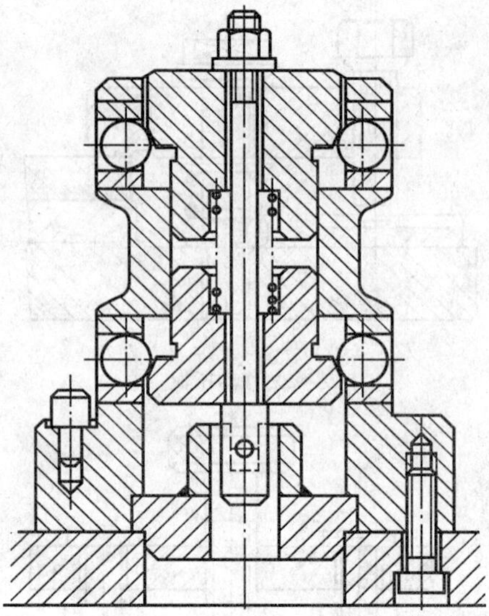

图 7-26　定心夹紧机构

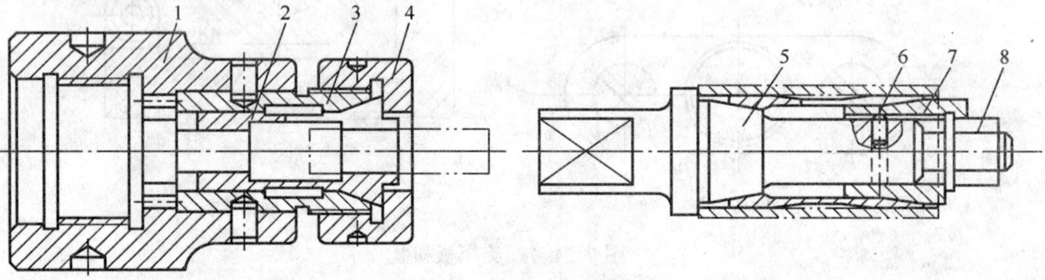

(a)　　(b)

图 7-27　弹簧定心夹紧机构

1—夹具体　2、6—弹性筒夹　3、7—锥套　4、8—螺母　5—锥度芯轴

5. 联动夹紧机构

由一个原动力完成若干个夹紧动作的机构称为联动夹紧机构。如图 7-28 所示，该机构中压板两端有浮动式压块，当拧紧带柄的螺母时，可以同时夹紧 4 个工件。

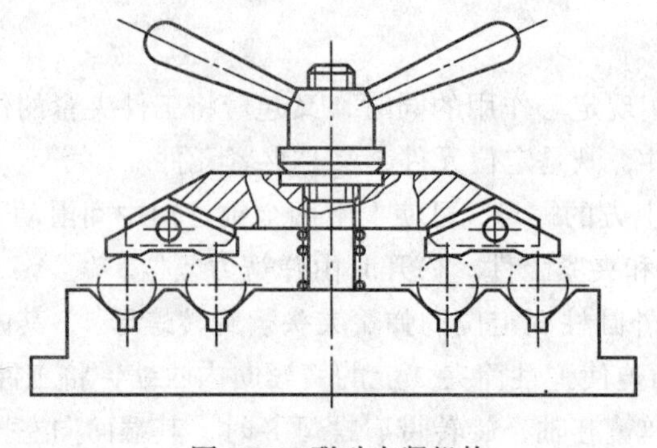

图 7-28　联动夹紧机构

7.4 典型机床夹具

7.4.1 钻床夹具

在钻床上用来钻孔、扩孔和铰孔所用的夹具，称做钻床夹具。钻床夹具的明显特点是设有引导钻头的钻套。图 7-24 显示的就是一个典型的钻床夹具。钻床夹具习惯上常称为钻模。

1. 钻模的主要类型和结构特点

钻模的结构类型很多，常见的有：盖板式、固定式、回转式、翻转式等。

（1）盖板式钻模

盖板式的特点是没有夹具体，只有钻模板。适用于箱体类等较重的零件上孔的加工。如图 7-29 所示是箱体侧面螺纹底孔的盖板式钻模，钻模板依靠定位削 2、3 定位，没有夹具体。

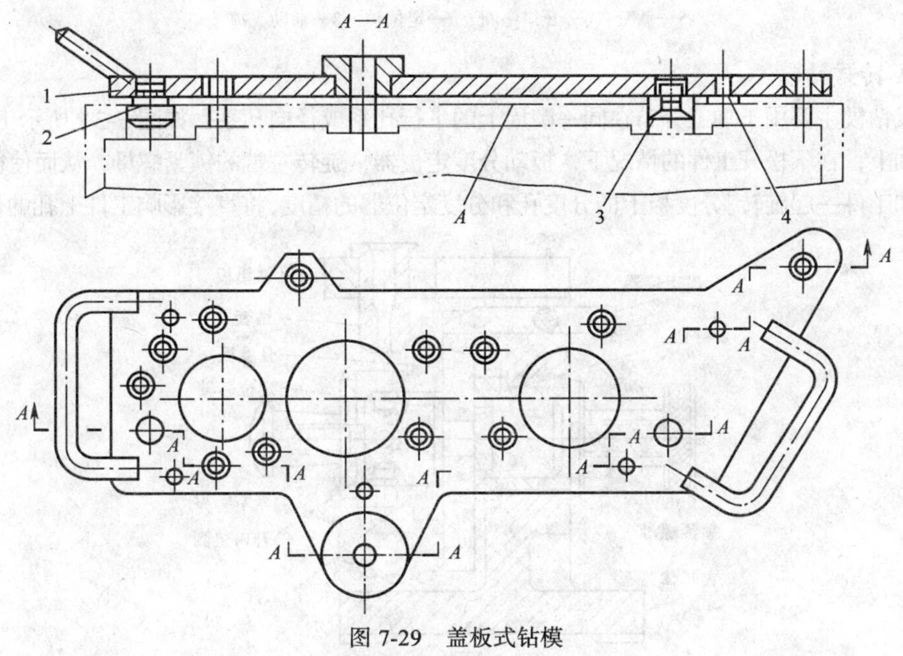

图 7-29 盖板式钻模

1—钻模板 2、3—定位销 4—支撑钉

（2）固定式钻模

固定式钻模是指加工中钻模板相对于工件和机床位置保持不变的钻模。一般是在立式钻床上加工单个孔时采用。固定钻模通过 T 型螺栓固定在钻床工作台上。如图 7-30 所示，工件以大头孔 ϕ30H7 和端面在定位销 7 上定位，用活动 V 形块 4 将小头对中。压紧螺钉 2 以球形端与活动 V 形块连接。工件大头由螺旋夹紧机构和开口垫圈 6 将工件夹紧。

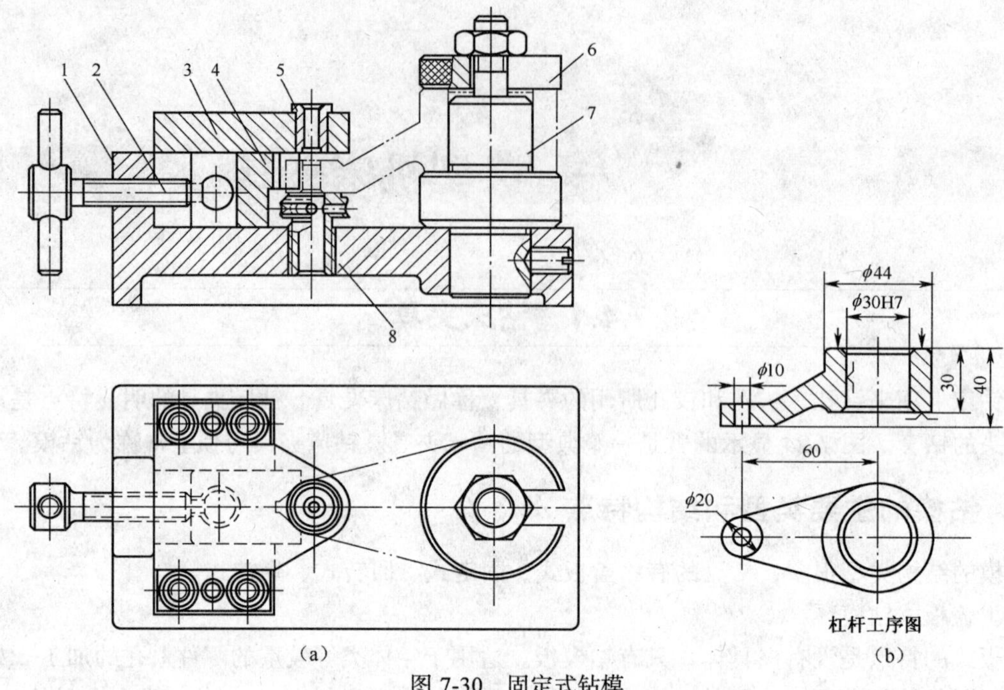

图 7-30 固定式钻模

1—夹具体 2—固定手柄压紧螺栓 3—钻模板 4—活动 V 形块
5—钻套 6—开口垫圈 7—定位销 8—辅助支撑

（3）回转式钻模

回转式钻模主要用于加工分布在同一圆周上的平行孔系或径向孔系。如图 7-31 所示工件靠内孔定位在芯轴上，在不松开工件的情况下，扳动分度定位器，旋转左端的锁紧螺母，从而使得分度盘、定位芯轴和工件一起旋转。分度板上的分度孔和分度定位器的精度，将直接影响工件上孔的位置精度。

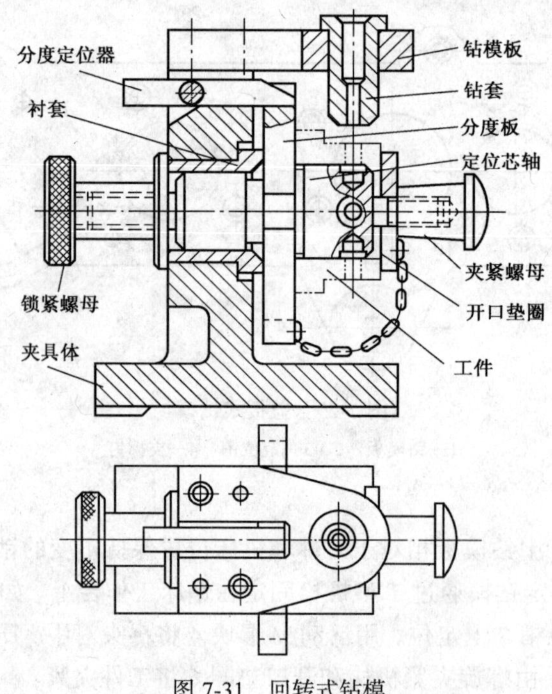

图 7-31 回转式钻模

（4）翻转式钻模

主要用于加工小型工件上几个不同方向上的孔。如图 7-32 所示是钻锁紧螺母上径向孔的翻转式钻模。工件以内孔和端面在弹簧涨套 3 和圆支撑板 4 上定位，拧紧螺母 5，向左拉动倒锥螺栓 2，使弹簧胀套 3 胀开，将工件内孔胀紧，并使工件端面紧贴在支撑板 4 上使工件夹紧。根据加工孔的位置在夹具的四个侧面分别装有钻套 1 用以引导钻头。在钻床工作台上翻转夹具，顺序钻削工件上的 4 个径向孔。由于切削力较小，所以在钻床的工作台上不用压紧，直接用手扶持即可方便得加工。翻转式钻模靠手工翻转，所以此类钻模连同工件的总重量不能太重，一般应在 80～100N 以内。

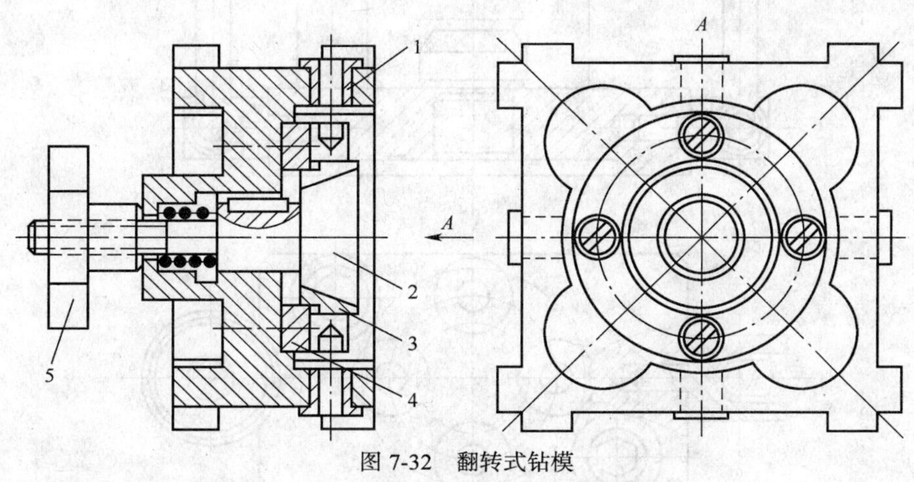

图 7-32　翻转式钻模

1—钻套　2—倒锥螺栓　3—弹簧涨套　4—圆支撑板　5—螺母

2. 钻模板

钻模板一般是装在夹具体上。按照与夹具体连接的方式不同，可将钻模板分为以下几种。

（1）固定式钻模板

固定式钻模板与夹具体铸成一体，也可用螺钉、销子和夹具体相连。但是当钻模板（钻模板是易损件）损坏后，整个夹具体也就报废了，制作的成本较高。故一般情况下，将钻模板和夹具体分开制造。

（2）铰链式钻模板

如图 7-33 所示，这种形式的钻模板用铰链与夹具体相连接，因此钻模板可绕铰链轴旋转翻起，使工件装卸很方便。这种钻模板与夹具体之间定位靠销轴 8 定位。但是由于钻模板、铰链孔、铰链轴之间存在间隙，致使钻模板与夹具体之间的定位精度较差，因此加工精度较低。

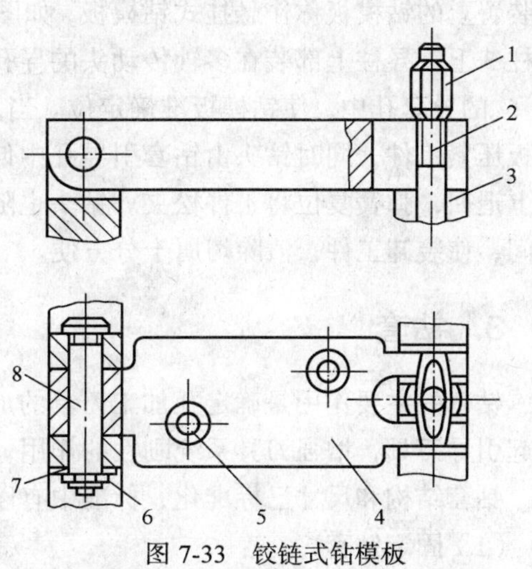

图 7-33　铰链式钻模板

1—锁紧螺母　2—螺栓　3—夹具体　4—钻模板
5—钻套　6—开口销　7—垫圈　8—销轴

（3）可卸式钻模板

如果将钻模板与夹具体之间的定位改为销子定位，如图 7-34 所示，那么钻模板与夹具体之间的定位精度就比铰链式钻模板精度高。由于装夹工件需要将钻模板卸掉时，故称作可卸式钻模板。但是装卸工件时间长，效率较低。

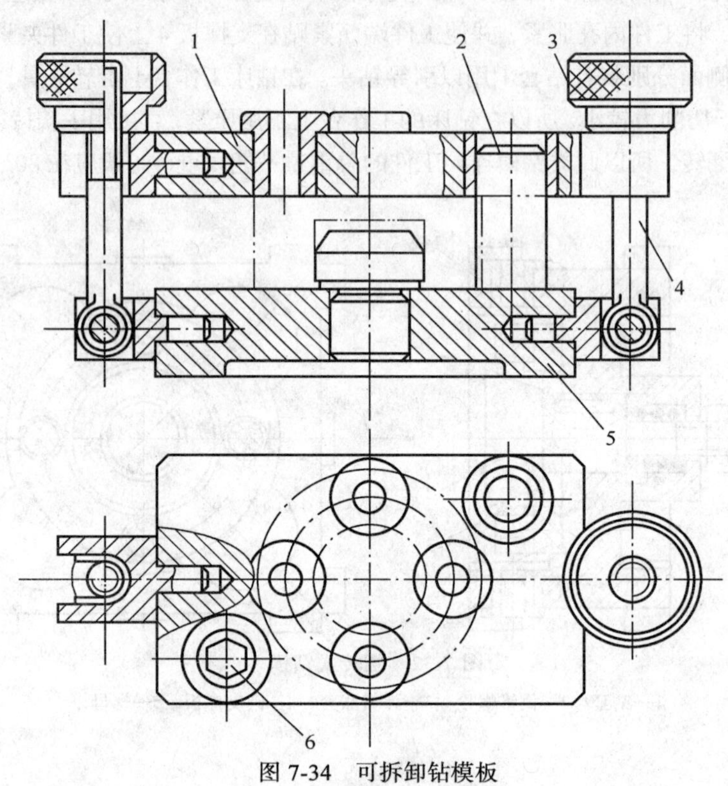

图 7-34　可拆卸钻模板

1—可拆卸钻模板　2—圆柱销　3—锁紧螺母　4—螺栓　5—夹具体　6—削扁销

（4）悬挂式钻模板

在大批量生产中，加工一组平行孔系时，为了提高了生产效率，常采用多头钻装置。多头钻装置上的钻模板称作悬挂式钻模板，如图 7-35 所示。图中钻模板 4 由锥端紧定螺钉 5 固定在导柱 3 上，导柱上部装在多轴传动头的导孔中，因而钻模板就被悬挂起来。导柱下部伸入夹具体 6 的导套孔中，使钻模板准确定位。当多轴头向下运动时，压缩弹簧 2，依靠这个压力使钻模板压紧工件，同时钻头由钻套引导孔中伸出进行钻孔加工。加工完毕后，多轴头带着钻模板向上退回，弹簧复位将工件松夹。钻头也随之缩进钻套内。由于钻模板随多轴头退出，敞开了空间，使装卸工件、清除切屑十分方便。

3. 钻套

钻套的主要作用是确定孔加工刀具的加工位置，保证加工孔的轴线位置尺寸。当然，钻套也起引导刀具，增强刀具系统刚性的作用，它是钻模的重要元件。

钻套结构和尺寸已标准化，标准中有以下几种类型。

（1）固定钻套

固定钻套是直接装在钻模板的相应孔中，因此固定钻套磨损后不能更换。主要用于小批生产条件下单纯用钻头钻孔的工序。固定钻套有 2 种结构，如图 7-36 所示，图 7-36（a）所示为无肩的，图 7-36（b）所示为带肩的。带肩的主要用于钻模板较薄时，用以保持钻套必须的引导长度。有了肩部，还可以防止钻模板上的切屑和冷却液落入钻套孔中。

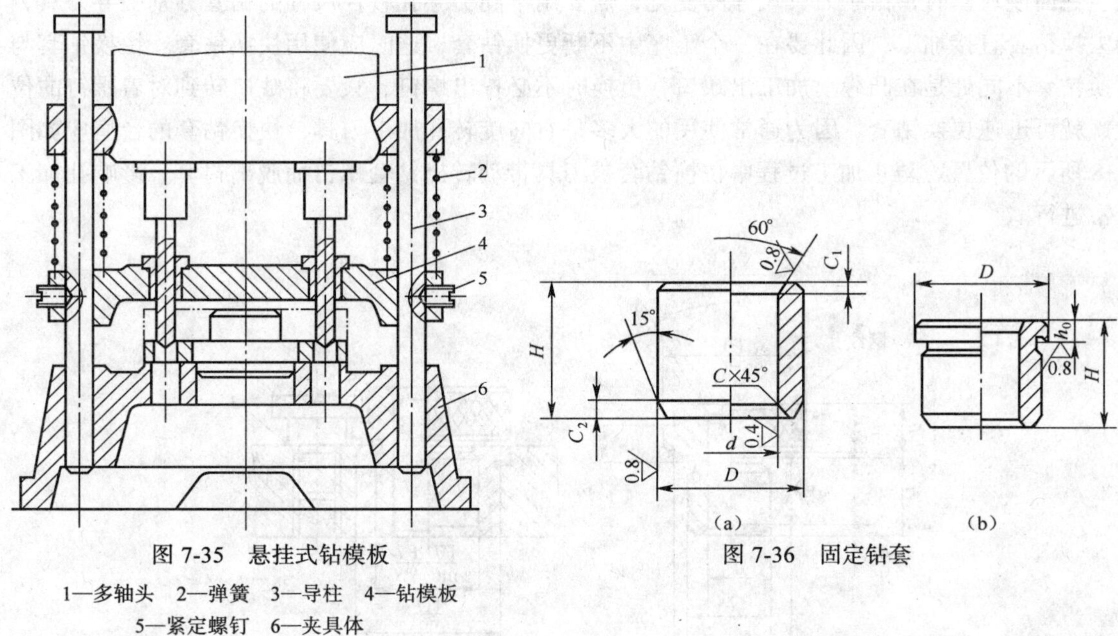

图 7-35　悬挂式钻模板

1—多轴头　2—弹簧　3—导柱　4—钻模板　5—紧定螺钉　6—夹具体

图 7-36　固定钻套

（2）可换钻套

在大批量生产中为了克服固定钻套磨损后无法更换的缺点，可以使用可换钻套。图 7-37 是其标准结构（JB/T8045.2—1999）。它的凸缘上铣有台肩，钻套螺钉的圆柱头盖在此台肩上，可防止钻套转动和掉出。当钻套 1 磨损后，只要拧去螺钉 2，便可更换新的可换钻套。对更换频繁的钻套，为了保护钻模板不被损坏，应在可换钻套外配装一个衬套 3。钻套用衬套也标准化了，可查阅标准 JB/T8045.4—1999。可换钻套与固定钻套一样，只用于单工步孔加工。

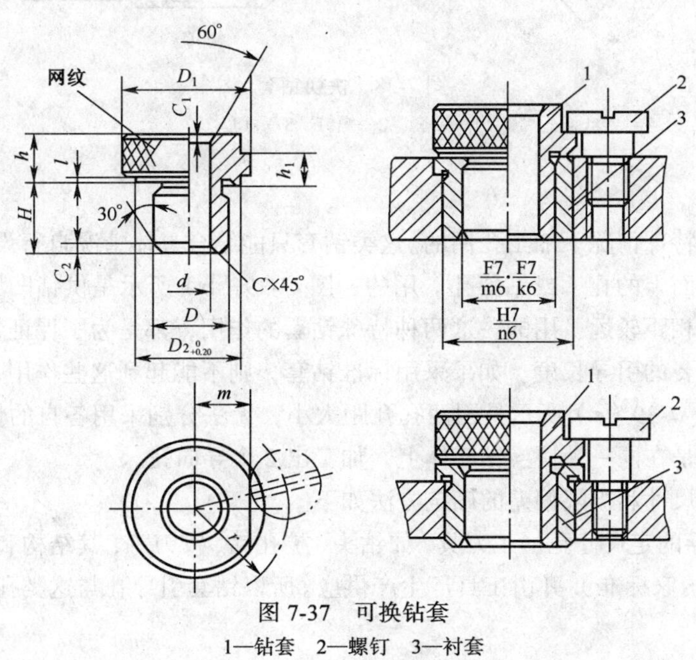

图 7-37　可换钻套

1—钻套　2—螺钉　3—衬套

（3）快换钻套

图 7-38 为标准快换钻套的标准结构（JB/T8045.3—1999）。当被加工孔要连续进行钻、扩、铰、锪面或攻丝时，由于刀具尺寸的变化，需要用不同引导孔直径尺寸的钻套分别引导刀具，或去掉钻套直接加工，因此要在一个工序中不断更换钻套，这时应使用快换钻套。快换钻套与可换钻套不同处是在凸缘上加工出缺口，更换时不必拧出螺钉，只要将缺口转到对着螺钉的位置，就可迅速更换钻套。因为通常使用的大多是右向旋转孔加工刀具，快换钻套的台肩应如图 7-38 所示的位置。防止加工过程中快换钻套被刀具带动转出钻套螺钉而脱离衬套，影响孔加工正常进行。

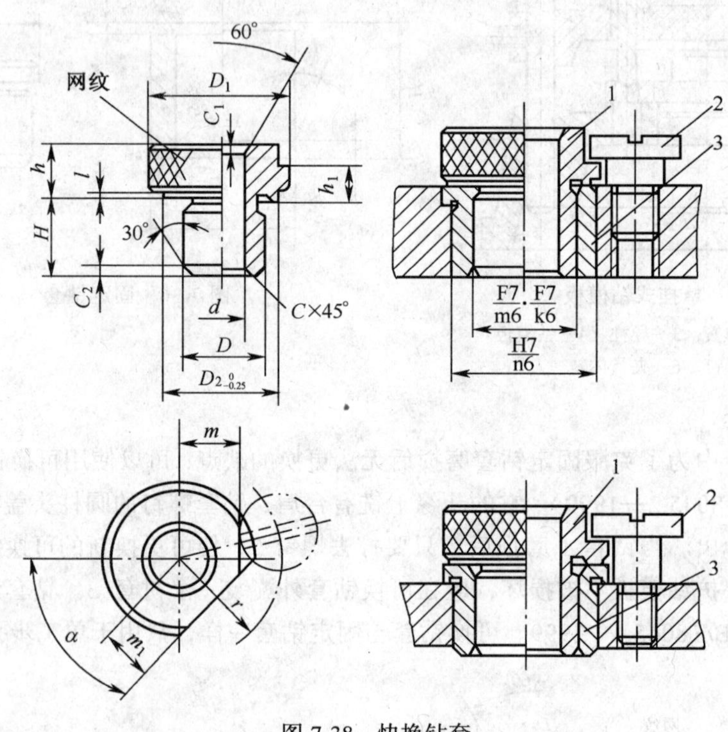

图 7-38　快换钻套

1—钻套　2—螺钉　3—衬套

（4）特殊钻套

特殊钻套是在特殊情况下加工孔用的。这类钻套只能结合具体情况自行设计，例如：图 7-39（a）所示是供钻斜面上的孔（或钻斜孔）用的；图 7-39（b）所示是供钻凹坑中的孔（或工件钻孔端面与钻模板相距较远）用的。这两种特殊钻套的作用，都是为了保证钻头有良好的起钻条件和钻套具有必要的引导长度。如果采用标准钻套，则不能起到这些作用，而会造成钻头折断或钻孔引偏。图 7-39（c）所示是因两孔孔距太小，无法分别采用各自的快换钻套而采用的一种特殊钻套。它是在同一个快换钻套体上，加工出 2 个导向孔。

钻套引导孔的尺寸和极限偏差的确定方法如下。

① 钻套所引导的定尺寸孔加工刀具，如钻头、扩孔钻、铰刀等，其结构和尺寸都已标准化、规格化了（见有关国家标准），并由工具厂生产供应。所以钻套引导孔与这类孔加工刀具的配合，应按基轴制来选取。

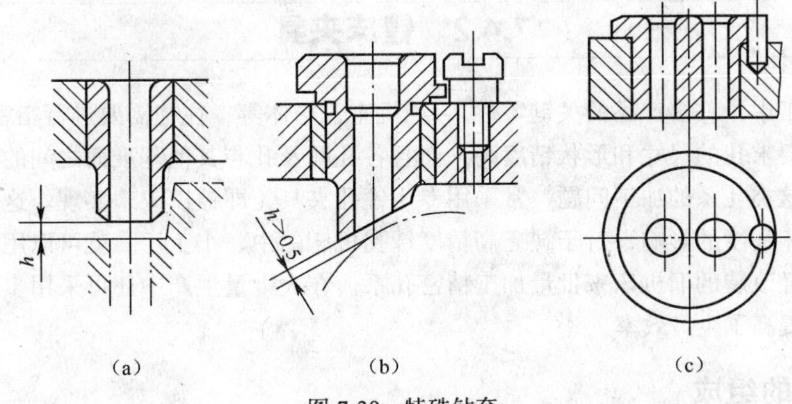

图 7-39　特殊钻套

② 钻套引导孔的基本尺寸，应等于所引导刀具刀刃部直径（简称刀具直径）的基本尺寸。

③ 钻套引导孔与刀具之间应保证一定的配合间隙，以防止两者在加工过程中发生卡住咬死现象。根据一般加工情况具体推荐引导孔极限偏差为：当钻孔、扩孔时，钻套引导孔直径尺寸的上、下偏差等于公差带 F7 的上、下偏差分别加上钻头或扩孔钻直径尺寸的上偏差；当粗铰孔时，钻套引导孔直径尺寸的上、下偏差等于公差带 G7 的上、下偏差分别加上粗铰刀直径尺寸的上偏差；当精铰孔时，钻套引导孔直径尺寸的上、下偏差等于公差带 G6 的上、下偏差分别加上精铰刀直径尺寸的上偏差。

钻套下端面至加工表面间的间隙 S 是为了排屑的需要。尤其是加工韧性材料时，切屑呈带状缠绕，如图 7-40（a）所示，若此间隙过小，就可能发生阻塞以至折断刀具的事故。所以，从排屑角度讲，希望 S 值要大些；但从良好引导来看，则希望 S 值要小一点。按几何关系分析，当刀具切削刃刚出钻套，刀尖正好碰着工件表面，则起钻时的引导情况为最好，如图 7-40（b）所示，此时 $S\approx0.3d$。在这相互制约的情况下，一般按下述经验数据选取。

加工铸铁时，$S=(0.3\sim0.6)d$；

加工钢等韧性材料时，$S=(0.5\sim1.0)d$；

材料愈硬，系数应取小值；钻头直径愈小（刚性差），系数应取大值；

在斜面或圆弧面上钻孔时，为保证起钻良好，钻套下端面尽可能接近加工表面；

孔的精度要求高，要求引导良好，但为了排屑又不能取小的 S 值时；结构上允许时，干脆取 $S=0$，使切屑由引导孔排出，此时钻套磨损将是严重的。

钻深孔时（即孔的长径比 $L/d>5$），可取 $S=1.5d$。

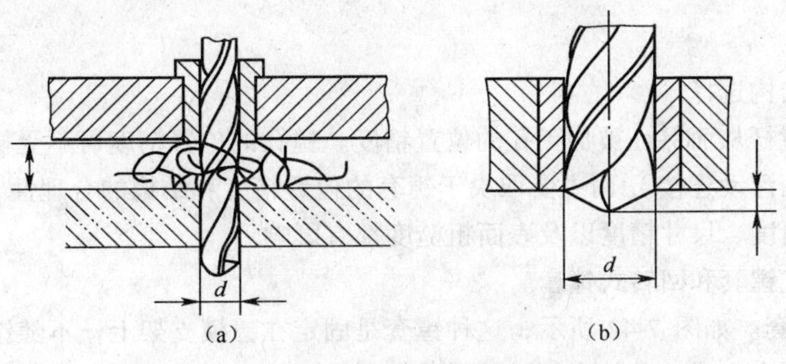

图 7-40　钻套下端面距加工表面的空隙

7.4.2 镗床夹具

在机械加工中，许多产品的关键零件——机座、箱体等，往往需要进行精密孔系的加工。这些孔系不但要求孔的尺寸和形状精度高，而且各孔间及孔与其他基准面之间的相互位置精度也较高，对于这类孔系的加工问题，常采用专用镗孔夹具（即镗模）来实现。这样镗孔精度基本上可不受机床精度的影响，对于缺乏高精度镗孔机床的中、小工厂，就可以用普通机床、动力头以至其他经改装的旧机床来批量加工精密孔系。在大批量生产中还可采用多轴联动镗床同时镗孔，大大提高了生产效率。

1. 镗模的组成

图 7-41 所示是加工车床尾架孔用的镗模。镗模的两个支撑分别设置在刀具的前方和后方，镗杆 9 和主轴浮动联接。工件以底面槽及侧面在定位板 3、4 及可调支撑钉 7 上定位，采用联动夹紧机构，拧紧夹紧螺钉 6，压板 5、8 同时将工件夹紧。镗模支架 1 上用回转镗套 2 来支撑和引导镗杆。可见，一般镗模是由定位元件、夹紧装置、镗套、镗杆和夹具体（镗模支架和镗模底座）4 部分组成。

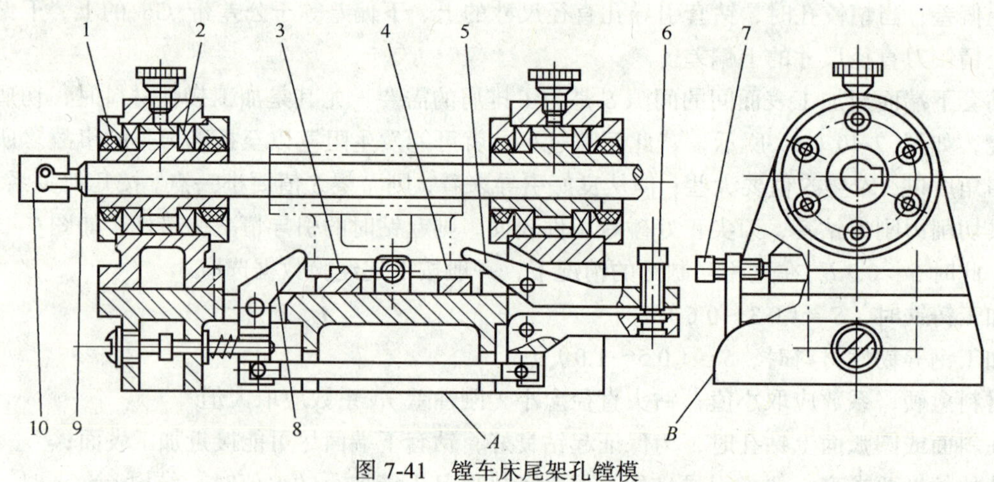

图 7-41 镗车床尾架孔镗模

1—支架 2—镗套 3、4—定位板 5、8—压板 6—夹紧螺钉 7—可调支撑钉 9—镗杆 10—浮动接头

2. 镗套

（1）镗套的结构选择

镗套来引导镗杆从而保证被加工孔的位置精度。镗孔的位置精度可不受机床精度影响（镗杆和机床主轴采用浮动连接），而主要取决于镗套的位置精度和结构的合理性，同时镗套结构对于被镗孔的形状精度、尺寸精度以及表面粗糙度都有影响。

镗套有固定式镗套和回转式镗套。

① 固定式镗套。如图 7-42 所示，这种镗套是固定在镗模支架上，不随镗杆转动和移动，而镗杆在镗套中既有相对转动又有相对移动，镗套易于磨损，故只宜于低速的情况下工作，且

应采取有效的润滑措施。这种镗套的外形尺寸小，结构紧凑，制造简单，易获得高的位置精度，所以一般在扩孔、镗孔或铰孔中应用较多。

镗套的结构特点是：镗套内表面分布有润滑油槽。

主要的技术要求是：内外表面有高的同轴度要求，较低的表面粗糙度值，内表面较高的圆柱度要求。

固定式镗套材料必须选择耐磨材料，常采用青铜，大直径的也可用铸铁。

固定式镗套结构已经标准化。

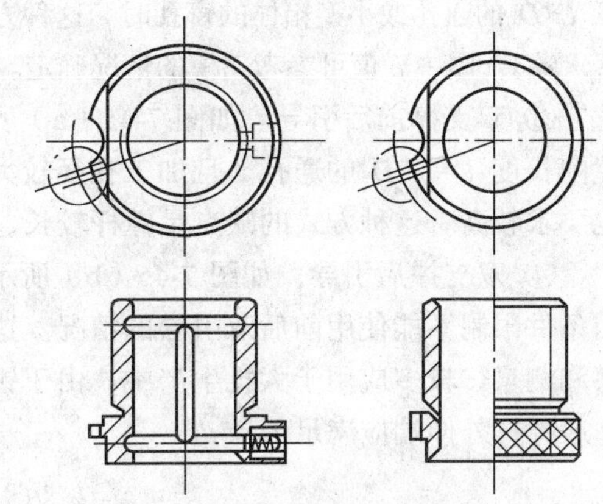

图 7-42　固定式镗套

② 回转式镗套。回转式镗套带有可旋转部分，镗杆与镗套之间只有相对移动而无相对转动，因而降低了镗套的磨损。回转式镗套又分为内滚式镗套和外滚式镗套。如图 7-43 所示，左边是内滚式，右边是外滚式。镗套 2 固定不动，镗杆 4、轴承和导向滑套 3 在镗套 2 内可轴向移动，加工时镗杆 4 和轴承内环一起转动。

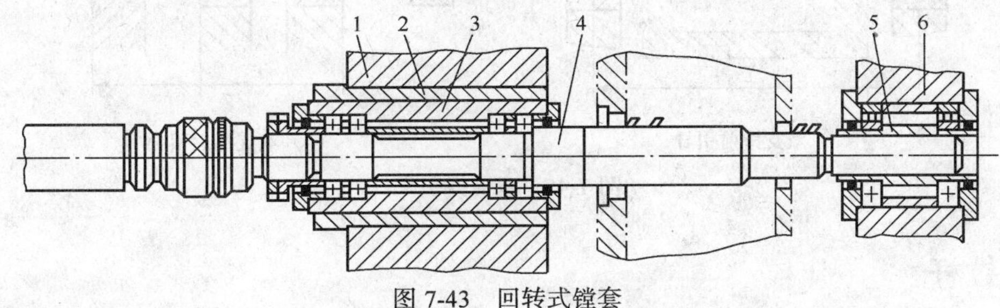

图 7-43　回转式镗套

1、6—镗套支架　2、5—镗套　3—导向滑套　4—镗杆

（2）镗套的布置形式

镗套的布置形式主要根据被加工孔的直径 D 以及孔长与孔径的比值 L/D 和精度要求而定。按照镗套被支撑的数量、镗套位于刀具前后位置的不同，一般分为以下 4 种形式。

① 单支撑前引导。如图 7-44（a）所示，镗套只在一处被支撑，并且位于镗刀前方。适于镗削直径 $D>60mm$，且 $L/D<1$ 的通孔或小型箱体上单向排列的同轴线通孔。这种方式便于在加工中进行观察和测量，缺点是切屑易带入镗套中。

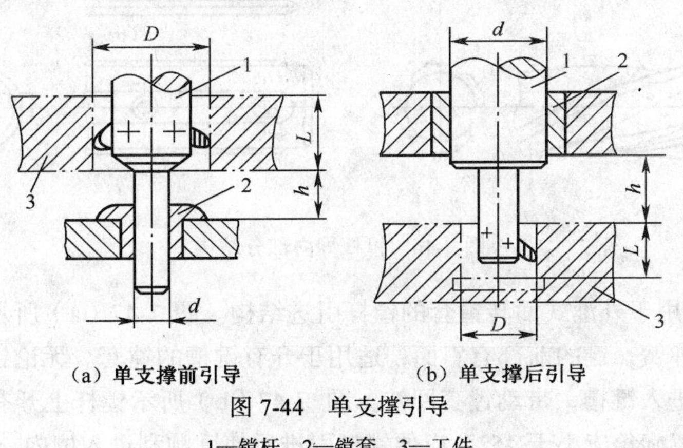

（a）单支撑前引导　（b）单支撑后引导

图 7-44　单支撑引导

1—镗杆　2—镗套　3—工件

② 单支撑后引导。如图 7-44（b）所示，镗套也只在一处被支撑，但位于镗刀后方。适于加工 $L<D$ 的通孔或小型箱体的盲孔时。这种方式刀杆刚性很大，加工精度高，且用于立镗时无切屑落入镗套；图中 h 值可参考钻模的情况确定。在卧式镗床、组合机床上使用时，常取 $h=60\sim100$mm。

③ 双支撑前后引导。如图 7-45（a）所示，镗套有两个支撑，且分别位于工件两侧。适于镗削长度 $L>1.5D$ 的通孔，且加工孔径较大，或排列在同一轴线上的几个孔，并且其位置精度也要求较高。这种方式的缺点是镗杆较长、刚性差、更换刀具不方便。

④ 双支撑后引导。如图 7-45（b）所示，镗套有两个支撑，且位于工件的后方。主要适于因条件限制不能使用前后双引导的情况。这种布置方式装卸工件方便，更换镗杆容易，便于观察和测量，较多应用于大批生产中。由于镗杆在受切削力时呈悬臂状，为了提高刀具的刚度，一般镗杆外伸端应满足 $L_1<5d$。

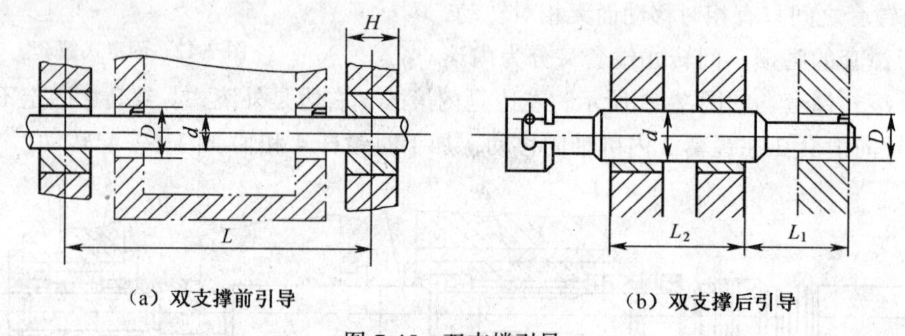

（a）双支撑前引导　　（b）双支撑后引导

图 7-45　双支撑引导

3. 镗杆

图 7-46 所示为用于固定式镗套的镗杆导向部分的结构，常见的有 4 种结构形式。当镗杆导向部分直径 $d<50$mm 时，镗杆常采用整体式，如图 7-46（a）、7-46（b）、7-46（c）所示。当直径 $d>50$mm 时，常采用 7-46（d）所示的镶条式结构，镶条应采用摩擦系数小而耐磨的材料，如铜或钢。镶条磨损后，可在底部加垫片，重新修磨使用。各种形式的镗杆共有的结构特征是镗杆表面均可以存储润滑油。

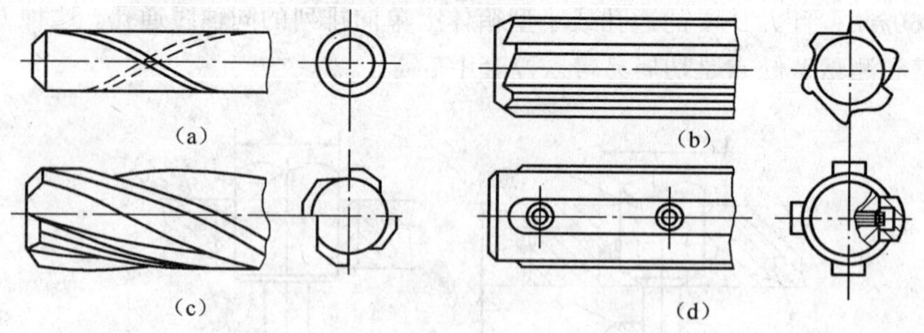

图 7-46　镗杆导向部分结构

图 7-47 所示为用于外滚式回转镗套的镗杆引进结构。图 7-47（a）所示为镗杆前端设置平键，键下装有压缩弹簧，键的前部有斜面，适用于开有键槽的镗套。无论镗杆以何位置进入导套，平键均能自动进入键槽，带动镗套回转。图 7-47（b）所示镗杆上开有键槽，其头部做成螺旋引导结构，其螺旋角应小于 45°，以便镗杆引进后使键顺利进入槽内。

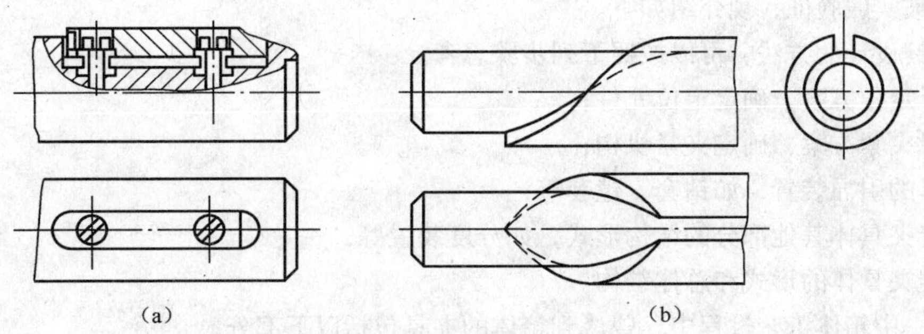

图 7-47　镗杆引进结构

确定镗杆直径时，应考虑镗杆的刚度和镗孔时应有的容屑空间。一般可取

$d=(0.6\sim0.8)D$

式中　d—— 镗杆直径，mm；

　　　D—— 被镗孔直径，mm。

设计镗杆时，镗孔直径 D，镗杆直径 d、镗刀截面 $B\times B$ 之间的关系一般按下式考虑。

$$\frac{D-d}{2}=(1\sim1.5)B$$

或参照表 7-3 选取。

表 7-3　　镗杆直径 *d*、镗刀截面 *B* × *B* 与被镗孔直径 *D* 的关系

D(mm)	110～40	40～50	50～70	70～90	90～110
d(mm)	20～30	30～40	40～50	50～65	65～90
$B\times B$(mm)	10 × 10	10 × 10	12 × 12	16 × 16	20 × 20

表中所列镗杆直径的范围，在加工小孔时取大值，在加工大孔时，若导向好，切削负荷小则可取小值；一般取中间值，若导向不良，切削负荷大时可取大值。

镗杆的轴向尺寸，应按镗孔系统图上的有关尺寸确定。

镗杆的材料要求镗杆表面硬度高而心部有较好的韧性，因此采用 20 钢、20Cr 钢，渗碳淬火硬度为 61～63HRC；也可用氮化钢 38CrMoAlA；大直径的镗杆，还可采用 45 钢、40Cr 钢或 65Mn 钢。

镗杆的主要技术条件要求一般规定如下。

① 镗杆导向部分的圆度与锥度允差控制在直径公差的 1/2 以内。

② 镗杆导向部分公差带为:粗镗为 g6，精镗为 g5。表面粗糙度值 R_a0.8～0.4μm。

③ 镗杆在 500mm 长度内的直线度允差为 0.01～0.1mm。刀孔表面粗糙度一般为 R_a1.6μm，装刀孔不淬火。

7.5 箱体专用夹具设计

夹具设计是在工艺规程设计完成后进行的，夹具的作用在 7.1 节已有介绍。从本质上讲，夹具设计的根本目的是保证工件加工质量和加工效率，使得工艺过程能够正确实现。本项目的

专用夹具已被实践验证，现介绍如下。

专用夹具设计的方法，可以按照下列步骤思考。

① 选择定位方案，确定定位元件；

② 选择夹紧方案，确定夹紧机构；

③ 刀具的引导装置，如钻套、镗套等；

④ 确定夹具体其他部分的结构形式，如分度装置等；

⑤ 确定夹具体的形式和总体结构。

在项目一中箱体工艺过程中，曾谈到箱体的夹具包括以下部分。

① 铣箱体上表面夹具；

② 铣箱体两侧面夹具；

③ 粗镗孔镗床夹具；

④ 精镗孔镗床夹具；

⑤ 钻两侧面孔钻模；

⑥ 钻上表面孔钻模。

下面仅就铣两侧面夹具、精镗孔镗床夹具和钻两侧面孔钻模的设计展开讨论。

1. 铣箱体两外侧面夹具

（1）定位方案

本工序要保证的尺寸精度是箱体的总宽度 220mm，184mm 是铸造时毛坯的尺寸，两个尺寸 18mm 间接保证。设计尺寸链如图 7-48 所示，对称中心线是设计基准。若以此设计基准作为工艺基准，夹具设计比较困难，鉴于此，以其中的一个内侧面为粗基准，并选用两个支承钉定位，工艺尺寸链如图 7-49 所示。从定位原理分析，只需限制这 2 个自由度即可。但是为了保证装夹可靠性和提高加工效率，其余 4 个自由度仍需限制，如图 7-50 所示。用定位板 2 限制 3 个自由度，用一个支撑钉 12 限制 1 个自由度，实现完全定位。

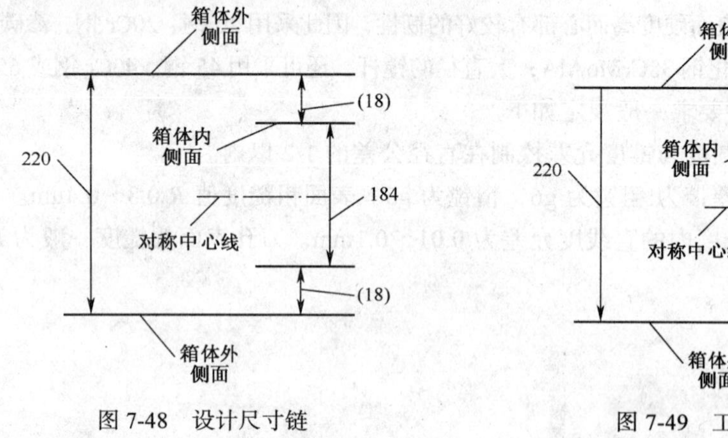

图 7-48　设计尺寸链　　图 7-49　工艺尺寸链

（2）夹紧方案

夹紧力作用点的分布，应该使箱体的变形要小。实现夹紧力的加紧装置应满足工件加紧方便、高效和可靠。它与生产线的布局有很大的关系。图 7-50 所示是采用简易生产线的箱体加紧装置示意图。夹紧时，活塞杆 9 下降，推动活动压板 4 夹紧箱体。活动压板 4 布置在靠近箱体

3 的箱体壁上方，这个部位刚度较大，夹紧时箱体变形小。

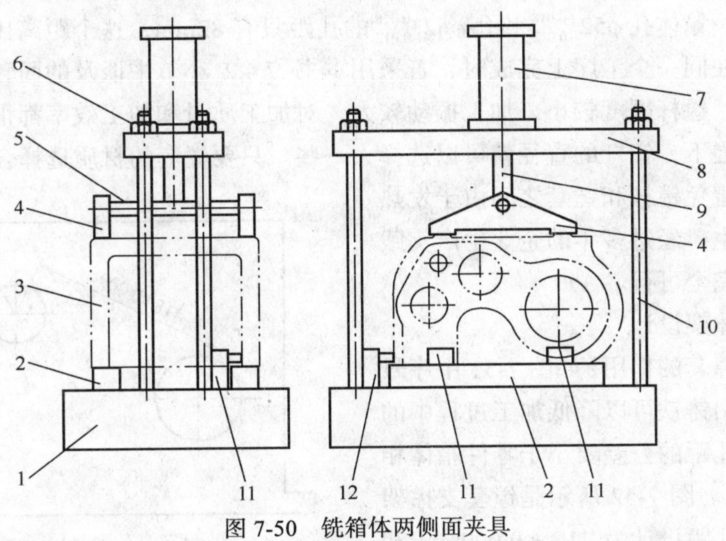

图 7-50　铣箱体两侧面夹具

1—底座　2—定位板　3—箱体　4—活动压板　5—连接杆　6—螺栓　7—液压缸　8—支撑板　9—活塞杆　10—立柱螺栓　11—侧面支撑钉　12—后支撑钉

2. 精镗孔镗床夹具

（1）定位元件和夹紧装置

前面章节讲过，箱体类零件常常用一面两销组成完全定位方式。但是案例 1 所示的箱体是批量生产，要求工件的加工和装夹都要有很高的效率。若采用一面两销的定位方案，装夹的速度比较慢。相比之下，采用支撑钉和支撑板组成的完全定位方案的装夹速度和装夹的方便性都比前者强，在此选用后者。其定位装夹如图 7-51 所示，定位元件有固定支撑钉 1 和支撑钉 3，支撑板 2 组合，构成完全定位。

图 7-51 所示的夹紧装置和图 7-50 所示的结构很类似。主要考虑夹紧力作用点要位于箱体刚度较大的侧壁上方，并且夹紧力小于铣侧面时的夹紧力，这样可以减小箱体孔的变形，提高加工精度。夹紧原理与图 7-50 相同。

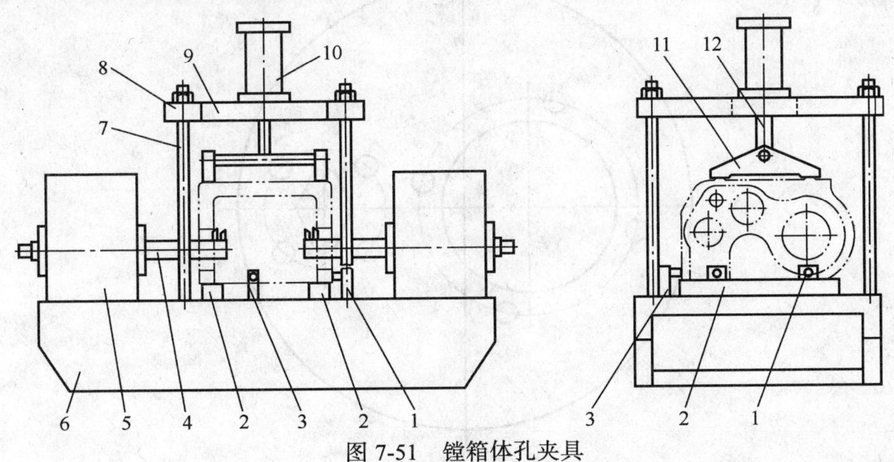

图 7-51　镗箱体孔夹具

1—侧面支撑钉　2—定位板　3—后支撑钉　4—镗杆　5—镗套支撑架　6—底座　7—立柱螺栓　8—支撑板　9—横连接板　10—液压缸　11—活动压板　12—活塞杆

（2）镗套的设计

在案例 1 中，箱体孔 $\phi52_{-0.012}^{+0.018}$ 和孔 $\phi62_{-0.012}^{+0.018}$ 的孔距只有 82mm，这个距离比较小。当采用组合镗床将三个孔在同一个工序上完成时，若采用本书 7.4.2 小节中谈及的回转式镗套，镗杆直径将会变得较细，镗杆刚度较小，加工振动较大，对加工质量和加工效率都很不利。而采用固定式镗套，相比之下，镗杆的直径就可以选择大一些。只要镗套的材质选择合适，并对镗套充分润滑，就可以避免镗杆和镗套之间由于发热而卡死的现象发生。经过多年的企业生产实践证明，这种方法完全可行。

（3）镗套支撑架设计

主要起固定镗套的作用，如图 7-51 中序号 5 所示。材料选用铸铁可以降低加工过程中的振动。镗模体中孔距的公差要小于零件箱体相应孔距公差的 1/3。图 7-52 所示是镗套支撑架的端面示意图，孔距设计为 118 ± 0.009mm 和 82 ± 0.009mm。

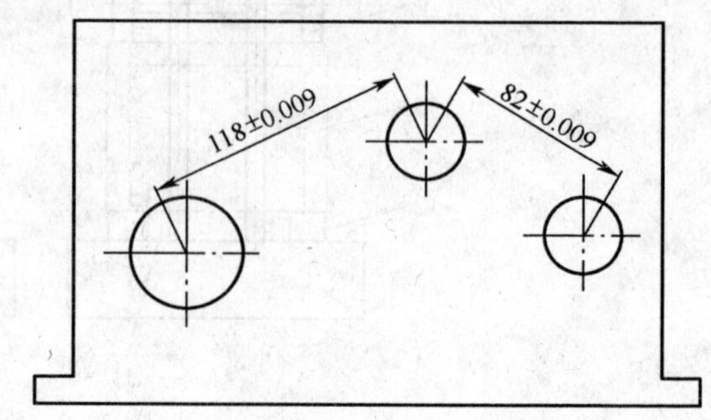

图 7-52　镗套支撑架端面图

3. 钻模设计

如前所述，钻模设计有多种方案。选用哪种方案要根据企业的生产规模和现有的设备状况确定。案例 1 的工艺采用的是台式钻床加工孔（见箱体工艺表格）。考虑到箱体本身的重量比较重，钻孔的直径又较小，所以钻模的设计不必用夹紧装置，直接采用盖板式钻模。如图 7-53 所示，是钻箱体侧面孔钻模之一，用圆柱销和菱形销组合定位。

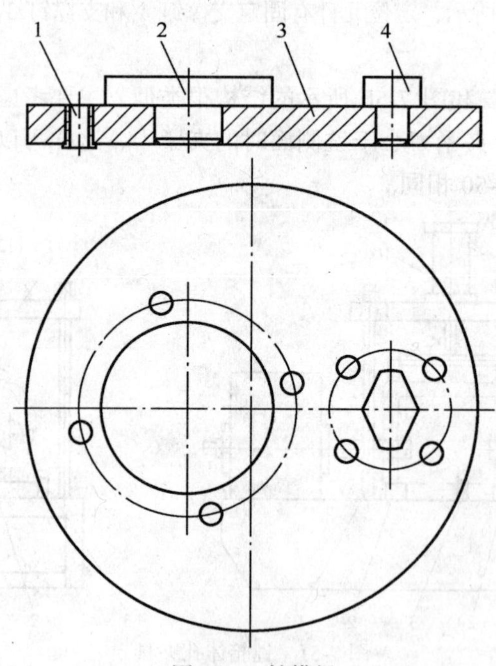

图 7-53　钻模板

1—钻套　2—圆柱销　3—钻模板　4—菱形销

复习思考题

1. 生产中使用夹具的目的是什么？
2. 什么叫完全定位、不完全定位、欠定位和过定位？
3. 常见的平面定位元件有哪些？
4. 常见的外圆定位元件有哪些？
5. 常见的内孔定位元件有哪些？
6. 可调支撑和辅助支撑有什么不同之处？
7. 夹紧力的作用点和方向确定的原则是什么？
8. 常见的钻模有哪些？
9. 常见的镗套有哪些类型？各有什么特点？
10. 镗套的布置形式有哪些？各适用于哪些场合？

第8章 零件质量检验

在零件完成既定的工艺过程后，必须对其进行“检验”，以判定是否达到图纸中规定的技术要求。本章重点介绍零件图中常见的尺寸精度、形位精度和表面粗糙度的测量方法，最后对现代测量方法作了介绍。

8.1 检测基础知识

“检验”就是确定产品是否满足设计要求的过程，即判断产品合格性的过程。检验的方法可以分为两类：定性检验和定量检验。定性检验的方法只能得到被检验对象合格与否的结论，而不能得到其具体的量值。定量检验的方法是在对被检验对象进行测量后，得到其实际值并判断其是否合格的方法，简称为“检测”。检测的核心是测量技术。通过测量得到的数据，不仅能判断其合格性，还为分析产品制造过程中的质量状况提供了最直接而可靠的依据。

8.1.1 测量的基本要素

一个完整的测量过程应包含被测量、计量单位、测量方法（含测量器具）和测量误差等 4 个要素。

被测量在机械精度的检测中主要是有关几何精度方面的参数量，其基本对象是长度和角度。

计量单位是以定量表示同种量的量值而约定采用的特定量。我国规定采用以国际单位制（SI）为基础的“法定计量单位制”。常用的长度单位有“毫米（mm）”、“微米（μm）”和“纳米（nm）”，常用的角度单位有“度（°）”、“分（′）”、“秒（″）”和“弧度（rad）”、“球面度（sr）”。

测量方法是根据一定的测量原理，在实施测量过程中对测量原理的运用及其实际操作。广义地说，测量方法可以理解为测量原理、测量器具（计量器具）和测量条件（环境和操作者）的总和。

测量误差是被测量的测得值与其真值之差。由于测量会受到许多因素的影响，其过程总是不完善的，即任何测量都不可能没有误差。从测量的角度来讲，真值只是一个理想的概念。因此，对于每一个测量值都应给出相应的测量误差范围，说明其可信度。不考虑测量精度而得到的测量结果是没有任何意义的。

8.1.2 检测的一般步骤

通常情况下，检测应有以下几个步骤。

1. 确定被检测项目

认真审阅被测件图纸及有关的技术资料，了解被测件的用途，熟悉各项技术要求，明确需要检测的项目。

2. 设计检测方案

根据检测项目的性质、具体要求、结构特点、批量大小、检测设备状况、检测环境及检测人员的能力等多种因素，设计一个能满足检测精度要求，且具有低成本、高效率的检测预案。

3. 选择检测器具

按照规范要求选择适当的检测器具，设计、制作专用的检测器具和辅助工具，并进行必要的误差分析。

4. 检测前准备

清理检测环境并检查是否满足检测要求，清洗标准器、被测件及辅助工具，对检测器具进行调整使之处于正常的工作状态。

5. 采集数据

安装被测件，按照设计预案采集测量数据并规范地做好原始记录。

6. 数据处理

对检测数据进行计算和处理，获得检测结果。

7. 填报检测结果

将检测结果填写在检测报告单及有关的原始记录中，并根据技术要求作出合格性的判定。

8.1.3 量块的构成及精度

量块又名平面平行端规，亦名块规。量块除作为尺寸传递的实物基准外，还是机械制造行业中量值统一的基准量具，还用于测量器具的检定、调整和分度、精密机床的调整、精确的划线与精密测量等。一般用铬锰钢等特殊合金钢或线膨胀系数小、性质稳定、耐磨以及不易变形的其他材料制成。其形状有长方体和圆柱体两种，常用的是长方体。长方体的量块有两个平行的测量面，其余为非测量面。测量面极为光滑、平整，其表面粗糙度 R_a 值达 0.012μm 以上，两测量面之间的距离即为量块的工作长度（标称长度）。标称长度小于 5.5mm 的量块，其公称值刻印在上测量面上；标称长度大于 5.5mm 的量块，其公称长度值刻印在上测量面左侧较宽的一个非测量面上，如图 8-1 所示。

根据标准 GB6093—1985 规定，量块按制造精度的高低分为 00、0、1、2、3 和 K 共 6 级，标准 JJG100—1991 将量块分为 1～6 等。量块的“级”和“等”是从成批制造和单个检定两种不同的角度出发，对其精度进行划分的两种形式。按“级”使用时，以标记在量块上的标称尺寸作为工作尺寸，该尺寸包含其制造误差。按“等”使用时，必须以检定后的实际尺寸作为工作尺寸，该尺寸不包含制造误差，但包含了检定时的测量误差。就同一量块而言，检定时的测量误差要比制造误差小得多。所以，量块按“等”使用时其精度比按“级”使用要高，能在保持量块原有使用精度的基础上延长其使用寿命。

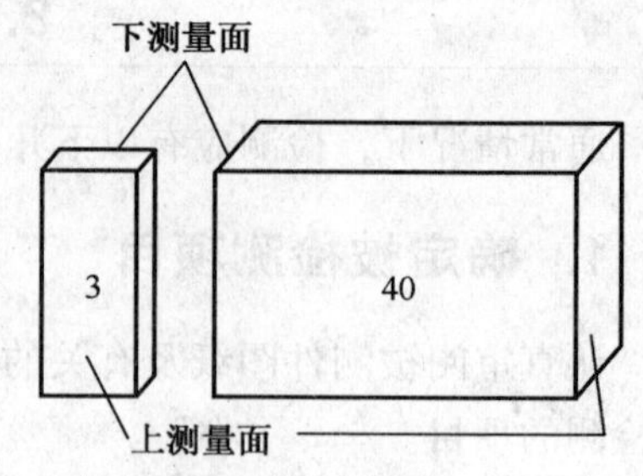

图 8-1　量块

为了满足使用要求，量块都按一定尺寸系列生产，成套供应。量块在使用过程中应注意以下几点。

① 量块必须在使用有效期内，否则应及时送专业部门检定。

② 使用环境良好，防止各种腐蚀性物质及灰尘对测量面的损伤，影响其粘合性。

③ 分清量块的“级”与“等”，注意使用规则。

④ 所选量块应用航空汽油清洗、洁净软布擦干，待量块温度与环境湿度相同后方可使用。

⑤ 轻拿、轻放量块，杜绝磕碰、跌落等情况的发生。

⑥ 不得用手直接接触量块，以免造成汗液对量块的腐蚀及手温对测量精确度的影响。

⑦ 使用完毕，应用航空汽油清洗所用量块，并擦干后涂上防锈脂存于干燥处。

8.1.4　量具、测量仪器和测量装置

量具是一种具有固定形态、用以复现或提供一个或多个已知量值的器具。按用途的不同量具可分为以：单值量具（如量块、角度量块等）、多值量具（如线纹尺、90°角尺等）、专用量具（如光滑极限量规，螺纹量规，检验样板，功能量规等）、通用量具（如游标卡尺、外径千分尺、百分表等）。

测量仪器是能将被测量转换成可直接观察的示值或等效信息的测量器具。如立式光学比较仪、卧式测长仪、万能工具显微镜等。

测量装置是为确定被测量值所必须的一台或若干台测量仪器（或量具）连同有关的辅助设备所构成的系统。如国家长度基准复现装置、产品自动分检装置等。

8.1.5　测量方法分类

测量方法是指测量时所采用的测量原理、测量器具和测量条件的总和。根据获得测量结果的不同方式可分为以下几种。

1．直接测量和间接测量

从测量器具的读数装置上直接得到被测量的数值或对标准值的偏差称直接测量。如用游标卡尺、外径千分尺测量轴径，如图 8-2 所示。通过测量与被测量有一定函数关系的量，根据已知的函数关系式求得被测量的测量称为间接测量。如通过测量一圆弧相应的弓高和弦长而得到其圆弧半径的实际值，如图 8-3 所示。

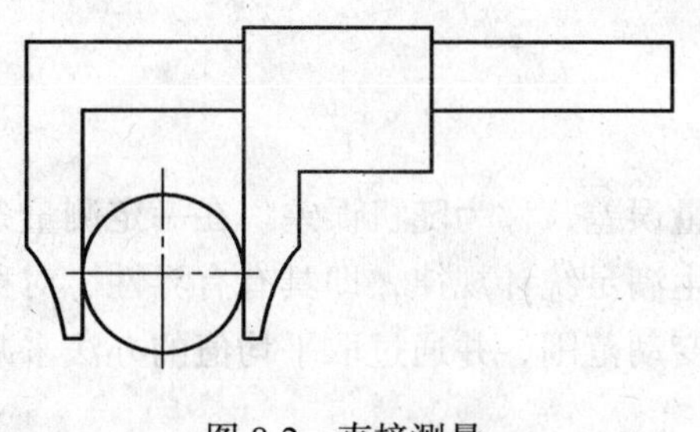

图 8-2　直接测量

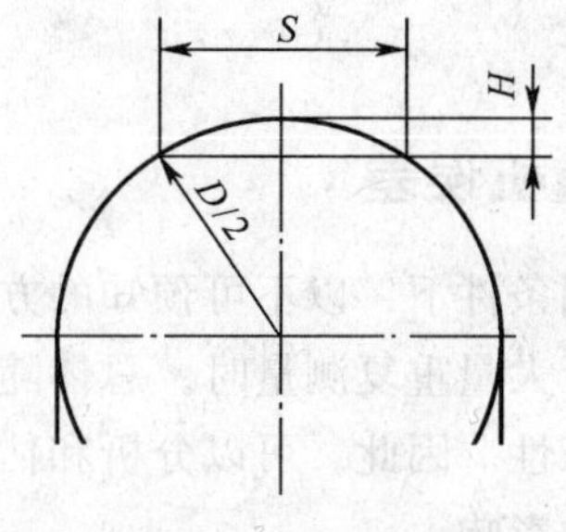

图 8-3　间接测量

2. 绝对测量和相对测量

测量器具的示值直接反映被测量量值的测量为绝对测量。用游标卡尺、外径千分尺测量轴径不仅是直接测量，也是绝对测量。将被测量与一个标准量值进行比较得到两者差值的测量为相对测量。如用游标卡尺测量轴径属绝对测量，而内径百分表测量孔径则为相对测量。

3. 接触测量和非接触测量

测量器具的测头与被测件表面接触并有机械作用的测力存在的测量为接触测量，否则为非接触测量。如用外径千分尺测量轴径为接触测量，用光切法显微镜测量表面粗糙度即属于非接触测量。

4. 单项测量和综合测量

对个别的、彼此没有联系的某一单项参数的测量称为单项测量。同时测量一个零件的多个参数及其综合影响的测量为综合测量。用测量器具分别测出螺纹的中径、半角及螺距属单项测量；而用螺纹量规的通端检测螺纹则属综合测量。

5. 被动测量和主动测量

产品加工完成后的测量为被动测量；正在加工过程中的测量为主动测量。被动测量只能发现和挑出不合格品。而主动测量可通过其测得值的反馈，控制设备的加工过程，预防和杜绝不合格品的产生。

以上测量方法的分类是从不同角度考虑的。对于一个具体的测量过程，可能兼有几种测量方法的特征。例如，在内圆磨床上用两点式测头在加工零件过程中进行的检测，属于主动测量、动态测量、直接测量、接触测量和相对测量等。测量方法的选择应考虑零件结构特点、精度要求、生产批量、技术条件及经济效果等。

8.1.6 误差的分类

根据测量误差的性质、出现的规律和特点，可分为 3 大类，即系统误差、随机误差和粗大误差。

1. 系统误差

在相同条件下多次测量同一量值时，误差值保持恒定；或者当条件改变时，其值按某一确定的规律变化的误差，统称为系统误差。系统误差按其出现的规律又可分为定值系统误差和变值系统误差。

2. 随机误差

在相同条件下，以不可预知的方式变化的测量误差，称为随机误差。在一定测量条件下对同一值进行大量重复测量时，总体随机误差的产生满足统计规律，即具有有界性、对称性、抵偿性、单峰性。因此，可以分析和估算误差值的变动范围，并通过取平均值的办法来减小其对测量结果的影响。

3. 粗大误差

某种反常原因造成的、歪曲测得值的测量误差，称为粗大误差。粗大误差的出现具有突然性，它是由某些偶尔发生的反常因素造成的。这种显著歪曲测得值的粗大误差应尽量避免，且在一系列测得值中按一定的判别准则予以剔除。

8.2 典型参数的检测

8.2.1 安全裕度和验收极限

当采用普通测量器具测量孔、轴尺寸时，由于测量误差的存在，被测尺寸的真值可能大于或小于其测量结果。因此，如果只根据测量结果是否超出图样给定的极限尺寸来判断其合格性，有可能会造成误收或误废。而在验收产品时，我们所采用的验收方法应只接收位于规定的尺寸极限之内的工件，位于规定的尺寸极限之外的工件应拒收。为此需要根据被测件的精度高低和相应的极限尺寸，确定其安全裕度 A 和验收极限。

安全裕度 A 是测量中总不确定度的允许值 u，主要由测量器具的不确定度允许值 u_1 及测量条件引起的测量不确定度允许值 u_2 这两部分组成。安全裕度 A 值按被检验工件的公差大小来确定，一般为工件公差的 1/10。国家标准（GB/T3177—1997）对 A 值有明确的规定。

验收极限是检验工件尺寸时判断其合格与否的尺寸界限。确定验收极限的方式有内缩方式和不内缩方式。选择验收方式时应综合考虑被测尺寸的功能要求、重要程度、公差等级、测量不确定度和工艺能力等。

1. 内缩方式

为了保证被判断为合格的零件的真值不超出设计规定的极限尺寸，在《光滑工件尺寸的检验》国家标准（GB/T3177—1997）中规定用普通测量器具（如游标卡尺、千分尺及生产车间使用的比较仪等）检验光滑工件（该工件的公差等级为 IT18～IT6、基本尺寸小于 500mm 采用包容原则要求）的尺寸时，所用验收方法应只按收位于规定的尺寸极限之内的工件。因此，验收

极限须从被检验零件的极限尺寸向公差带内移动一个安全裕度 A，如图 8-4 所示，即

孔类尺寸的验收极限：

上验收极限=最小实体尺寸（D_L）−安全裕度（A）

下验收极限=最大实体尺寸（D_M）+安全裕度（A）

轴类尺寸的验收极限：

上验收极限=最大实体尺寸（d_M）−安全裕度（A）

下验收极限=最小实体尺寸（d_L）+安全裕度（A）

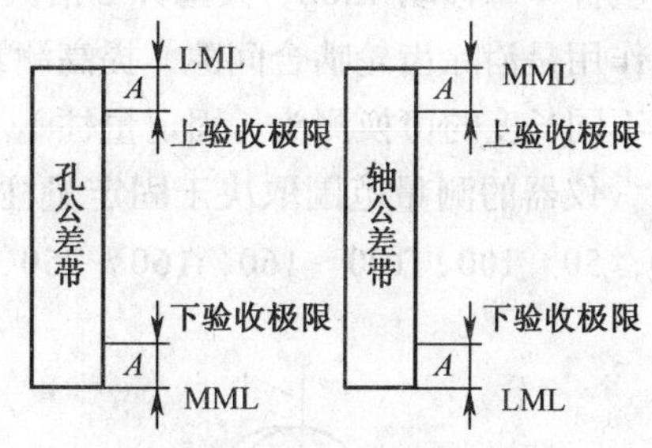

图 8-4 孔和轴的验收极限

2. 不内缩方式

安全裕度（A）等于零，即验收极限等于工件的最大实体尺寸或最小实体尺寸。对于非配合尺寸和采用一般公差的尺寸，可以按不内缩方式确定验收极限。

8.2.2 圆柱轴径、孔径的测量

圆柱轴径、孔径测量在机械零件几何尺寸的检测中占有很大比例，在大批量生产中，中、低精度的轴（孔）多用极限量规来检验。若生产批量较小，或需要得到被测工件的实际尺寸时，中、低精度的轴和孔，常用游标卡尺、外径千分尺、内径百分表等普通计量器具测量。高精度的轴和孔（高于 IT6），通常不用量规检验，而采用机械式比较仪、光学比较仪、万能测长仪、电动测微仪、万能工具显微镜、气动量仪、接触式干涉仪等精密仪器进行测量。

1. 用立式光学比较仪测量轴径

在立式光学比较仪上测量圆柱轴径属于比较测量，即用量块作为标准尺寸，将仪器调至零位，然后测出被测轴径与量块标准尺寸的差值，求出被测轴径。立式光学比较仪的光路系统原理如图 8-5 所示。由光源 1 发出的光线，经反射镜 2 到物镜焦平面刻度尺 3、棱镜 5 以及物镜 6 射在反射镜 7 上，当测杆 8 有微小位移时，反射镜 7 绕支点 9 转动 α 角，从目镜 10 中可看到反射回来的刻度尺的影像 4，根据影像零刻线相对于固定指标线的位移量，即可判断被测尺寸的实际偏差。不同厂家生产的立式光学比较仪的特性及精度略有差别，可在仪器说明书中查到。

采用比较仪测量圆柱直径时，由于被测面是一个圆弧面，若采用圆弧测量头测量时，被检圆柱应在工作台面来回滚动，找出读数的转折点，即读出接触点是轴径的最高点时的读数。因此，测量者必须仔细地观察指示装置，以减小由于测量头偏离直径处而引起的误差。

2. 用内径百分表测量孔径

用内径百分表测量孔径，其测量方法也属于接触测量，一般用相对测量法测量孔径、槽宽的尺寸。内径百分表主要由百分表 1、接长杆 2、活动测头 3、等臂杠杆 4、可换测量头 5、定心及锁紧装置 6 等组成。工件的尺寸变化通过活动测头 3，传递给等臂转向杠杆 4 及接长杆 2，然后由百分表指示出来。为使内径百分表的测量轴线通过被测孔的圆心，内径百分表一般均设有定心装置，以保证测量的快捷与准确，如图 8-6 所示。其中百分表的工作原理如图 8-7 所示，

测量杆 1 每移动 1mm，大指针 2 沿大刻度盘 5 回转一周，小指针 4 沿小刻度盘移动一格，游丝 7 的作用是消除齿轮啮合间隙，提高测量精度。弹簧 3 产生测量力。根据被测孔径大小不同，可选用不同长度的可换测头（固定量柱）。每一仪器都附有一套可换测头以备选用。

仪器的测量范围取决于固定量柱的范围。测量范围一般为 6～10，10～18，18～35，35～50，50～100，100～160，160～250、250～450 等，单位为 mm。其分度值为 0.01mm。

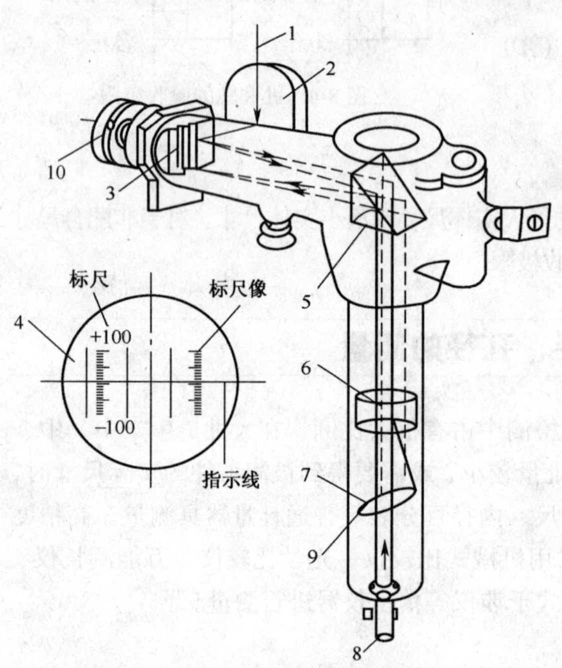

图 8-5 光学比较仪光路图

1—光源 2—反射镜 3—物镜焦平面刻度尺 4—影像 5—棱镜 6—物镜 7—反射镜 8—测杆 9—支点 10—目镜

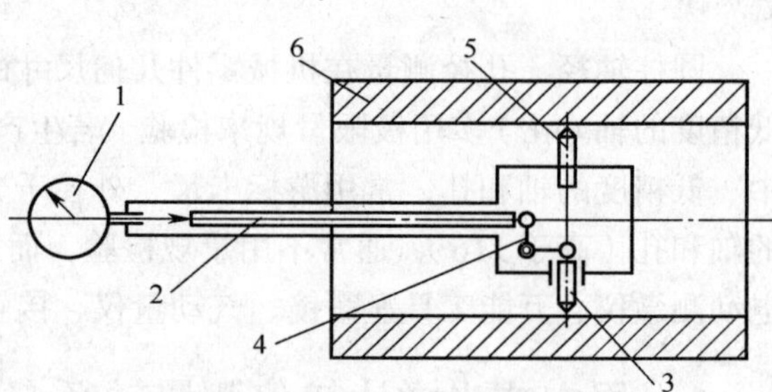

图 8-6 内径百分表工作原理

1—百分表 2—接长杆 3—活动测头 4—等臂杠杆 5—可换测量头 6—定心及锁紧装置

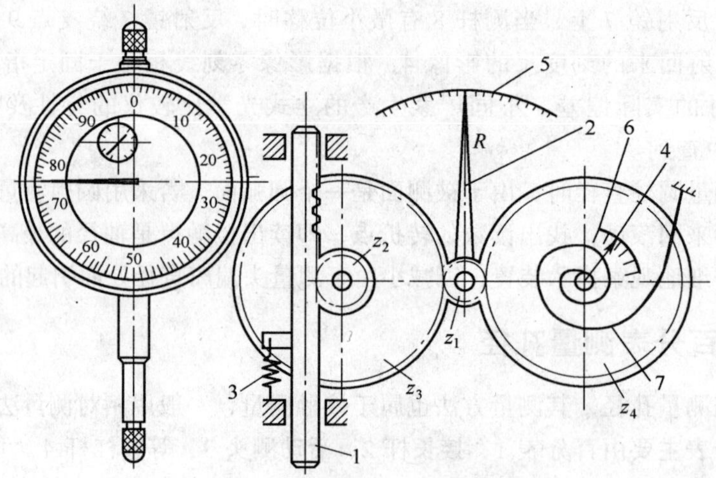

图 8-7 百分表工作原理

1—测量杆 2—大指针 3—弹簧 4—小指针 5—大刻度盘 6—小刻度盘 7—游丝

8.2.3 角度的测量

角度的测量分比较测量、直接测量和间接测量。

比较测量的实质是将角度量具与被测角度或锥度相比较，用光隙法或涂色法估计出被测角度或锥度的偏差，或判断被检角度或锥度是否在允许的公差范围内。此法的常用角度量具有：角度量块、角度样板、直角尺和圆锥量规等。

直接测量就是直接从角度计量器具上读出被测角度。对于精度不高的角度工件，常用万能角度尺进行测量，它可在 0°～320° 测量范围内任意角度的示值误差分别不超出±2′和 ± 5′。对于高精度的角度工件，则需用光学分度头或测角仪进行测量。也可能用万能工具显微镜和光学经纬仪测量。

间接测量就是先测量与被测角度有关的长度尺寸，通过三角函数计算出被测角度值。常用的计量器具有正弦尺，滚柱或钢球。

万能角度尺是一种结构简单的通用角度量具，其读数原理为游标读数原理。结构如图 8-8 所示，主要由主尺 1、游标尺 2、基尺 3、压板 4、角尺 5、直尺 6 组成。利用基尺、角尺、直尺的不同组合，可进行 0°～320°范围内角度的测量。

具体测量中可根据被测角度的大小按图 8-9 所示的 4 种组合方式之一选择附件后，调整好万能角度尺。图 8-9（a）所示组合可测角度范围 α 为 0°～50°；图 8-9（b）所示组合可测角度范围 α 为 50°～140°；图 8-9（c）所示组合可测角度范围 α 为 140°～230°；图 8-9（d）所示组合可测角度范围 α 为 230°～320°，β 为 40°～130°。然后松开万能角度尺锁紧装置，使万能角度尺两测量边与被测角度贴紧，目测观察应封锁可见光隙，锁紧后即可读数。测量时须注意保持万能角度尺与被测件之间的正确位置。

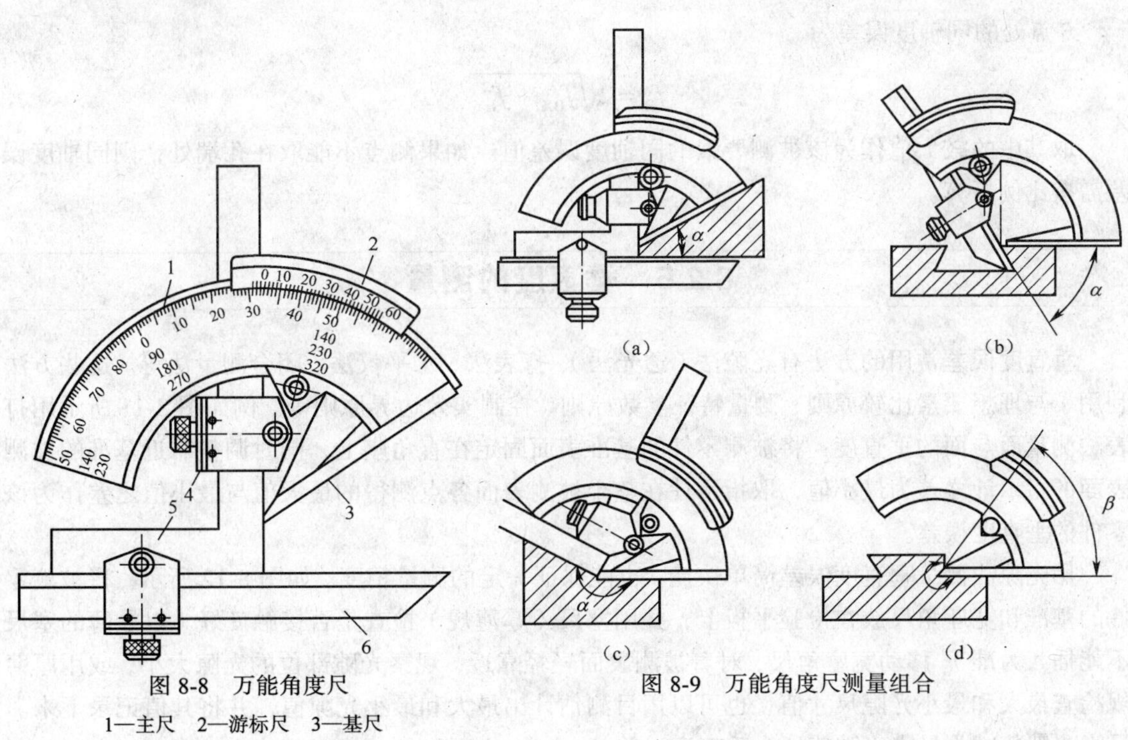

图 8-8 万能角度尺

1—主尺 2—游标尺 3—基尺

4—压板 5—角尺 6—直尺

图 8-9 万能角度尺测量组合

8.2.4　同轴度的测量

同轴度误差常用的方法有回转轴线法、准直法（瞄靶法）、坐标法、顶尖法、V形架法、模拟法、量规检验法等。这些方法利用了测量坐标值原则、测量特征参数原则、控制实效边界原则等。例如如图8-10所示，用模拟法测量两同心孔的同轴度：用心轴分别模拟基准孔与被测孔的轴心线，将被测零件的基准平面置于3个可调支承上。将基准孔的模拟心轴，调整到与测量平板平行（可用百分表在基准孔的模似心轴上两端的最高点进行测量，调整到测量平板与模似心轴两端最高点读数相等，即表示心轴与测量平板平行），记下此时的读数，则该点至平板的距离为

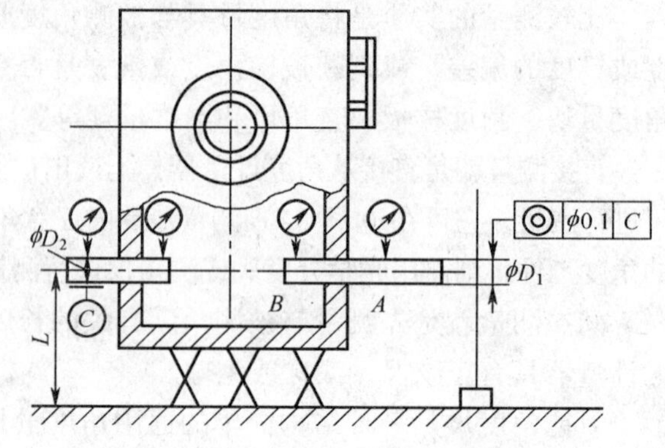

图8-10　同轴度误差测量（模拟法）

$$L+（\phi D/2）$$

用百分表在靠近被测孔模拟心轴的两端 A、B 两点处分别测出最高点读数，并计算与高度 $L+（\phi D/2）$ 的差值 f_{AX}、f_{BX}。然后将被测件翻转90°按上述方法测出 f_{AY}、f_{BY}，则：

A 点处的同轴度误差为

$$f_A = 2\sqrt{f_{AX}^2 + f_{AY}^2}$$

B 点处的同轴度误差为

$$f_B = 2\sqrt{f_{BX}^2 + f_{BY}^2}$$

取其中的较大值作为该被测要素的同轴度误差值。如果测点不能取在孔端处，则同轴度误差需按比例折算。

8.2.5　垂直度的测量

垂直度误差常用的方法有光隙法（透光法）、打表法、水平仪法、闭合测量法等。这些方法利用了与理想要素比较原则、测量特征参数原则、控制实效边界原则等。例如图8-11所示用打表法测量面与面的垂直度：将被测零件的基准表面固定在直角座上，同时调整靠近基准的被测表面的指示计之差为最小值，取指示计在整个被测表面各点测得的最大值与最小值之差作为该零件的垂直度误差。

用光隙法测量垂直度误差简单快捷，也能保证一定的测量精度。如图8-12所示，将被测零件的基准和宽座角尺放在检验平板上，并用塞尺（厚薄规）检查是否接触良好（以最薄的塞尺不能插入为准）。移动宽座角尺，对着被测表面轻轻靠近，观察光隙部位的光隙大小，或用厚薄规检查最大和最小光隙尺寸值，也可以用目测估计出最大和最小光隙值，并将其值记录下来。最大光隙值减去最小光隙值即为垂直度误差。

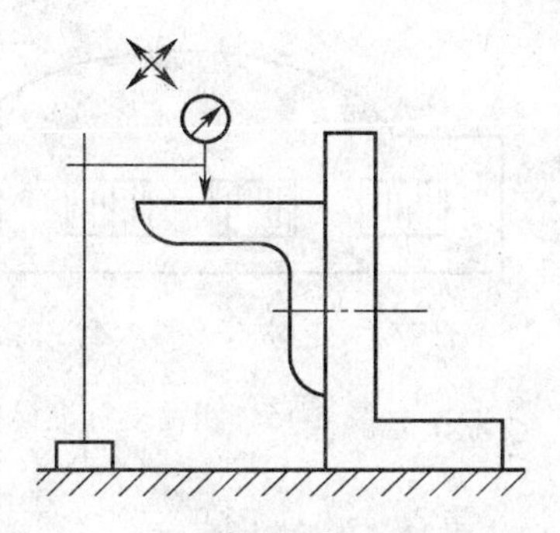
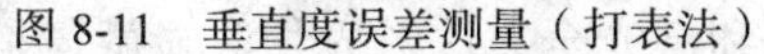

图 8-11　垂直度误差测量（打表法）

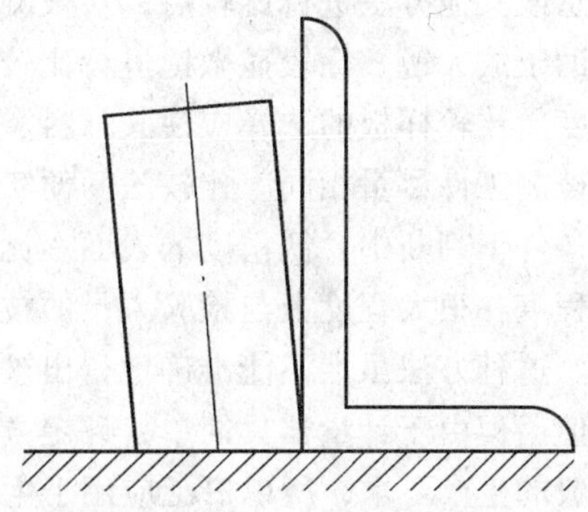

图 8-12　垂直度误差测量（光隙法）

8.2.6　平行度的测量

平行度误差的测量常用方法有打表法和水平仪法。这些方法是采用与理想要素比较的检测原则。例如图 8-13 所示用打表法测量面与面的平行度：将被测零件放在测量平板上，以测量平板为基准，沿被测平面多个方向移动，记录百分表（千分表）在不同位置的读数，从百分表（千分表）上读出被测平板上各点的读数值，通过计算求出其平面度误差。

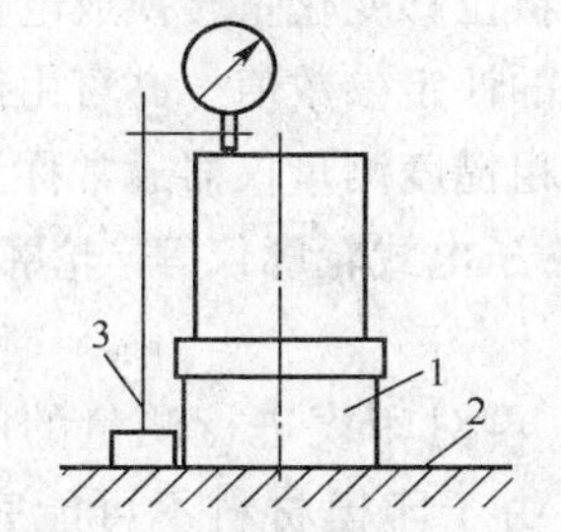

图 8-13　平行度误差测量（打表法）

1—被测零件　2—测量平板　3—磁性表座

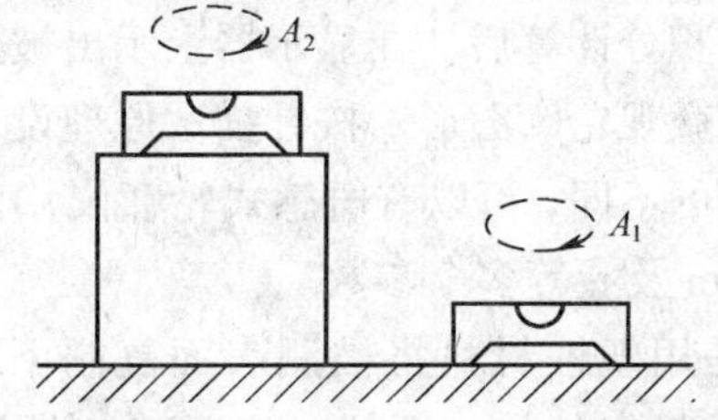

图 8-14　平行度误差测量（水平仪法）

图 8-14 所示为用水平仪法测量面对面的平行度，是将被测零件放置在测量平板上，用水平仪分别在平板和被测零件上的若干方向上记录水平仪的示值 A_1、A_2，则各方向上的平行度误差为

$$f = |A_2 - A_1| \times L \times C$$

式中　C——水平仪刻度值（线值）；

$|A_2 - A_1|$——对应的每次示值差；

L——沿测量方向的零件表面长度。

取各个方向上平行度误差中的最大值作为该零件的平行度误差。

8.2.7　表面粗糙度的测量

表面粗糙度的检测方法有比较测量法、非接触测量法、接触测量法和印模法。

比较法是将被测表面与已知其评定参数值的粗糙度标准样板（如图 8-15 所示）相比较，通过视觉、触感或其他方法进行比较后，对被测表面的粗糙度作出评定的方法。如被测表面较光滑时，可借助于放大镜、比较显微镜进行比较，以提高检测精度。比较样板的选择应使其材料、形状和加方法与被测工件尽量相同。比较法简便实用，适合于车间条件下判断中、低精度的表面。比较法的判断准确程度在很大程度上与检验人员的技术熟练程度有关。这种方法虽然不能准确地得出被测表面粗糙度数值，但由于计量器具简单，评定方便且也能满足一般的生产要求，所以广泛应用于生产现场。

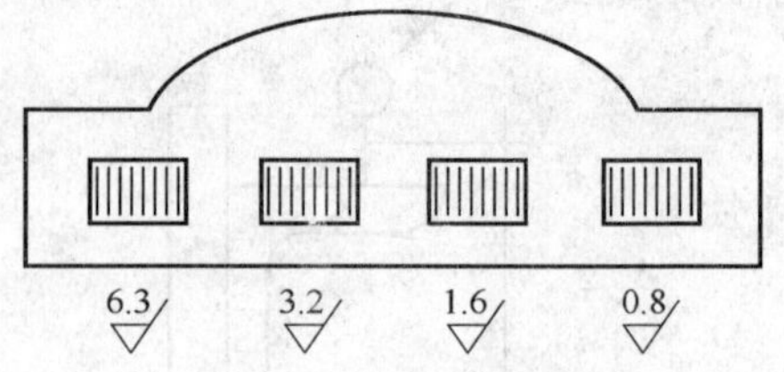

图 8-15　粗糙度标准样板

非接触测量法包括光切法、干涉法、激光反射法和激光全息法。光切法显微镜是利用“光切原理”测量表面粗糙度的方法。干涉法是干涉显微镜利用光波干涉原理在被测表面上产生干涉条纹，通过测量表面干涉条纹的弯曲度，实现对表面粗糙度的测量。激光反射法是通过激光束以一定的角度照射到被测表面，通过观测反射强弱测出表面粗糙度。激光全息法的基本原理是以激光照射被测表面，利用相干辐射，拍摄被测表面的全息照片获得一组表面轮廓的干涉图形，然后用硅光电池测量黑白条纹的强度分布，测出黑白条纹反差比，从而评定被测表面的粗糙度程度。

接触测量法常用的是针描法。针描法是利用仪器的触针在被测表面上轻轻划过，被测表面的微观不平轮廓将使触针作垂直方向的位移。再通过传感器将位移变化量转换成电量的变化，经信号放大和积分计算后，在显示器上示出被测表面粗糙度的评定参数值。亦可由记录器绘制出被测表面的微观轮廓图形。按针描法原理设计制造的表面粗糙度测量仪器通常称为轮廓仪。根据转换原理的不同，可以有电感式轮廓仪、电容式轮廓仪、压电式轮廓仪等。轮廓仪可测 R_a、R_z、R_y、S、Sm 及 t_p 等多个参数。

印模法是用塑性材料将被测表面复制下来制成印模，再对印模进行测量的间接方法。常用的印模材料有川蜡、石蜡、塞璐珞、低熔点合金等。由于印模材料不可能完全填满被测表面的谷底，取下印模时又会使波峰被削平，因此印模的高度参数值通常比被测表面的高度参数实际值小，因此应根据实验结果进行修正。印模法一般适用于内表面粗糙度的检测。

8.2.8　螺纹的测量

螺纹的检测分综合检验和单项测量。

综合检验常用的量规是螺纹量规和光滑极限量规。用它们检验螺纹时，只能判断被检测螺纹是否合格，而不能测出螺纹参数的具体数值。螺纹量规分为螺纹塞规（如图 8-16 所示）和螺纹环规（如图 8-17 所示），螺纹塞规用于检测内螺纹，螺纹环规用于检测外螺纹螺纹。塞规和环规又分为“通规”和“止规”。测量时，通端量规能顺利地与被测螺纹在被检全长上旋合，而止端量规不能完全旋合或不能旋入，则表明被测螺纹是合格的，否则不合格。综合检验的优点是效率高，适用于大批量生产。

单项测量是对螺纹的各参数如中径 d_2、螺距 p、牙型半角 $\alpha/2$ 等分别进行测量，主要用于精密螺纹，如螺纹量规、测微螺杆等；其次在加工过程中，为分析工艺因素对各参数加工精度的影响，也要进行单项测量。该测量主要用于单件或小批量生产。常用的测量器具有螺纹千分尺、三针、公法线千分尺、万能工具显微镜等。

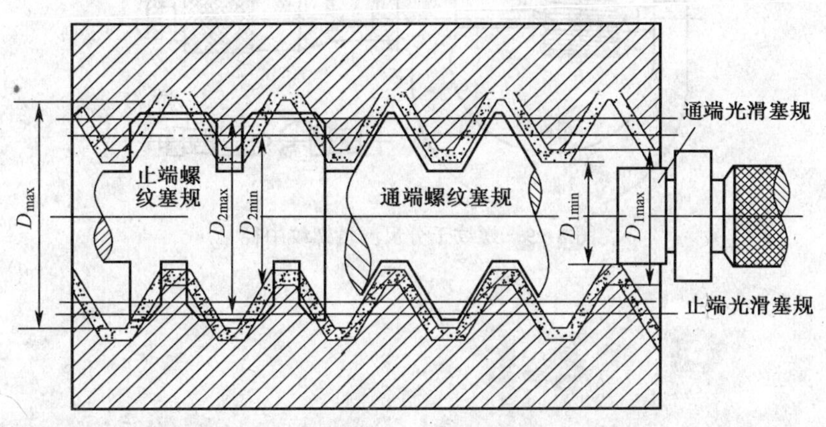

图 8-16 螺纹塞规

应用三针法测量螺纹中径时，首先根据螺纹的 m 值选择合适规格的公法线千分尺，然后按如图 8-18 所示将三针放入螺旋槽中，用公法线千分尺测量值记录读数，最后依据相应公式计算出螺纹中径。对 60°三角形螺纹来说，螺纹中径的简化公式为

$$d_2 = M + 3d_0 + 0.866p$$

式中 M——功法线千分尺测得尺寸；

d_0——三针直径；

d_2——螺纹单一中径；

p——螺纹螺距。

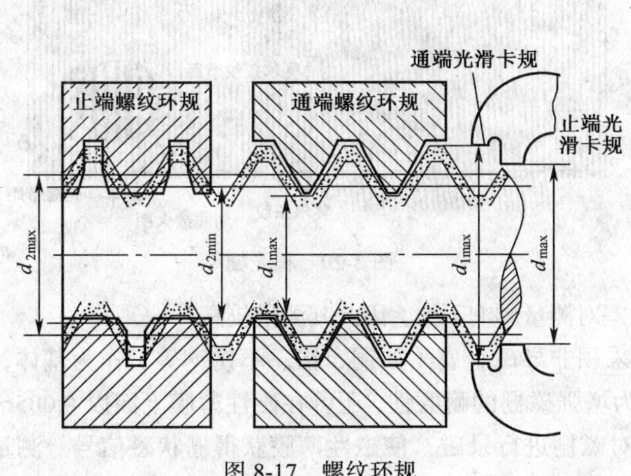

图 8-17 螺纹环规

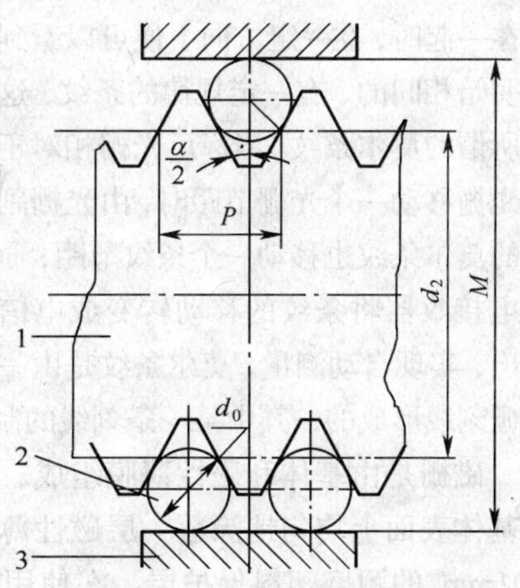

图 8-18 三针法测量螺纹中径

用螺纹千分尺测量螺纹中径时，先选择合适规格的螺纹千分尺，然后根据被测螺纹螺距大小选择测头型号，依图 8-19 所示的方式装入螺纹千分尺，从螺纹千分尺读数中减去零位的代数值即为螺纹中径值。

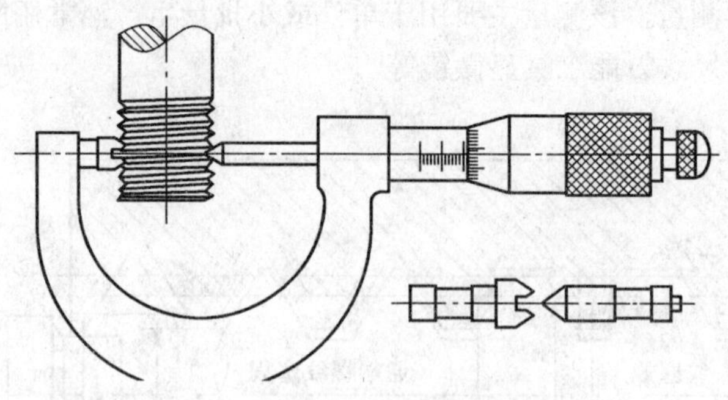

图 8-19　螺纹千分尺测量螺纹中径

8.3 现代测量方法概述

在几何量检测系统中应用的新技术，主要有新型传感技术、三坐标测量机和自动测量技术。

8.3.1　新型传感技术与应用

传感技术是实现测量数字化、自动化、智能化的关键。新型的传感器主要有：光栅、磁栅、激光、感应同步器等。

光栅元件有长光栅（如图 8-20 所示）和圆光栅两种。长光栅的刻线为一组相互平行的直线，一般用于线位移的测量系统。圆光栅一般用于有角分度的测量系统。光两块光栅叠合在一起时，在一定方向上便可以看到一种明暗相间的、有一定规律的条纹，这就是所谓的莫尔条纹。当标尺光栅相对于指示光栅移动一个光栅节距时，由光栅副产生的莫尔条纹也移动一个条纹节距，通过光电接收器将条纹的移动转变成电信号输出，实现自动测量。莫尔条纹是由一组光栅刻线形成的，其中某一条刻线的制造误差对测量影响不大，因此其测量较高。

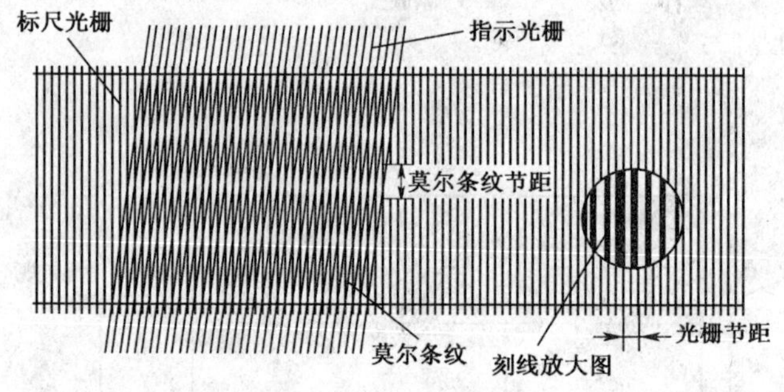

图 8-20　长光栅

磁栅是由基体和磁性薄膜组成，一般采用非导磁金属（如铜、铝、不锈钢等）作为基体，在基体表面上均匀地涂覆一层磁性薄膜。为增强磁栅的耐磨性，还可在磁性薄膜上涂以 0.005～0.01mm 的耐磨塑料保护层。在使用前先对磁栅进行录磁，使磁性薄膜获得栅状磁信号。测量时，磁头检测到磁栅上的磁信号后将它转换成电信号输送给检测电路，实现自动测量。

激光是受激发射击的相干光，与一般光源相比，具有方向性强、能量集中、单色性好、能产生干涉现象等特点。可运用其特点，通过激光干涉、激光衍射、激光扫描、激光量子干涉及激光全息等方法来检测长度、厚度及表面粗糙度等。

感应同步器是利用两个平面形绕组随相互间位置的变化，其互感电流也发生相应的变化的原理，实现自动测量的。它用几何量的测量具有测量精度高、使用环境要求不高、使用寿命长、维护简单、抗干扰能力强工艺性好、成本低、便于批量生产等优点，应用非常广泛。

8.3.2 三坐标测量机

三坐标测量机是1958年出现的一种高效新型精密几何量测量设备。20世纪70年代后，配置电子计算机的三坐标测量机在功能上得到了很大的扩展，已被广泛应用航空工业、汽车、动力机械、仪表、电器等领域的检测，而且越来越被人们所重视。

大型三坐标测量机主要用于检测飞机机身、机翼、汽车外壳、航天器等大型零部件。其测量范围一般在3000mm以上。中型三坐标测量机是机械制造工业中应用最广的一种，适用于中等规格零部件的检验。小型三坐标测量机一般用于电子工业、小型机械零部件的检测，精度较高。在测量机的本体上有相互垂直的 x、y、z 三个坐标，在各坐标上装有刻度尺和读数头，读数头用于读取刻度尺上的数据。通过计算机系统实现对数据的自动处理和测量过程的自动控制。

8.3.3 自动检测系统

在现代几何量检测技术领域中，自动检测是一个重要的发展方向，除了三坐标测量机及其组成的自动检验线，数控测量中心外，在机械制造过程中，还有多种自动检测系统。

自动检测系统按其控制系统的类别可分为机械式、气液式、电子式和计算机控制式等。近年来，计算机在自动检测中得到了广泛应用，处理速度加快，输入输出更为方便，从而更加显示出自动检测技术的优越性。自动检测系统可以分为主动检测系统和被动检测系统。前者是在加工过程进行实时测量，并将测量结果反馈控制加工过程；后者则是加工后进行检验，仅用于验收或分组。自动检测系统可以完成的加工过程检测为：加工前准备工作确认检测、加工中工件状况检测、加工工艺条件检测、加工设备控制检测和加工后工件状况检测。通过自动检测系统和计算机闭环控制，能够控制工件所有尺寸精度、几何形状精度、表面粗糙度和表面质量等，可望实现全自动质量控制。

复习思考题

1．测量的基本要素有哪些？

2．测量器具的主要技术性能指标有哪些？

3．测量方法如何分类？

4．测量误差如何分类？

5．什么是安全裕度与验收极限？

6．形位误差有哪些检测原则？

第9章 轴齿轮套筒零件的加工工艺

除箱体类零件外，轴、齿轮和套筒也是机器中常见的零件，本章将在介绍这类零件结构和工艺特点的基础上，分别给出典型轴、齿轮和套筒的加工工艺过程。

9.1 轴类零件加工概述

轴类零件是机器中用来支承齿轮、皮带轮等传动零件并传递扭矩的零件，是最常见的典型零件之一。轴类零件是旋转体零件，其长度大于直径，一般由同心轴的外圆柱面、圆锥面、内孔和螺纹及相应的端面所组成，如图 9-1 所示。根据结构形状的不同，轴类零件可分为光轴、阶梯轴、空心轴和曲轴等。加工表面通常除了内外圆表面、圆锥面、螺纹、端面外，还有花键、键槽、横向孔、沟槽等。图 9-2 所示为某阶梯轴的零件图，图中详细表明了各项技术要求。

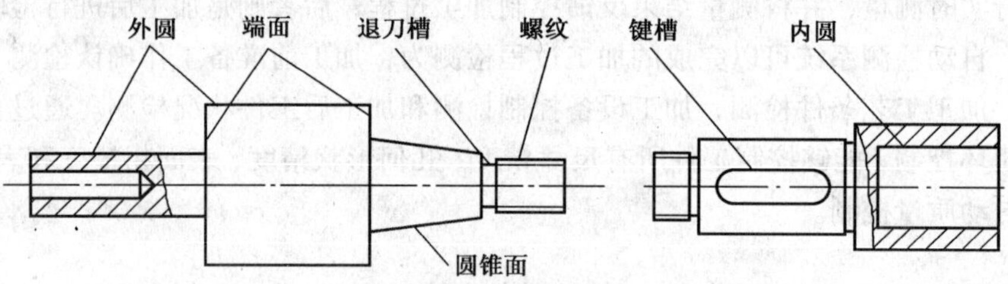

图 9-1　常见轴的结构示意图

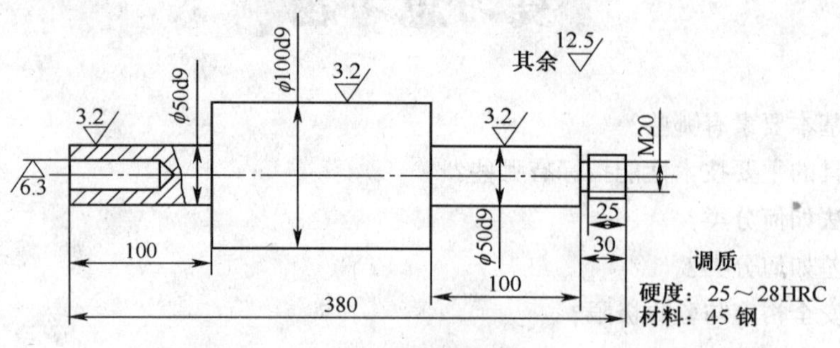

图 9-2　轴的零件图

9.1.1 轴类零件的技术要求分析

1. 加工精度

（1）尺寸精度

轴类零件的尺寸精度主要指轴的直径尺寸精度和轴长尺寸精度。按使用要求，主要轴颈直径尺寸精度通常为 IT9～IT6 级，精密的轴颈也可达 IT5 级。轴长尺寸通常规定为公称尺寸，对于阶梯轴的各台阶长度按使用要求可相应给定公差，一般要求不是太高。

（2）几何精度

轴类零件一般是用两个轴颈支撑在轴承上，这两个轴颈称为支撑轴颈，也是轴的装配基准。除了尺寸精度外，一般还对支撑轴颈的几何精度（圆度、圆柱度）提出要求。对于一般精度的轴颈，几何形状误差应限制在直径公差范围内，也就是说，满足了尺寸精度，也就同时满足了几何精度，但有时几何精度要求高时，应在零件图样上另行规定其允许的公差值，加工时，不仅要满足尺寸精度，而且要满足几何精度（即形状公差）要求。

（3）相互位置精度

轴类零件中的配合轴颈（安装传动件的轴颈）相对于支撑轴颈间的同轴度是其相互位置精度的普遍要求。通常普通精度的轴，配合精度对支撑轴颈的径向圆跳动一般为 0.01～0.03 mm，高精度轴为 0.001～0.005 mm。

此外，相互位置精度还有内外圆柱面的同轴度，轴向定位端面与轴心线的垂直度要求等。

2. 表面粗糙度

根据机械的精密程度，运转速度的高低，轴类零件表面粗糙度要求也不相同。一般情况下，支撑轴颈的表面粗糙度 R_a 值为 0.63～0.16 μm；配合轴颈的表面粗糙度 R_a 值为 2.5～0.63 μm。

9.1.2 轴类零件的材料和毛坯

轴类零件材料的选取，主要根据轴的强度、刚度、耐磨性以及制造工艺性而决定，力求经济合理。

常用的轴类零件材料有 35、45、50 优质碳素钢，以 45 钢应用最为广泛。对于受载荷较小或不太重要的轴也可用 Q235、Q255 等普通碳素钢。对于受力较大，轴向尺寸、重量受限制或者某些有特殊要求的可采用合金钢。如 40Cr 合金钢可用于中等精度，转速较高的工作场合，该材料经调质处理后具有较好的综合力学性能；选用 Cr15、65Mn 等合金钢可用于精度较高，工作条件较差的情况，这些材料经调质和表面淬火后其耐磨性、耐疲劳强度性能都较好；若是在高速、重载条件下工作的轴类零件，选用 20Cr、20CrMnTi、20Mn2B 等低碳钢或 38CrMoAlA 渗碳钢，这些钢经渗碳淬火或渗氮处理后，不仅有很高的表面硬度，而且其心部强度也大大提高，因此具有良好的耐磨性、抗冲击韧性和耐疲劳强度的性能。

球墨铸铁、高强度铸铁由于铸造性能好，且具有减振性能，常在制造外形结构复杂的轴中采用。特别是我国研制的稀土—镁球墨铸铁，抗冲击韧性好，同时还具有减磨，吸振，对应力集中敏感性小等优点，已被应用于制造汽车、拖拉机、机床上的重要轴类零件。

轴类零件可根据使用要求、生产类型、设备条件及结构，选用棒料、锻件等毛坯形式。对于外圆直径相差不大的轴，一般以棒料为主；而对于外圆直径相差大的阶梯轴或重要的轴，常选用锻件，这样既节约材料又减少机械加工的工作量，还可改善机械性能，锻件毛坯经加热锻打后，内部晶粒细化，金属内部纤维组织沿表面分布，因而有较高的抗拉、抗弯及抗扭转强度，一般用于重要的轴。

根据生产规模的不同，毛坯的锻造方式有自由锻和模锻两种。中小批生产多采用自由锻，大批大量生产时采用模锻。

型材毛坯分热轧或冷拉棒料，均适合于光滑轴或直径相差不大的阶梯轴。

轴类零件的毛坯常见的有型材（圆棒料）和锻件。大型的、外形结构复杂的轴也可采用铸件。内燃机中的曲轴一般均采用铸件毛坯。

9.1.3 轴类零件的热处理

锻造毛坯在加工前，均需安排正火或退火处理，减少材料变形，使钢材内部晶粒细化，消除锻造应力，降低材料硬度，改善切削加工性能。

调质一般安排在粗车之后、半精车之前，以获得良好的物理力学性能。

表面淬火一般安排在精加工之前，这样可以纠正因淬火引起的局部变形。

精度要求高的轴，为减少变形，在局部淬火或粗磨之后，还需进行低温时效处理。

9.1.4 轴类零件常用的加工方法

1. 车削

轴类零件的主要加工方法是车削加工。主要的加工形式如下。

（1）荒车

自由锻件和大型铸件的毛坯，加工余量很大，为了减少毛坯外圆形状误差和位置偏差，使后续工序加工余量均匀，以去除外表面的氧化皮为主的外圆加工，一般切除余量为单面 1～5 mm。

（2）粗车

中小型锻、铸件毛坯一般直接进行粗车。粗车主要切去毛坯大部分余量（一般车出阶梯轮廓），在工艺系统刚度允许的情况下，应选用较大的切削用量以提高生产效率。

（3）半精车

一般作为中等精度表面的最终加工工序，也可作为磨削和其他加工工序的预加工。对于精度较高的毛坯，可不经粗车，直接半精车。

（4）精车

外圆表面加工的最终加工工序和光整加工前的预加工。

（5）精细车

高精度、细粗糙度表面的最终加工工序。适用于有色金属零件的外圆表面加工，这是因为有色金属不宜磨削，所以可采用精细车代替磨削加工。 但是，精细车要求机床精度高，刚性好，传动平稳，能微量进给，无爬行现象。车削中采用金刚石或硬质合金刀具，刀具主偏角选大些（45°～90°），刀具的刀尖圆弧半径小些，如 0.1～1.0 mm，以减少工艺系统中弹性变形及振动。

2. 磨削

适用于轴类零件精加工和硬表面的加工。

3. 滚压

滚压是冷压加工方法之一，属无屑加工。滚压加工是利用金属产生塑性变形从而达到改变工件的表面性能、获得工件尺寸形状的目的。

外圆表面的滚压加工一般可用各种相应的滚压工具，如滚压轮、滚珠等在普通卧室车床上对加工表面在常温下进行强行滚压，使工件金属表面产生塑性变形，修正金属表面的微观几何形状，减小加工表面粗糙度值，提高工件的耐磨性、耐蚀性和疲劳强度。例如经滚压后的外圆表面粗糙度可达 R_a0.4～0.25 μm，硬化层深度 0.2～0.05 μm，硬度提高 5%～20%。

滚压加工特点如下。

① 前道工序的表面粗糙度 R_a 不大于 5 μm，压前表面要洁净，直径方向的余量为 0.02～0.03 mm。

② 滚压不能提高工件的形状精度和位置精度，滚压后工件的形状精度及相互位置精度主要取决于前道工序的形状位置精度。前工序表面圆柱度、圆度较差则还会出现表面粗糙度不均匀的现象。

③ 滚压的对象一般只适宜塑性材料，并要求材料组织均匀。经滚压后的工件表面耐磨性、耐蚀性提高较为明显。

④ 滚压加工生产率高，工艺范围广，不仅可以用来加工外圆表面，对于内孔、端面的加工均可采用。

4. 研磨

研磨是一种古老、简便可靠的表面光整加工方法，属自由磨粒加工。在研磨过程中，研具在一定压力下与加工面作复杂的相对运动，处于研具和工件之间的磨粒与研磨剂分别起机械切削作用和物理、化学作用，使磨粒能从工件表面上切去极薄的一层材料，从而得到极高的尺寸精度和极好的表面粗糙度。

（1）研磨方法

① 手工研磨。研磨外圆时，工件夹持在车床卡盘上或用顶尖支撑，作低速回转，研具套在工件上，在研具与工件之间加入研磨剂，然后用手推动研具作往复运动。往复运动速度常选用 20～70m/min 为宜。

② 机器研磨。机器研磨效率高，可以单面研磨，也可以双面研磨。

此外，机器研磨不仅可以研磨外圆柱面、内圆柱面，还适用于平面、球面、半球面的表面研磨。

③ 嵌砂与无嵌砂研磨。根据磨料是否嵌入研具，研磨又可分为嵌砂和无嵌砂两种。

a. 嵌砂研磨。研具材料比工件软，组织均匀，具有一定弹性，变形小，表面无斑点等特点。常用材料如铁、铜、铅、软钢等。

在加工中，磨料直接加入工作区域内，磨粒受挤压而自动嵌入研具称自由嵌砂法。若是在加工前，事先将磨料直接挤压到研具表面中去的则称强迫嵌砂。此方法主要用于精密量具的研磨。

b. 无嵌砂的研磨。研具材料较硬，而磨料较软（如氧化铬等）。在研磨过程中，磨粒处于自由状态，不嵌入研具表面。研具材料常选用淬硬过的钢、镜面玻璃等。

（2）研磨剂和研具

① 研磨剂。研磨剂包含磨料、研磨液和辅助材料。磨料应具有高硬度，高耐磨性；磨粒要有适当的锐利性，在加工中破碎后仍能保持一定的锋刃；磨粒的尺寸要大致相近，使加工中尽可能有均匀的工作磨粒。研磨液使磨粒在研具表面上均匀散布，承受一部分研磨压力，以减少磨粒破碎，并兼有冷却、润滑作用。常用的研磨液是煤油、汽油、机油、动物油脂等。辅助材料，像硬脂酸或油酸等能使工件表面氧化物薄膜破坏，增加研磨效率。

② 研具。研磨工具简称研具，其作用是使研磨剂赖以暂时固着或获得一定的研磨运动，并将自身的几何形状按一定的方式传递到工件上。因此，制造研具的材料对磨料要有适当的嵌入性，研具必须有一定的刚性，这样它自身几何形状才能有长久的保持性。

（3）研磨特点

研磨能获得其他机械加工较难达到的稳定的高精度表面，研磨过的表面其表面粗糙度细；耐磨性、耐蚀性能良好；操作技术、使用设备、工具简单；被加工材料适应范围广，无论钢、铸铁、还是有色金属均可用研磨方法精加工，尤其对脆性材料更显特色。适用于多品种小批量的产品零件加工，因为只要改变研具形状就能方便地加工出各种形状的表面。但必须注意的是，研磨质量很大程度取决于前道工序的加工质量，效率较低。

5. 超精加工

超精加工实际上是摩擦抛光过程，是降低表面粗糙度的一种有效的光整加工方法。它具有设备简单、操作方便、效果显著、经济性好等优点。

超精加工使用细粒度磨条（油石）以较低的压力和切削速度对工件表面进行精密加工的方法，超精加工的切削过程与磨削、研磨不同，只能切去工件表面的凸峰，当工件表面磨平后，切削作用能自动停止。

6. 铣削

键槽的常用加工方法是铣削，铣削的尺寸公差 IT8～IT7，表面粗糙度 R_a1.6 μm。

7. 校直

毛坯在制造、运输和保管过程中，常会发生弯曲变形，为保证加工余量的均匀及装夹可靠，一般冷态下在各种压力机或校直机上进行校直，这往往是轴类零件加工第 1 道工序。

9.2 变速箱轴的加工

图 9-3 所示为某企业新产品变速箱主轴的零件图。在正式批量投产前，先进行小批量试制，以检验新产品的使用性能。作为企业的工艺技术人员，应该怎么做才能保证新产品主轴的顺利投产？

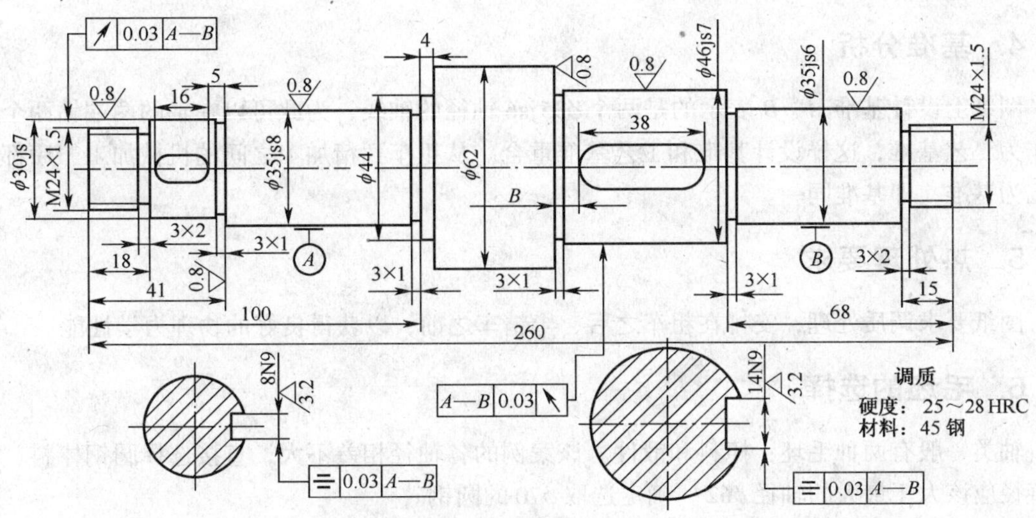

图 9-3　变速箱主轴

企业的工艺人员应该设计出符合企业生产实际的、切实可行的工艺文件。其工作的程序如下。首先，根据生产纲领确定生产类型，以便设计相应的工艺过程；其次，进行轴的工艺性分析；再次，轴的工艺文件的设计；最后，设计必要的工艺装备。

9.2.1　确定生产类型

案例 2 中，变速箱主轴被安排小批量试制，显然属小批量的生产类型。在工艺文件设计过程中，单件的生产节拍（分钟/件）不是考虑的主要问题，也不必组建专用生产线。工艺人员重点在于工艺过程和工艺装备的设计。

9.2.2　轴的工艺性分析

轴的工艺性分析主要是对图纸分析，其目的是确定主要的加工表面及对应的加工方法。有尺寸精度、几何精度和相互位置精度要求的表面一般为重要的加工表面。此外，表面粗糙度低的表面也是重要的加工表面。

1. 尺寸精度

ϕ30js7、ϕ35js6、ϕ46js7 的外圆轴表面有尺寸精度要求，因此要分粗加工、半精加工和精加工阶段；粗加工和半精加工在普通外圆车床上加工，精加工选择磨床。

2. 表面粗糙度

ϕ30js7、ϕ35js6、ϕ46js7 的外圆轴表面及相应的轴肩的表面粗糙度为 0.8 μm，这些表面的表面粗糙度值很小，经济加工方法是磨削加工，在外圆磨床上进行。

3. 形位精度

圆跳动公差 ϕ0.03 mm、键槽的对程度公差 0.03 mm。

4. 基准分析

图纸上设计基准 *A*、*B* 表示的是两个 ϕ35js6 轴径的轴线，为此可以在轴的两端钻两个中心孔作为工艺基准，这样设计基准和工艺基准重合。从粗车到精加工之间的机械加工工序都以中心孔为基准，即基准同一。

5. 热处理要求

图纸要求调质处理，安排在粗车之后、半精车之前，以获得良好的物理力学性能。

6. 毛坯的选择

轴类一般有两种毛坯：棒料和锻件。该案例的各轴径相差不大，直接选择圆钢棒料。棒料的直径应该大于最大的轴径 ϕ62，确定选取 ϕ70 的圆钢。

9.2.3 工艺路线

工艺路线为：下料→车端面钻中心孔→粗车→调质处理→钳→半精车→车螺纹→铣键槽→磨外圆→检验→入库。

9.2.4 工艺文件编制

轴的工艺过程卡如表 9-1 所示。

9.2.5 关键工艺过程的程序分析

（1）下料

选择在带锯床上切断，保证长度 264±1 mm 。在轴的两端留加工余量的原因是锯床切割后，两端面不平整，查附表 12 通常情况下每端留大约 2 mm。

（2）车端面钻中心孔

车端面的进给量查附表 1，可以选取约 0.7 mm/r。

（3）粗车

粗车 3 个台阶，直径、长度的加工余量分别查附表 3 和附表 4，可以确定均留 2 mm。调头车削另外 4 个台阶，同样直径、长度的加工余量均留 2 mm。

（4）钳

修研两端中心孔。调质处理和工件转运过程中，有可能使得中心孔热变形或者磕碰变形。诸如变速箱内等高速旋转的轴，在热处理之后最好修研一下中心孔，对于低速或者不重要的轴，也可以省去这个工序。

（5）半精车

采用双顶尖装夹车削台阶，可以使后面的磨外圆工序的切削余量沿直径方向均匀分布，有利于保证加工精度。查附表 5 可知直径方向上加工余量留 0.5 mm。螺纹部分的直径公差取负偏差。

（6）铣键槽

键槽的深度尺寸，可以通过计算工艺尺寸链的方式确定。图 9-4 所示为该工序的键槽深度工艺尺寸链图，封闭环尺寸 $A_0 = 41.5_{-0.20}^{\ 0}$，键槽的深度尺寸为 A_1。由工艺尺寸链可以计算得到 $A_1 = 41.75_{-0.206}^{-0.0185}$。查附表 6 和附表 7 可以选铣削用量每齿进给量约 0.03 mm/r，铣削速度约 20 m/min。

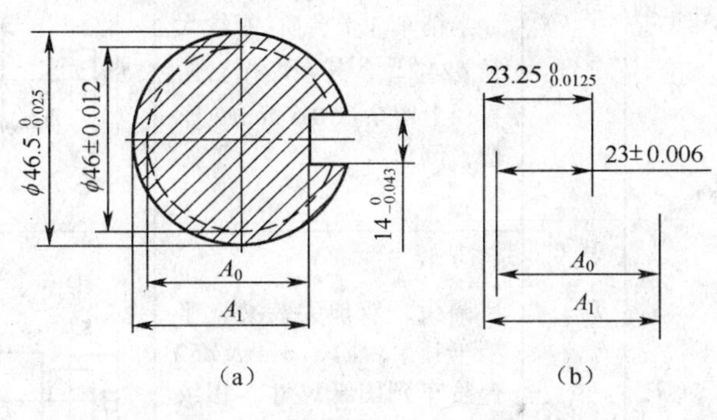

图 9-4　键槽工艺尺寸链图

（7）磨外圆

该工序主要涉及砂轮型号和磨削用量的选择。查附表 8 选择磨料为刚玉，粒度为 F60～F100 之间，硬度为 L～N 之间的砂轮。磨削用量查附表 9 和附表 10。

（8）检验

检验每一个尺寸，尤其要重点检验有尺寸精度和形位公差要求的项目，均满足图纸要求时，合格。

表 9-1　　变速箱主轴工艺过程卡

工序号	工种	工序内容	加工简图	定位基准	设备
1	下料	$\phi 70 \times 260$			锯床
2	锻	自由锻			
3	热	正火			
4	车	三爪卡盘夹持工件，车端面见平，钻中心孔，用尾架顶尖顶住（一夹一顶），粗车 3 个台阶，直径、长度均留 2 mm	12.5　φ48　φ37　12.5　φ26　12.5　66　118	外圆 中心孔	车床
		调头三爪卡盘夹持工件另一端，车端面，保证总长 262 mm，钻中心孔，用尾架顶尖顶住，粗车另外 4 个台阶，直径、长度均留 2 mm	φ65　12.5　φ37　12.6　φ32　φ26　12.6　12.5　38　93　262	外圆 中心孔	车床
5	热	调质处理 24～28HRC			
6	钳	修研两端中心孔			

续表

工序号	工种	工序内容	加工简图	定位基准	设备
7	车	双顶尖装夹 半精车 3 个台阶，螺纹大径 $\phi24_{-0.20}^{-0.10}$，其余两个台阶直径上留余量 0.5 mm，车槽，倒角	$\phi46_{-0.2}^{0}$ $\phi35.6_{-0.2}^{0}$ $\phi24_{-0.3}^{-0.2}$ 3×1.5 3×0.5 3×0.5	外圆中心孔	车床
		调头，双顶尖装夹，半精车其余台阶，$\phi44$ 及 $\phi52$ 台阶车到图纸尺寸，螺纹大径 $\phi24_{-0.20}^{-0.10}$，其余两个台阶直径上留余量 0.5 mm，车槽，倒角	$\phi52$ $\phi44$ $\phi35.6_{-0.2}^{0}$ $\phi30.6$ $\phi24_{-0.1}^{-0.2}$ 18 38 95 99 3×0.5	外圆中心孔	车床
		双顶尖装夹，车一端螺纹到尺寸，调头，双顶车另一端螺纹到尺寸		外圆中心孔	车床
8	钳	画两个键槽线			
9	铣	铣两个键槽，深度比图纸多 0.25 mm，以备磨削余量			铣床
10	钳	修研两端中心孔			
11	磨	磨右边 $\phi35js6$、$\phi46js7$，靠磨 $\phi46js7$ 右端面，靠磨 $\phi62$ 右端面，调头，磨另一 $\phi35js6$、$\phi36js7$，靠磨 $\phi35js6$ 左端面			磨床
12	检	检验			

9.3 齿轮的加工概述

9.3.1 齿轮的功能和结构特点

齿轮传动是传递机器动力和运动的一种主要形式，是机械传动中应用最为广泛的传动形式之一，齿轮传动广泛应用于机床、汽车、飞机、船舶、精密仪器等行业中，因此，在机械制造中，齿轮生产占有极其重要的位置。

齿轮因其在机器中的功能不同而结构不同，但总是由齿圈和轮体组成。齿圈上均布着直齿、斜齿等轮齿，而轮体上有轮辐、轮毂、孔、键槽等。按齿圈上轮齿的分布形式，轮齿可分为直齿轮、斜齿轮、人字齿轮等，按轮体的结构形式，齿轮又分为盘类、齿轮轴、齿条等。

齿轮传动具有如下特点。

① 效率高。在常用的机械传动中，以齿轮传动效率为最高，一般可以达到 95%以上，精度较高的圆柱齿轮副可以达到 99%，这对大功率传动有很大的经济意义。

② 结构紧凑。比带、链传动所需的空间尺寸小。

③ 传动比稳定。传动比稳定往往是对传动性能的基本要求。齿轮传动获得广泛应用，正是由于其具有这一特点。

④ 工作可靠、寿命长。设计制造正确合理、使用维护良好的齿轮传动，工作十分可靠，寿命可长达 20 年，这也是其他机械传动所不能比拟的。这对车辆及在矿井内工作的机器尤为重要。

⑤ 速度范围大。齿轮的圆周线速度可以为 0.1～200 m/s 或更高；转速可以从 1r/min 到 20 000 r/min 或更高。

但是齿轮传动的制造及安装精度要求高，价格较贵，且不宜用于传动距离过大的场合，低精度齿轮在传动时会产生噪声和振动。但是近些年来，由于新技术、新设备的不断应用，齿轮的加工成本已经大幅度地降低了，使得齿轮应用的范围更大了。

9.3.2 齿轮的精度要求

齿轮制造精度的高低直接影响到机器的工作性能、承载能力、噪声和使用寿命，因此根据齿轮的使用要求，对齿轮传动提出 4 个方面的精度要求。

1. 传递运动的准确性

要求齿轮在一转中的转角误差不超过一定范围。使齿轮副传动比变化小，以保证传递运动准确。

2. 传递运动的平稳性

要求齿轮在一齿转角内的最大转角误差在规定范围内。使齿轮副的瞬时传动比变化小，以保证传动的平稳性，减少振动、冲击和噪声。

3. 载荷分布的均匀性

要求齿轮工作时齿面接触良好，并保证有一定的接触面积和符合要求的接触位置，以保证载荷分布均匀。不至于齿面应力集中，引起齿面过早磨损，从而降低使用寿命。

4. 传动侧隙的合理性

要求啮合轮齿的非工作齿面间留有一定的侧隙，方便于存储润滑油，补偿弹性变形和热变形及齿轮的制造安装误差。

国家标准 GB10095—1988《渐开线圆柱齿轮精度》对齿轮、齿轮副规定了 12 个精度等级，其中第 1 级最高，第 12 级最低。

9.3.3 齿轮的材料、热处理和毛坯

齿轮应按照使用时的工作条件选用合适的材料。齿轮材料的选择对齿轮的加工性能和使用寿命都有直接的影响。

速度较高的齿轮传动，齿面容易产生疲劳点蚀，应选择齿面硬度较高而硬层较厚的材料；有冲击载荷的齿轮传动，轮齿容易折断，应选择韧性较好的材料；低速重载的齿轮传动，轮齿容易折断，齿面易磨损，应选择机械强度大，齿面硬度高的材料。

45 钢热处理后有较好的综合机械性能。经过正火或调质可改善金相组织和材料的可切削性，降低加工后的表面粗糙度，并可减少淬火过程中的变形。因为 45 钢淬透性差，整体淬火后材料变脆，变形也大，所以一般采用齿面表面淬火，硬度可达 52～58HRC。适合于机床行业，IT7 以下的齿轮。

40Cr 是中碳合金钢，和 45 钢相比，少量铬合金的加入可以使金属晶粒细化，提高强度，改善淬透性，减少了淬火时的变形。

使齿轮获得高的齿面硬度而心部又有足够韧性和教高的抗弯曲疲劳强度的方法是渗碳淬火，一般选用低碳合金钢 18CrMnTi，它具有良好的切削性能，渗碳时工件的变形小，淬火硬度可达到 56～62HRC，残留的奥氏体量也少，多用于汽车、拖拉机中承载大而有冲击的齿轮。38CrMoAlA 氮化钢经氮化处理后，比渗碳淬火的齿轮具有更高的耐磨性与耐腐蚀性，变形很小，可以不磨齿，所以综合成本低，多用来作为高速传动中需要耐磨的齿轮材料。

铸铁容易铸成复杂的形状，容易切削，成本低，但其抗弯强度、耐冲击和耐磨性能差。故常用于受力不大、无冲击、低速的齿轮。

有色金属作为齿轮材料的有黄铜 HP b59-1 青铜 QSNP10-1 和铝合金 LC4。

非金属材料中的夹布胶木、尼龙、塑料也常用于制造齿轮。这些材料具有易加工、传动噪声小、耐磨、减振性好等优点，使用于轻载、需减振、低噪声、润滑条件差的场合。

钢料齿坯最常用的热处理为正火或调质。正火安排在铸造或锻造之后，切削加工之前。这样可以消除钢件中残留的铸造或锻造内应力，并且使铸造或锻造后组织上的不均匀性通过重新结晶得到细化而均匀的组织，从而改善了切削性能和表面粗糙度，还可以减少淬火时变形和开裂的倾向。调质同样起到了细化晶粒和均匀组织的作用，只不过它可以使齿坯韧性更高些，但切削性能差一些。

对于棒料齿坯，正火或调质一般安排在粗车之后，这样可以消除粗车形成的内应力。

轮齿常用的热处理为高频淬火、渗碳、氮化、真空淬火等。

高频淬火可以形成比普通淬火稍高硬度的表层，并保持了心部的强度与韧性。

渗碳可以使齿轮在淬火后表面具有高硬度且耐磨，心部依然保持一定的强度和较高的韧性。

氮化是将齿轮置于氨气中并加热到 520℃～560℃，使活性氮原子渗入轮齿表面层，形成硬度很高的氮化物薄层。

在齿轮生产中，热处理质量对齿轮加工精度和表面粗糙度以及使用寿命影响很大。往往因热处理质量不稳定，引起齿轮定位基面及齿面变形过大或表面粗糙度太大而大批报废，成为齿轮生产中的关键问题。例如，有时淬火后硬化层过硬，这样，会在硬化层表面产生了显微裂纹，如果不加处理的话，齿轮就会很快断齿失效。

9.3.4 齿轮毛坯的制造

齿轮毛坯的选择取决于齿轮的材料、结构形式与尺寸、使用条件、生产批量等因素，毛坯形式主要有下料件、锻件、铸件。下料件用于小尺寸、结构简单而且对强度要求低的齿轮。锻件多用于齿轮要求强度高、耐冲击和耐磨。当齿轮直径大于 400 mm 时，常用铸造方法铸造齿坯。为了减少机械加工量，对大尺寸、低精度齿轮，可以直接铸出轮齿；压力铸造，精密铸造、粉末冶金、热扎和冷挤等新工艺，可制造出具有轮齿的齿坯等新工艺，可制造出具有轮齿的齿坯，以提高劳动生产率，节约原材料。

齿坯加工，在齿轮的整个加工过程中占有重要的位置。齿轮的孔、端面或外圆常作为齿形加工的定位、测量和装配的基准，其加工精度对整个齿轮的精度有着重要的影响。另外，齿坯加工在齿轮加工总工时中占有较大的比例，因此齿坯加工在整个齿轮加工中占有重要的地位。

9.3.5 齿轮的加工方法

1. 齿轮齿形的加工原理

齿圈上的齿形加工是整个齿轮加工的核心。尽管齿轮加工有许多工序，但都是为齿形加工服务，其目的在于最终获得符合精度要求的齿轮。

齿形加工方法可分为无屑加工和切削加工两类。无屑加工主要有热扎、冷扎、压铸、注塑、粉末冶金等，无屑加工生产率高，材料消耗小，成本低，但由于受到材料塑性和加工精度低的影响，目前尚未广泛应用。齿形切削加工加工精度高，应用广，按照加工原理，可分为成形法和展成法。

（1）成形法

成形法采用与被加工齿轮断面齿槽形状相同的刀刃的成形刀具，在齿坯上加工成齿形的方法来进行加工，成形铣削一般在普通铣床上进行，如图 9-5 所示。

铣削时工件安装在分度头上，铣刀旋转对工件进行加工，工作台作直线进给运动，加工完一个齿槽，分度头将工件转过一定角度，再加工另一个齿槽。依次加工出所有齿槽。

（2）展成法

展成法加工齿轮是利用齿轮啮合原理进行的，即把齿轮副（齿条—齿轮或齿轮—齿轮）中的一个制作为刀具，另一个则为工件，并强制刀具和工件作严格的啮合运动而展成切出齿廓。如图 9-6 所示在滚齿机上滚齿加工的过程，相当于一对交错轴斜齿轮互相啮合运动的过程，如图 9-6（a）所示，只是其中一个斜齿轮齿数较少，且分度圆上螺旋升角也很小，所以它变成了如图 9-6（b）中所示的蜗杆，再将蜗杆开槽并铲背、淬火、刃磨，变成了如图 9-6（c）中所示的滚刀。当机床使滚刀和工件严格地按一对斜齿圆柱齿轮啮合的传动比关系作旋转运动时，滚刀就可在工件上连续不断地切出齿来。

利用展成法，同一模数和齿形角而齿数不同的齿轮可以用同一把刀具加工，这是展成法的突出特点，并且展成法加工的精度和效率都较高。

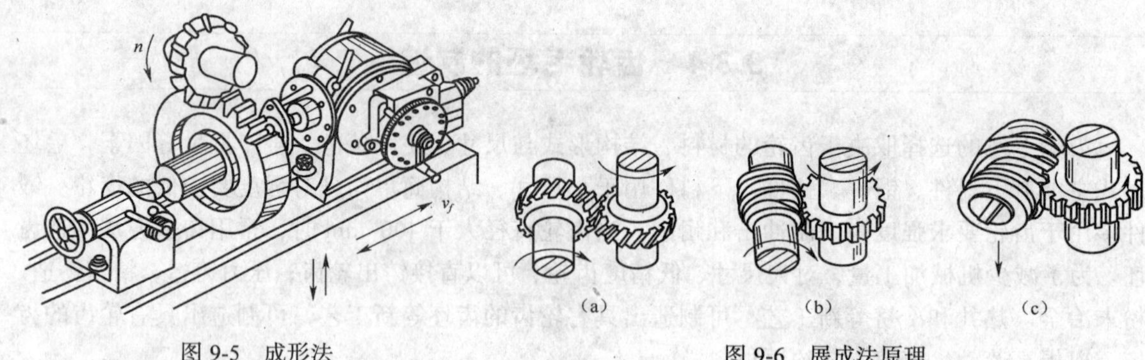

图 9-5　成形法　　　　图 9-6　展成法原理

2. 齿形加工方法

（1）滚齿加工

它是应用一对螺旋圆柱齿轮的啮合原理进行加工的，所用刀具称为齿轮滚刀。常用的滚刀为渐开线滚刀，即滚刀的基本蜗杆的螺纹表面是渐开线螺旋面。这种滚刀可以切出理论上完全理想的渐开线齿形，但这种滚刀制造及检查很困难，生产中很少采用。通常采用近似造型方法，如采用阿基米德基本蜗杆滚刀和法向直廓基本蜗杆滚刀。这两种滚刀基本蜗杆的螺纹表面在端面截形不是渐开线，分别是阿基米德螺线和延长渐开线。当滚刀分圆柱螺旋角很大，导程很小时，虽然它们不是渐开线蜗杆，切出的齿轮齿形也不是理论上的渐形线齿形，但误差很小。由于阿基米德滚刀齿形误差更小，制造与检测更容易，生产中标准齿轮滚刀通常多采用这种类型滚刀。

滚齿是齿形加工中生产率较高、应用最广的一种加工方法。滚齿加工通用性好，既可加工圆柱齿轮，又可加工蜗轮；既可加工渐开线齿形又可加工圆弧、摆线等齿形；既可加工小模数、小直径齿轮，又可加工大模数、大直径齿轮。

（2）插齿加工

插齿加工，其加工原理是展成法原理。它用来加工内、外啮合的圆柱齿轮，尤其适合于加工内齿轮和多联齿轮，这是滚齿机无法加工的。装上附件，插齿机还能加工齿条，但插齿机不能加工蜗轮。如图 9-7 所示，插齿机加工原理为模拟一对圆柱齿轮的啮合过程，其中一个是工件，另一个是齿轮齿形刀具（插齿刀），它与被加工齿轮的模数和压力角相同。直齿插齿刀的切削刃在插齿刀前端面上的投影是渐开线，当插齿刀沿其轴线方向往复运动时，切削刃的轨迹像一个直齿圆柱齿轮的齿面，这个假想的齿轮称为“产形”齿轮。插齿机是按展成法加工圆柱齿轮的。

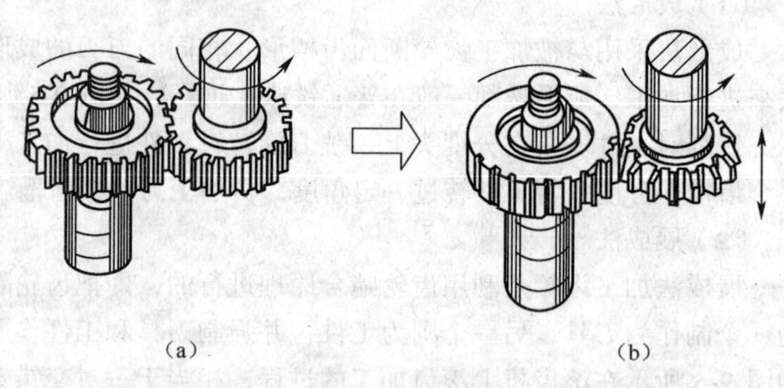

图 9-7　插齿原理

插齿开始时，插齿刀和工件除作展成运动外，还要作相对的径向切入运动，直到全齿深为止；然后，工件再旋转一周，全部轮齿就切削完毕，插齿刀与工件分开，机床停止。插齿刀在往复运动的回程时不切削。为了减少刀刃的磨损，还需要有让刀运动，即刀具在回程时径向退离工件，切削时复原。

（3）磨齿

磨齿机常用来对淬硬的齿轮进行齿廓的精加工，也可直接在齿坯上磨出小模数的轮齿。磨齿能消除齿轮淬火后的变形，纠正齿轮预加工的各项误差，因而加工精度较高。磨齿后，精度一般可达 6 级。有的磨齿机可磨削 3、4 级精度的齿轮。

（4）研齿

研齿在研齿机进行。按照研齿机使用砂轮的不同，可以分为蝶形砂轮型磨齿机、大平面砂轮型磨齿机和锥形砂轮磨齿机。在蝶形砂轮型磨齿机上，用两个蝶形砂轮代替齿条的两个齿侧面，如图 9-8（a）所示。在大平面砂轮型磨齿机上，用大平面的端面代替齿条的一个齿侧面，如图 9-8（b）所示。在锥形砂轮磨齿机上，用锥形砂轮的侧面代替齿条的一个齿，但砂轮比齿条的一个齿略窄，如图 9-8（c）所示。

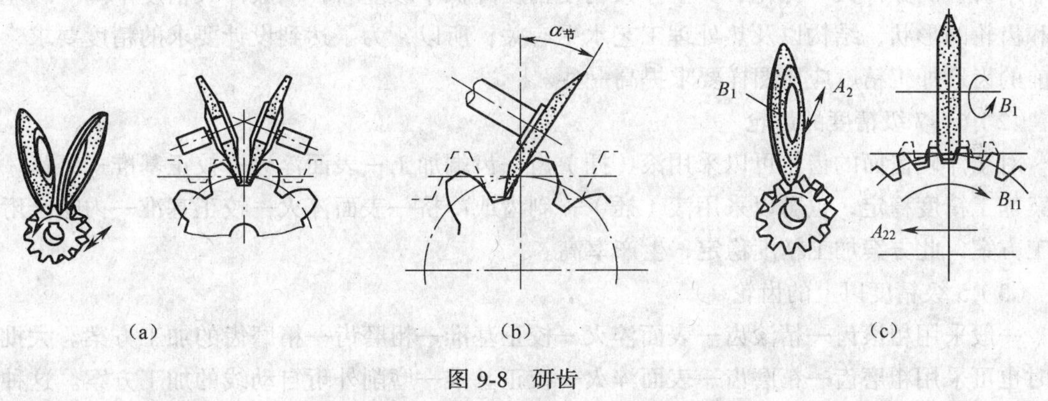

图 9-8　研齿

9.3.6　齿轮的加工工艺分析

1. 齿坯加工工艺方案

齿坯加工工艺方案主要取决于齿轮的轮体结构，技术要求和生产类型。齿坯加工的主要内容有：齿坯的孔、端面、顶尖孔（轴类齿轮）以及齿圈外圆和端面的加工。对于轴类齿轮和套筒齿轮的齿坯，其加工过程和一般轴、套类基本相同，以下主要讨论盘类齿轮齿坯的加工工艺方案。

（1）单件小批生产的齿坯加工

一般齿坯的孔、端面及外圆的粗、精加工都在通用车床上经两次装夹完成，但必须注意将孔和基准端面的精加工在一次装夹内完成，以保证位置精度，这一点一定要注意。

（2）成批生产的齿坯加工

成批生产齿坯时，经常采用“车—拉—车”的工艺方案。

① 以齿坯外圆或轮毂定位，粗车外圆、端面和内孔。

② 以端面定位拉孔。

③ 以孔定位精车外圆及端面等。

（3）大批量生产的齿坯加工

大批量生产，应采用高生产率的机床和高效专用夹具加工。在加工中等尺寸齿轮齿坯时，均多采用如下“钻—拉—多刀车”的工艺方案。

① 以毛坯外圆及端面定位进行钻孔或扩孔。

② 拉孔。

③ 以孔定位在多刀半自动车床上粗、精车外圆、端面、车槽、倒角等。

2. 齿形加工方案

主要取决于齿轮的精度等级，结构形状、生产类型和齿轮的热处理方法及生产工厂的现有条件，对于不同精度等级的齿轮，常用的齿形加工方案如下。

（1）8 级或 8 级精度以下的齿轮加工方案

对于不淬硬的齿轮用滚齿或插齿即可满足加工要求；对于淬硬齿轮可采用滚（或插）—齿端加工—齿面热处理—修正内孔的加工方案。这是因为热处理会产生变形，导致齿轮精度下降，一般来讲，高频淬火、氮化、真空淬火精度精度降低半级左右，一般淬火精度下降一级左右，这和齿轮的形状、结构以及热处理工艺水平有关，所以，为了达到设计要求的精度要求，热处理前的齿形加工精度应比图样要求提高一些。

（2）6～7 级精度的齿轮

对于淬硬齿面的齿轮可以采用滚（插）齿—齿端加工—表面淬火—校正基准—磨齿，这种方案加工精度稳定；也可以采用滚（插）—剃齿或冷挤—表面淬火—校正基准—内啮合珩齿的加工方案，此方案加工精度稳定，生产率高。

（3）5 级精度以上的齿轮

一般采用粗滚齿—精滚齿—表面淬火—校正基准—粗磨齿—精磨齿的加工方案。大批量生产时也可采用粗磨齿—精磨齿—表面淬火—校正基准—磨削外珩自动线的加工方案。这种加工方案的齿轮精度可稳定在 5 级以上，且齿面加工纹理十分错综复杂，噪声极低，是品质极高的齿轮。

另外，由于新技术的不断发展，现在已经有了更多的加工方法。其中电火花线切割是很成熟的一种，但这种加工方法加工出的齿轮粗糙度可能不如意，这点请注意。

9.3.7 齿轮的工艺设计

齿轮加工工艺过程大致要经过如下几个阶段：毛坯热处理、齿坯加工、齿形加工、齿端加工、齿面热处理、精基准修正、齿形精加工等。

第 1 阶段是齿坯最初进入机械加工的阶段。由于齿轮的传动精度主要决定于齿形精度和齿距分布均匀性，而这与切齿时采用的定位基准（孔和端面）的精度有着直接的关系，所以，这个阶段主要是为下一阶段加工齿形准备精基准，使齿的内孔和端面的精度基本达到规定的技术要求。在这个阶段中除了加工出基准外，对于齿形以外的次要表面的加工，也应尽量在这一阶段的后期加以完成。

第 2 阶段是齿形的加工。对于不需要淬火的齿轮，一般来说这个阶段也就是齿轮的最后加工阶段，经过这个阶段就应当加工出完全符合图样要求的齿轮来。对于需要淬硬的齿轮，必须在这个阶段中加工出能满足齿形的最后精加工所要求的齿形精度，所以这个阶段的加工是保证齿轮加工精度的关键阶段。应予以特别注意。

第 3 阶段是热处理阶段。在这个阶段中主要对齿面的淬火或化学热处理，使齿面达到规定的硬度要求。

加工的最后阶段是齿形的精加工阶段。这个阶段的目的，在于修正齿轮经过淬火后所引起的齿形变形，进一步提高齿形精度和降低表面粗糙度，使之达到最终的精度要求。在这个阶段中首先应对定位基准面（孔和端面）进行修整，因淬火以后齿轮的内孔和端面均会产生变形，如果在淬火后直接采用这样的孔和端面作为基准进行齿形精加工，是很难达到齿轮精度的要求的。以修整过的基准面定位进行齿形精加工，可以使定位准确可靠，余量分布也比较均匀，以便达到精加工的目的。

9.4 典型齿轮的加工

9.4.1 调质热处理的齿轮

图 9-9 所示为调质齿轮，安排它的加工工艺。

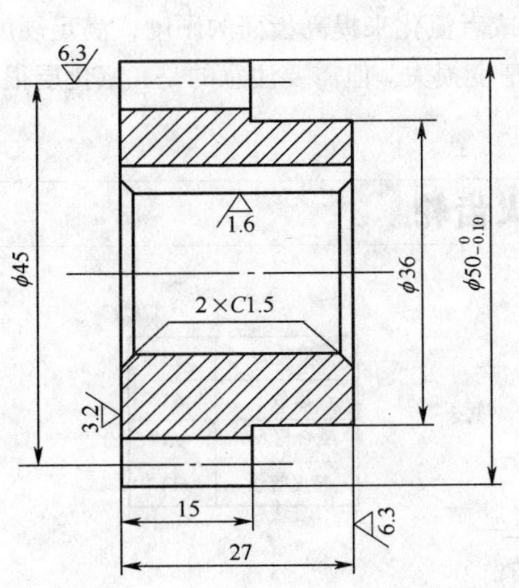

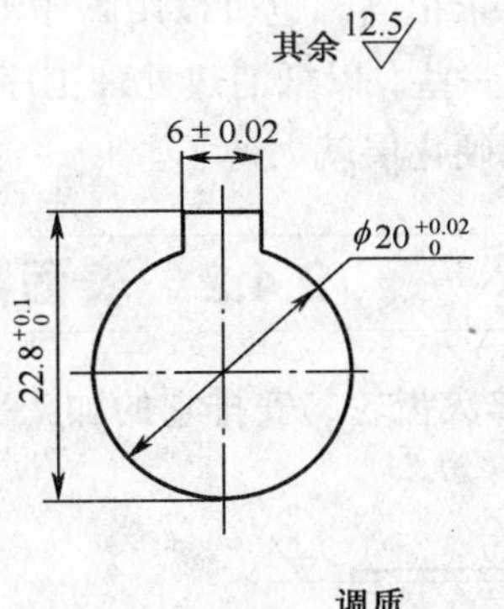

模数 m	18
齿数 z	2.5
啮合角 α	20°
精度等级	8FL

调质
硬度：25～28 HRC

材料：45 钢

图 9-9　调质齿轮

1. 工艺路线

工艺路线为：下料—锻造—正火—粗加工—调质—滚齿—插键槽—检验。

2. 工艺过程

工艺过程如表 9-2 所示。

表 9-2　　调质齿轮工艺过程

序号	工序内容	定位基准	设备
1	下料		
2	锻，自由锻		
3	正火		
4	夹持大端外圆，车另一端及端面，调头车另一端	外圆、端面	车床
5	调质处理 24～28HRC		
6	精车到尺寸，倒角	外圆端面	车床
7	粗、精滚至尺寸	内圆端面	滚齿机
8	画键槽线		
9	铣键槽		插床
10	检验		

3. 关键工序分析

这种齿轮滚齿工序有时也可用插齿或铣齿来代替，但效率较低。

这个零件由于齿轮总宽只有 27 mm，所以用三爪卡盘夹持，只要保证内圆和左端面一次装夹加工即可，这样，滚齿的基准就可以保证精度了；如果齿轮总宽较大，可采用一夹一顶的定位方法，像齿轮轴这样的零件。但加工时要保证齿轮轴的定位轴径和定位端面要一次装夹加工，目的同样是为了保证滚齿的基准精度。

如果是在不重要的场合，也可以不经过锻造工序。如果对耐磨性要求不高时，也可省略调质工序。如果对耐磨性要求很高，也可以用高频淬火或者氮化来提高齿面的硬度，满足硬度要求，但滚齿精度必须提高一些，以抵消热处理工序的精度损失。但需要注意的是，氮化层很薄，一般不能再磨削了，否则硬化层就太薄了。

9.4.2　表面淬火齿轮

图 9-10 所示为高频淬火齿轮，安排它的加工工艺。

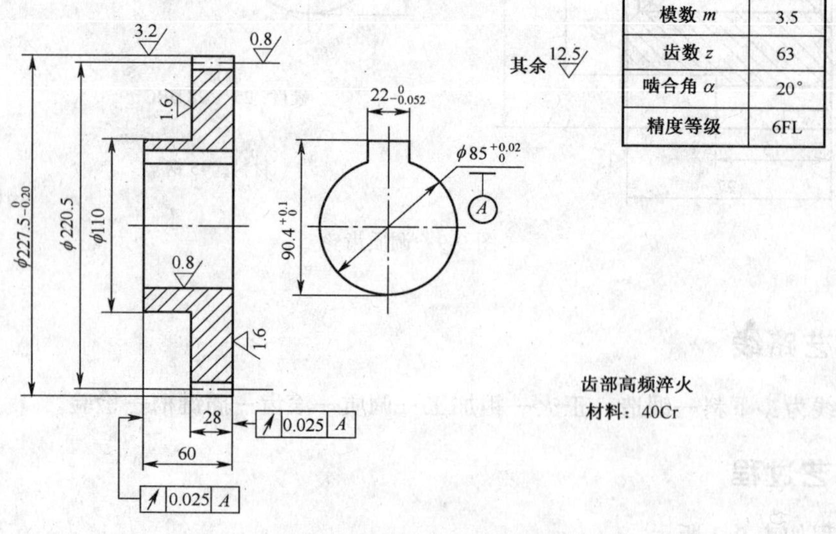

图 9-10　高频淬火齿轮

1. 工艺路线

工艺路线为：下料—锻造—正火—粗加工—精加工—检验—滚齿—齿部高频淬火—插键槽—磨内孔及端面—磨齿—检验。

2. 工艺过程

工艺过程如表 9-3 所示。

表 9-3 工艺过程

序号	工序内容	定位基准	设备
1	下料		
2	自由锻		
3	正火		
4	粗车	外圆、端面	车床
5	精车，内孔和总长留 0.5 mm 余量，其余部分加工到尺寸	外圆端面	车床
6	检验		
7	粗、精滚，留 0.5 mm 余量	内孔端面	滚齿机
8	齿部高频淬火		
9	画键槽线		
10	插键槽		插床
11	找正内孔和大端面，磨内孔	内孔端面	内圆磨床
12	磨另一端面	内孔端面	平面磨床
13	磨齿	内孔端面	磨齿机
14	检验		

3. 关键工序分析

这种精度的齿轮只能采用高频淬火，不能采用氮化、真空淬火的方式，否则键槽无法加工。键槽加工应放在高频淬火后，保证键槽的精度。

高频淬火前，有公差要求的地方，都要留后道工序的加工余量，加工余量的大小要根据高频淬火的工艺水平，可尽量小一些，这样能提高加工效率，节约加工成本。

同上例，这个零件由于齿轮总宽小，所以在第 11 道、第 12 道工序时可用三爪卡盘夹持磨，找正内圆和磨端面，这样，磨齿的基准就可以保证精度了。

9.4.3 齿面须经渗碳或渗氮的齿轮

图 9-11 所示为渗碳齿轮，安排它的加工工艺。

1. 工艺路线

工艺路线为：毛坯制造—正火—齿坯粗加工—正火或调质—齿坯半精加工—齿面粗加工—渗

碳或渗氮—齿坯半精加工—齿面半精加工—淬火—齿坯精加工—齿面精加工，或者是渗碳合金钢锻坯—正火高温回火—粗车—正火—超声波探伤—半精车—渗碳淬火—精车—铣键槽—磨削—磨齿—割键槽—磁粉检验—入库。

2. 工艺过程

工艺过程如表 9-4 所示。

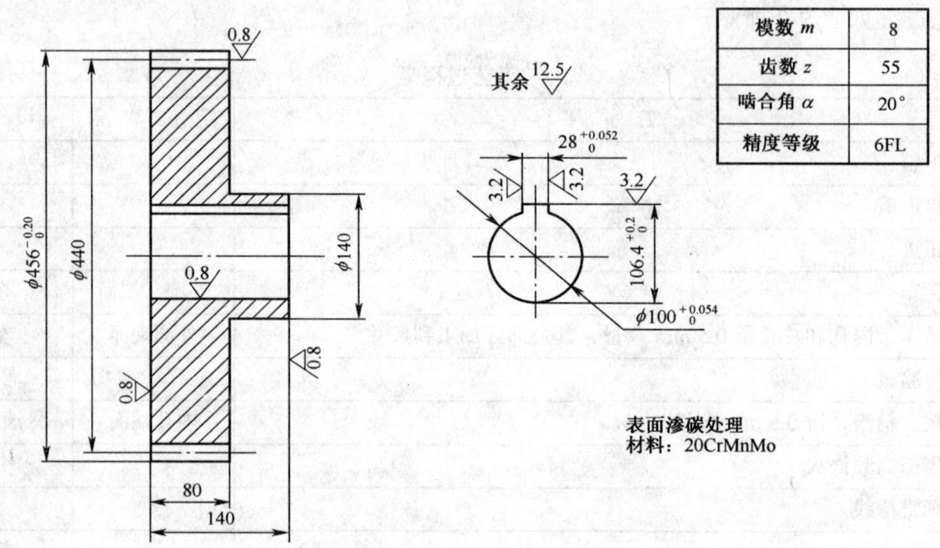

图 9-11 渗碳齿轮

表 9-4 工艺过程

工序号	工 序 内 容	定 位 基 准	设 备
1	下料		
2	锻、自由锻		空气锤
3	热处理、正火		
4	粗车全部尺寸，留 2 mm 余量	外圆、端面	车床
5	粗滚，留磨齿余量 0.3 mm	内孔、端面	滚齿机
6	超声波探伤		
7	渗碳		
8	精车到如图 9-11 尺寸所示	外圆、端面	车床
9	淬火，硬度 52～58HRC		
10	靠磨大端面	内孔	外圆磨床
11	磨两端面到尺寸	端面	平面磨床
12	画键槽线		
13	铣键槽		插床
14	找正内孔和大端面，磨内孔		内圆磨床
15	磨齿到尺寸		磨齿机
16	磁粉探伤		
17	检验		

3. 关键工序分析

这种齿轮往往用在非常重要的地方，所以对材料内部要求很高，第 1 次探伤是检查材料内部是否有缺陷，第 2 次探伤是检查轮齿表面是否有显微裂纹，因为热处理硬度太高或者热处理工艺问题都会引起轮齿在磨削后产生显微裂纹，这些裂纹在实际工况条件下，会产生断齿等问题。处理的方法，如果齿轮还有余量的话，用很小的进刀量慢慢磨掉裂纹，这些裂纹一般很浅；如果没有余量，只有报废了。

9.5 套筒类零件的加工概述

9.5.1 套筒类零件的功能与结构特点

套筒类零件是机械中常见的一种零件，它的应用范围很广。例如，支承旋转轴的各种形式的滑动轴承、夹具上引导刀具的导向套、内燃机气缸套、液压系统中的液压缸以及一般用途的套筒，如图 9-12 所示。由于其功能不同，套筒类零件的结构和尺寸有着很大的差别，但其结构上仍有共同点，即：零件的主要表面为同轴度要求较高的内外圆表面；内孔与外圆直径之差较小，故零件壁的厚度较薄且易变形；零件长度一般大于直径等。

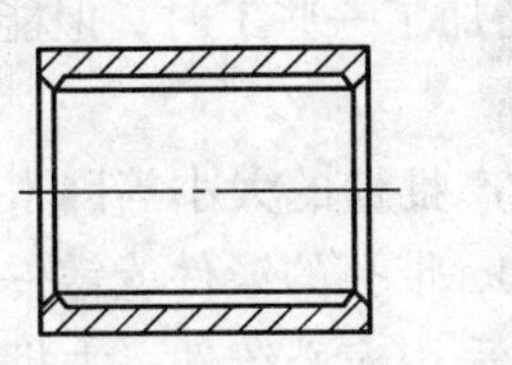
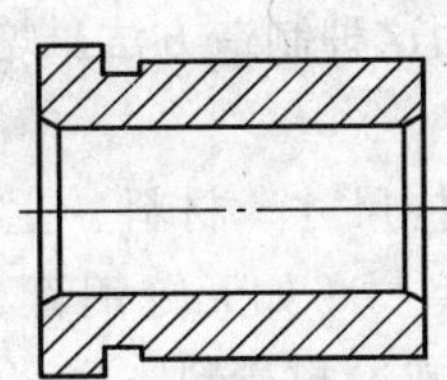
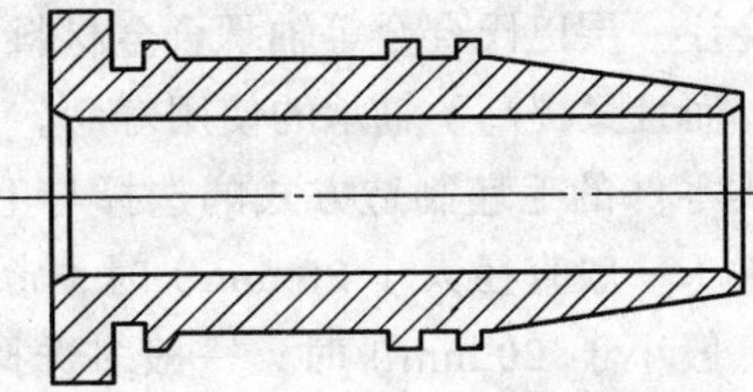

图 9-12 套筒类零件

9.5.2 套筒类零件技术要求

套筒类零件的外圆表面多以过盈或过渡配合形式与机架或箱体孔配合起支承作用。内孔主要起导向作用或支承作用，常与运动轴、主轴、活塞、滑阀相配合。有些套筒的端面或凸缘端面有定位或承受载荷的作用。套筒类零件虽然形状结构不一，但仍有共同特点和技术要求，根据使用情况可对套筒类零件的外圆与内孔提出如下要求。

1. 内孔与外圆的精度要求

外圆直径精度通常为 IT7～IT5，表面粗糙度 R_a 为 5～0.63 μm，要求较高的可达 0.04 μm；内孔作为套类零件支承或导向的主要表面，要求内孔尺寸精度一般为 IT7～IT6，为保证其耐磨性要求，对表面粗糙度要求较高，R_a 一般为 2.5～0.16 μm。有的精密套筒及阀套的内孔尺寸精度要求为 IT5～IT4，也有的套筒（如油缸、气缸缸筒）由于与其相配的活塞上有密封圈，故对尺寸精度要求较低，一般为 IT9～IT8，但对表面粗糙度要求较高，R_a一般为 2.5～1.6 μm。

2. 几何形状精度要求

通常将外圆与内孔的几何形状精度控制在直径公差以内即可；对精密轴套有时控制在孔径公差的 1/2～1/3，甚至更严；对较长套筒除圆度有要求以外，还应有孔的圆柱度要求。套筒类零件外圆形状精度一般应在外径公差内。

3. 位置精度要求

主要应根据套类零件在机器中功能和要求而定。如果内孔的最终加工是在套筒装配（如机座或箱体等）之后进行时，可降低对套筒内、外圆表面的同轴度要求；如果内孔的最终加工是在装配之前进行时，则同轴度要求较高，通常同轴度为 0.01～0.06 μm。当外圆表面表面不需要加工时内、外圆表面的同轴度要求很低。

定位或承受载荷或不承受载荷但加工时是作为定位基准面时，对端面与外圆和内孔轴心线的垂直度要求较高，一般为 0.05～0.02 μm。

9.5.3 套筒类零件的材料、毛坯及热处理

套筒类零件毛坯材料的选择主要取决于零件的功能要求、结构特点及使用时的工作条件。

套筒类零件一般用钢、铸铁、青铜或黄铜和粉末冶金等材料制成。有些特殊要求的套类零件可采用双层金属结构或选用优质合金钢，双层金属结构是应用离心铸造法在钢或铸铁轴套的内壁上浇注一层巴氏合金等轴承合金材料，采用这种制造方法虽增加了一些工时，但能节省有色金属，而且又提高了轴承的使用寿命。

套类零件的毛坯制造方式的选择与毛坯结构尺寸、材料、生产批量的大小等因素有关。孔径较大（一般直径大于 20 mm）时，常采用型材（如无缝钢管）、带孔的锻件或铸件；孔径较小（一般小于 20 mm）时，一般多选择热轧或冷拉棒料，也可采用实心铸件；大批大量生产时，可采用冷挤压、粉末冶金等先进工艺，不仅节约原材料，而且生产率及毛坯质量精度均可提高。

套筒类零件的功能要求和结构特点决定了套筒类零件的热处理方法有渗碳淬火、表面淬火、调质、高温时效及渗氮。

9.5.4 套筒类零件的工艺分析

套筒类零件的加工表面主要有端面、外圆表面、内圆（孔）表面。端面和外圆加工，通常在车床上进行，相对比较容易。内圆（孔）与外圆相比，孔加工的难度较大，所使用刀具的直径，长度和安装等都受到被加工孔尺寸的限制，因此，加工同样尺寸精度的内孔和外圆时，则孔加工比较困难，往往需要较多的工序。

常用的孔加工方法有：钻孔、扩孔、铰孔、镗孔、拉孔、磨孔以及各种孔的光整加工和特种加工。

9.6 轴承套的加工

图 9-13 所示为某企业新产品轴承套的零件图，先小批量试制以检验其性能，试安排加工工艺。

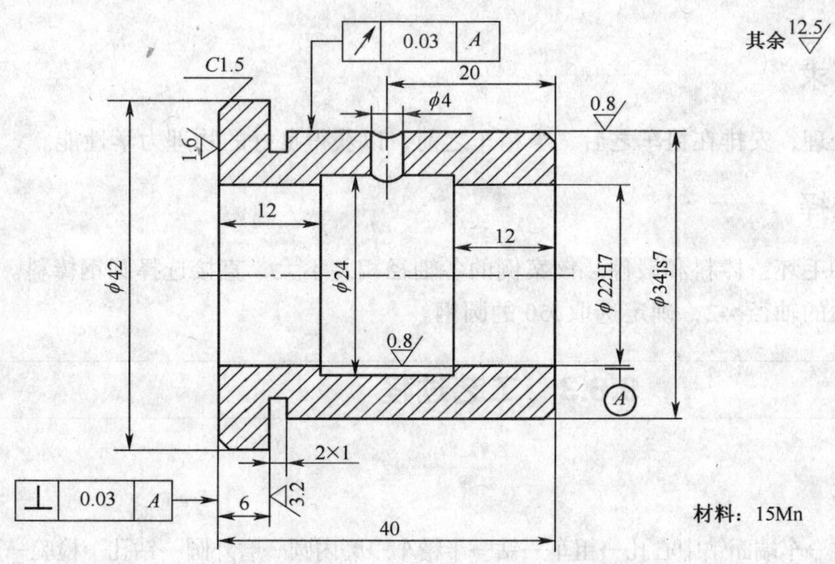

图 9-13 轴承套

9.6.1 确定生产类型

案例 3 中，轴承套被安排小批量试制，显然属小批量的生产类型。在工艺文件设计过程中，单件的生产节拍（分钟/件）不是考虑的主要问题，也不必组建专用生产线。工艺人员重点在于工艺过程和工艺装备的设计。

9.6.2 轴承套的工艺性分析

1. 尺寸精度

ϕ34js7 外圆和ϕ22H7 内圆表面有尺寸精度要求，因此要分粗加工、半精加工和精加工阶段；粗加工和半精加工在普通外圆车床上加工，精加工选择磨床。

2. 表面粗糙度

ϕ30js7 外圆和ϕ22H7 内圆表面粗糙度为 0.8 μm，这些表面的表面粗糙度值很小，经济加工方法是磨削加工；在万能磨床上进行。

3. 形位精度

圆跳动公差ϕ0.03mm 、端面的垂直度公差 0.03 mm 。

4. 基准分析

图纸上设计基准 *A* 表示的是ϕ22H7 轴径的轴线，为此可以在轴的两端钻两个中心孔作为工艺基准，这样设计基准和工艺基准重合。从粗车到精加工之间的机械加工工序都以中心孔为基准，即基准同一。

5. 热处理要求

图纸要求调质处理，安排在粗车之后、半精车之前，以获得良好的物理力学性能。

6. 毛坯的选择

轴类一般有两种毛坯：棒料和锻件。该案例的各轴径相差不大，直接选择圆钢棒料。棒料的直径应该大于最大的轴径ϕ42，确定选取ϕ50 的圆钢。

9.6.3 工艺过程

1. 工艺路线

工艺路线为:下料→车端面钻中心孔→粗车→钻→半精车→磨内圆→磨外圆→钻孔→检验→入库。

2. 工艺过程

工艺过程如表 9-5 所示。

表 9-5　　轴承套加工工艺过程

序号	工 序 内 容	定位与夹紧
1	棒料，按 5 件合一加工下料	
2	车端面，钻中心孔； 调头车另一端面，钻中心孔	外圆
3	车外圆ϕ42 长度为 6.5 mm，车外圆ϕ34js7 为ϕ35 mm，车空刀槽 2×0.5 mm，取总长 40.5 mm，车分割槽ϕ20×3 mm，两端倒角 1.5×45°，5 件同加工，尺寸均相同	中心孔
4	钻孔ϕ22H7 至ϕ20 mm，成单件	外圆
5	车端面，取总长 40 mm 至尺寸 车内孔ϕ22H7 为ϕ21.5 mm 车内槽ϕ24×16 mm 至尺寸 孔两端倒角	软爪夹ϕ42 mm 外圆
6	磨ϕ22H7 至尺寸，靠磨左端面	外圆
7	磨ϕ34js7 至尺寸	芯轴装卡、内孔、端面
8	钻径向油孔ϕ4 mm	钻模
9	检验	

3. 关键工序分析

① 磨削外圆直接夹持较困难，效率太低，应当设计一个磨削芯轴，如图 9-14 所示。图中芯轴和工件内孔配合的外圆直径应选为较松的过渡配合或较紧的间隙配合，长度尺寸为 39，目的是使得能把工件夹持牢固，端部用螺母、垫片拧紧，另外芯轴靠近工件左端面的轴径应比工件小一些，这样以方便工件拆卸。

② 钻ϕ4 孔的这道工序，如果手工划线、打样冲也较麻烦，效率也很低，应设计一个钻模，这样效率、精度都会大幅度提高，如图 9-15 所示。图中钻模和工件外圆配合的内孔直径应选为较松的间隙配合 D9，原因是孔的形位公差没有特殊要求，拆装也方便。

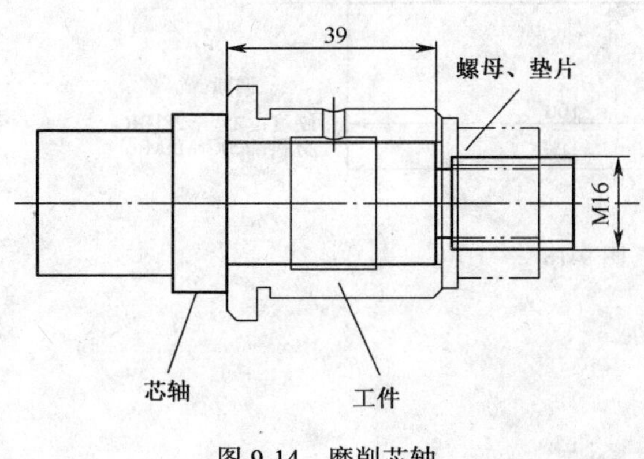

图 9-14 磨削芯轴

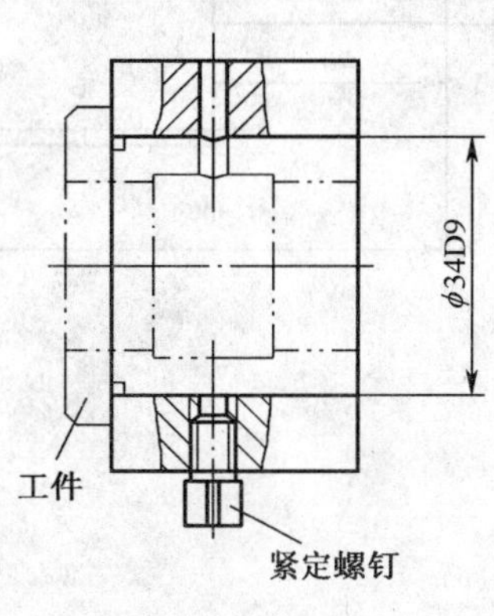

图 9-15 钻模

复习思考题

1. 加工要求精度高、表面粗糙度小的紫铜或铝合金轴外圆时，应选用哪种加工方法？为什么？
2. 外圆粗车、半精车和精车的作用、加工质量和技术措施有何不同？
3. 外圆磨削前为什么只进行粗车和半精车，而不需要精车？
4. 磨削为什么能达到较高的精度和较小的表面粗糙度？
5. 如何设计轴类零件加工的工艺路线？轴类零件的加工方法有哪些？举例说明。
6. 套筒类零件的毛坯常选用哪些材料？毛坯选择有什么特点？
7. 钻削与铰削一般能达何种精度等级和表面粗糙度？
8. 保证套筒类零件的相互位置精度有哪些方法？试举例说明这些方法的特点和适应性。
9. 加工薄壁类套筒时，工艺上有哪些技术难点？采用哪些措施来解决？
10. 试归纳总结各种孔加工方法的工艺特点及其适应性。
11. 扩孔、铰孔为什么能达到较高的精度和较小的表面粗糙度？
12. 试述齿轮的功用、结构特点和分类。
13. 试述齿轮材料的种类、热处理方法和使用范围。
14. 在不同生产类型条件下，齿坯加工是怎样进行的？如何保证齿坯内外圆同轴度及定位用的端面与内孔的垂直度？齿坯精度对齿轮加工精度有什么影响？

15. 选择齿形加工的方案的依据是什么？请分析单件小批生产类型常选用磨齿方案的理由。

16. 根据图 9-16 所示，设计工艺卡片。

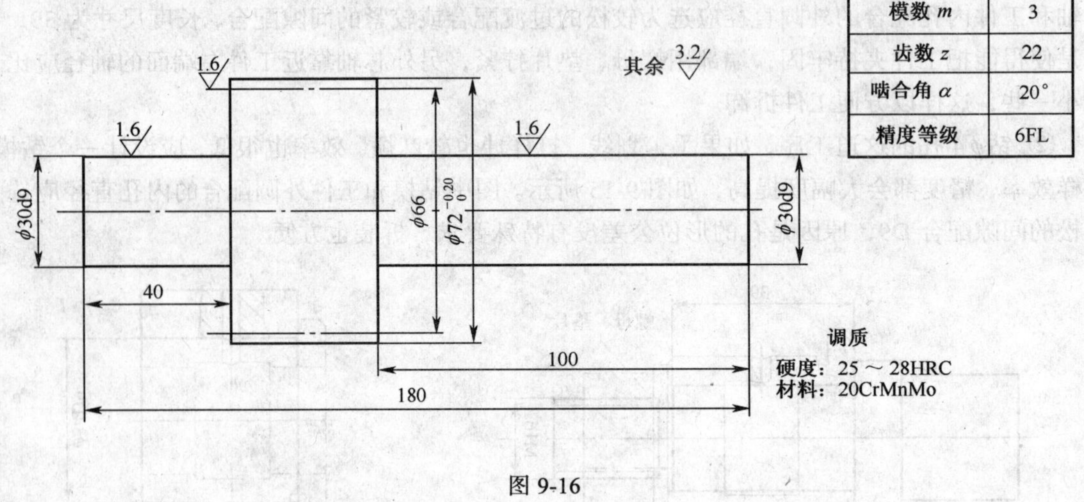

图 9-16

第10章 零件的组装

10.1 概述

任何机械产品都是由许多零件和部件组成的。根据规定的技术要求将零件或部件进行配合和连接，使之成为半成品或成品的工艺过程称为装配。

装配是整个机械制造过程中的最后一个环节。装配工作对机械质量影响很大，若装配不当，即使所有的零件都合格，也不一定能装配出合格的、高质量的机械。反之，若零件制造精度并不高，而在装配中采用适当的工艺方法，进行选配、刮研、调整等，也能使机械达到规定的要求。因此，制定合理的装配工艺规程，采用新的装配工艺，提高装配质量和装配劳动生产率，是机械制造工艺的一项重要内容。

10.1.1 装配的基本内容

机器装配是产品制造的最后阶段，装配过程中不是将合格零件简单地连接起来，而是要根据装配的技术要求，通过调整、修配、校正和反复检验等一系列工艺措施，最终保证产品质量的要求。常见的装配的工作主要有以下几项。

1. 清洗

机械装配过程中，零、部件的清洗对保证产品的装配质量和延长产品的使用寿命均有重要的意义。清洗的目的是去除零件表面或部件中的油污及机械杂质。清洗方法有擦洗、浸洗、喷洗和超声波清洗等。常用的清洗液有煤油、汽油、碱液及各种化学清洗液等。

清洗工艺的要点就是根据工件的清洗要求、工件的材料、生产批量的大小及油污、杂质的性质和粘附情况，正确选择清洗方法、清洗液和清洗时的温度、压力、时间等参数。此外，还应注意使清洗过的零件具有一定的防锈能力。

2. 连接

在装配过程中有大量的连接工作，连接的方式一般有两种，可拆卸连接和不可拆卸连接。

可拆卸连接是指在装配后可以很容易拆卸而不损坏任何零件，且拆卸后仍可重新装配在一起的连接。常见的可拆卸联接有螺纹连接、键连接和销连接。

不可拆卸连接是指在装配后一般不再拆卸，如要拆卸会损坏其中的某些零件的连接。常见的不可拆卸连接有焊接、铆接和过盈连接等。

3. 校正与配作

在产品装配过程中，特别在单件小批量生产时，为了保证装配精度，常需要进行一些校正和配作。这是因为完全靠零件精度来保证装配精度往往是不经济的，有时甚至是不可行的。

校正是指产品中相关零、部件间相互位置的找正、找平并通过各种调整方法以保证达到装配精度要求。配作是指配钻、配铰、配刮及配磨等，配作是和校正调整工作结合进行的。

4. 平衡

对于转速较高，运转平稳性要求高的机械，为防止使用中出现震动，装配时应对其旋转的零、部件进行平衡。

平衡有静平衡和动平衡两种。对于直径较大、长度较小的零件（如带轮和飞轮等），一般只需进行静平衡；对于长度较大的零件（如电机转子和机床主轴等），则需进行动平衡。

对旋转体的不平衡量可采用下述方法校正。

① 用钻、铣、磨、锉、刮等方法去除质量；

② 用补焊、铆接、胶接、喷涂、螺纹联接等方式加配质量；

③ 在预设的平衡槽内改变平衡块的位置和数量（如砂轮的静平衡）。

5. 验收试验

机械产品装配完后，应根据有关技术标准和规定，对产品进行较全面的检验和试验工作，合格后才准出厂。金属切削机床的验收试验工作通常包括机床几何精度的检验，空运转试验，负荷试验和工作精度试验等。

除上述装配工作外，油漆、包装等也属于装配工作。

10.1.2 装配的类型及特点

在装配过程中，可根据产品结构特点和批量大小不同，采用不同的装配组织形式。

1. 固定式装配

固定式装配是将产品或部件的全部装配工作安排在一固定的工作地上进行，装配过程中产品位置不变、装配所需的零、部件都汇集在工作地附近。

对于单件和中、小批量生产，或者装配时不便移动的大型机械，或装配时移动会影响装配精度的产品，宜采用固定式装配。

2. 移动式装配

移动式装配时将产品或部件置于装配线上，通过连续或间歇的移动使其顺次经过各装配工作地从而完成全部装配工作。移动式装配有固定节奏和自由节奏两种装配方法。

移动式装配的特点是，较细地划分装配工序，广泛采用专用设备及工装，生产效率高，对工人水平要求较低，质量容易保证，多用于大批量生产。

10.1.3 装配精度

装配精度是装配工艺的质量指标，可根据机器的工作性能来确定。正确的规定机器和部件的装配精度是产品设计的重要环节之一，不仅关系到产品质量，也影响产品制造的经济性。装配精度是制定装配工艺规程的主要依据，也是选择合理的装配方法和确定零件加工精度的依据。所以应正确规定机器的装配精度。

归纳起来，装配精度包括零部件间的相互配合精度、相互位置精度、相对运动精度、距离精度等。

1. 零部件间的相互配合精度

零部件间的相互配合精度包括配合表面间的配合精度和接触精度。配合精度是指零件配合表面之间达到规定的配合间隙或过盈的程度，它影响配合的性质和配合质量，已由国家标准《极限配合》来解决，如轴和孔的配合间隙或配合过盈的变化范围。接触精度是指两配合或连接表面间达到规定的接触面积的大小和接触点分布的情况，它影响接触刚度和配合质量，如导轨接触面，锥体配合和齿轮啮合处等，均有接触要求。

2. 相互位置精度

装配中的相互位置精度是指相关零部件的平行度、垂直度、同轴度及各种跳动等。例如台式钻床主轴轴线对工作台台面的垂直度、车床主轴的径向圆跳动等。

3. 相对运动精度

相对运动精度是指产品中有相对运动的零部件之间在运动方向和相对运动速度上的精度。运动方向的精度常表现为部件间相对运动的平行度和垂直度。如机床溜板在导轨上移动精度；溜板移动轨迹对主轴中心线的平行度。相对运动速度的精度即是传动精度，如滚齿机滚刀主轴与工作台的相对运动精度，它将直接影响滚齿机的加工精度。

4. 距离精度

距离精度是指相关的零部件的距离尺寸精度，如车床主轴与尾座的等高性精度、钻模夹具中钻套孔中心到定位元件工作面的距离尺寸等。此外，距离精度还包括配合面之间的配合间隙或过盈量、运动副的间隙要求等。

为了保证机械的装配精度，应从产品结构、机械加工及装配等方面进行综合考虑，选择适当的装配方法并合理地确定零件的加工精度。而装配尺寸链分析，是进行综合分析的有效手段。

10.2 装配尺寸链

10.2.1 装配尺寸链的基本概念

装配尺寸链是产品或部件在装配过程中，由相关零件的有关尺寸（表面或轴线间距离）或相互位置关系（平行度、垂直度或同轴度等）所组成的尺寸链。其基本特征是具有封闭性，即由一个封闭环和若干个组成环所构成的尺寸链呈封闭图形。装配尺寸链的封闭环就是装配所要保证的装配精度或技术要求，装配精度（封闭环）是零部件装配后才形成的尺寸或位置关系。在装配关系装配中，对装配精度有直接影响的零、部件的尺寸和位置关系，都是装配尺寸链的组成环。如同工艺尺寸链一样，装配尺寸链的组成环也有增环和减环之分。所谓增环是在其他各组成环不变的条件下，当某一组成环增大时，若封闭环随之增大，则此组成环为增环；若封闭环随之减少，则此组成环为减环。增环常于组成环字母代号上冠以“→”表示；减环冠以“←”表示，如 $\vec{A}_1$ 表示 A_1 为增环，$\overleftarrow{A}_2$ 表示为 A_2 为减环。

例如，图 10-1 所示为轴与孔配合的装配关系，装配后要求轴与孔之间保持一定的间隙。则轴孔间的间隙 A_0 就是该尺寸链的封闭环，它是由孔尺寸 A_1 与轴尺寸 A_2 装配后形成的尺寸。在这里，孔尺寸 A_1 增大，间隙 A_0（封闭环）亦随之增大，故 A_1 是增环；相反，轴尺寸 A_2 是减环。

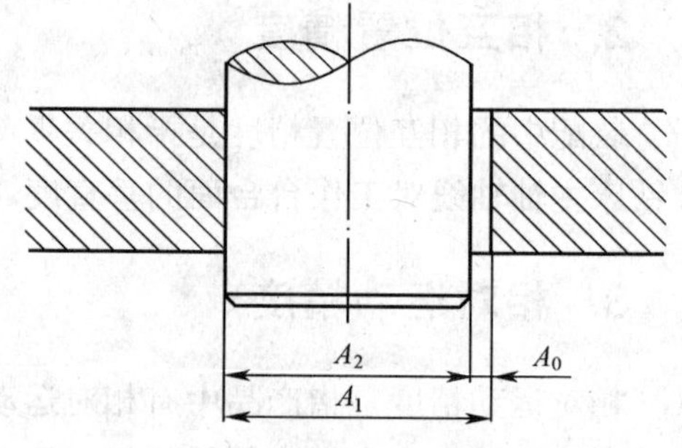

图 10-1 轴孔配合的装配尺寸链

装配尺寸链与工艺尺寸链有所不同。工艺尺寸链中所有尺寸都分布在同一个零件上，主要解决零件加工精度问题；而装配尺寸链中每一个尺寸都分布在不同零件上，每个零件的尺寸是一个组成环，有时两个零件之间的间隙等也构成组成环，装配尺寸链主要解决装配精度问题。

装配尺寸链可以按各环的几何特征和所处的空间位置不同而分为 4 类。

1. 直线尺寸链

由长度尺寸组成，且各环尺寸彼此平行，如图 10-1 所示。

2. 角度尺寸链

由角度、平行度、垂直度等构成，例如，卧式车床的精车端面的平面度要求工件直径 $D \leq 200$ mm 时，端面只许凹 0.015 mm。该项要求可简化为图 10-2 所示的角度尺寸链。其中 α_0 为封闭环，即该项装配精度 $T_{\alpha_0}=0.015/100$。图中，α_1 为主轴回转轴线与床身前棱形导轨在水平面内的平行度，α_2为溜板的上燕尾导轨对床身棱形导轨的垂直度。

3. 平面尺寸链

由成角度关系布置的长度尺寸构成，且各环处于同一或彼此平行的平面内。如图 10-3 所示。

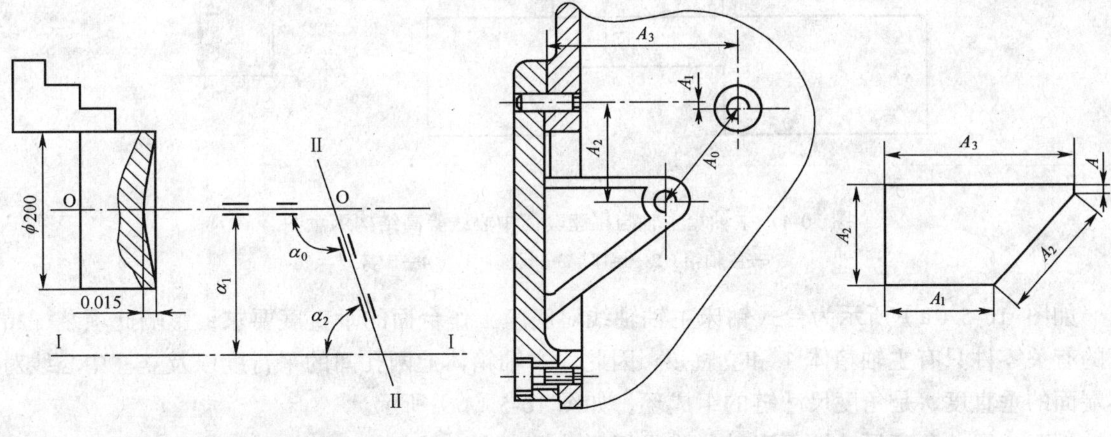

图 10-2 角度装配尺寸链　　图 10-3 平面装配尺寸链

4. 空间尺寸链

由位于三维空间的尺寸构成的尺寸链。但在一般机器装配中较为少见，故这里不作介绍。

10.2.2 装配尺寸链的建立

运用装配尺寸链去分析和解决装配精度问题，首先要正确建立装配尺寸链。该过程包括以下 3 个步骤。

① 确定封闭环：封闭环就是产品或者部件的装配精度要求。

② 列出组成环：组成环就是与装配精度有关的零部件的尺寸和相互位置关系。

③ 画出尺寸链简图：表明组成环和封闭环，并区别组成环是增环还是减环。

根据装配精度确定了封闭环后，查找组成环的方法如下。

正确地确定封闭环，并根据封闭环的要求查明各组成环。首先应在装配图上找出封闭环，封闭环代表装配后的精度或技术要求，然后以封闭环两端的零件为起点，沿装配精度要求的位置方向，以装配基准面为联系线索，分别查明装配关系中影响装配精度的那些有关零件，直到找回到同一基准零件或同一基准面为止。所有零件上连接两个装配基准面间的尺寸和位置关系，构成组成环。

当然，装配尺寸链也可以从封闭环的一端开始，依次查找相关零部件直至封闭环的另一端。也可以从共同的基准面或零件开始，分别查到封闭环的两端。

例如，图 10-4 所示的装配关系中，车床主轴与尾座中心线的等高度要求为精度指标，由此可以确定此尺寸为封闭环 A_0，其一端为主轴中心到床身导轨面的距离 A_1，按上述方法很快可以查出组成环 A_1，A_2 和 A_3。

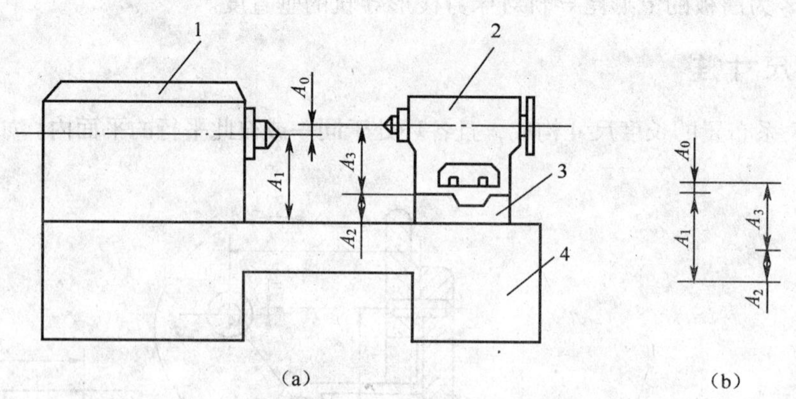

图 10-4 主轴箱主轴与尾座套筒中心线等高结构示意图

1—主轴箱 2—尾座 3—尾座底板 4—床身

如图 10-5（a）所示为台式钻床主轴轴线对底座工作台面的垂直度要求，影响此项装配精度的有关零件只有主轴箱体 1 和立柱 2。因此，主轴箱体上两孔间的平行度以及立柱中心线对其端面的垂直度，是角度尺寸链的组成环，如图 10-5（b）所示。

相互位置的角度尺寸链可以转化为平行尺寸链。在台钻工作台面上做其理想垂线，由于立柱端面安装在工作台面上，故其理想垂线也是立柱端面的理想垂线。因此，主轴中心对工作台面的垂直度可以转化为对理想垂线的平行度 A_0，立柱中心对其端面的垂直度也可以转化为对理想垂线的平行度 A_2，则角度尺寸链转化成平行尺寸链，如图 10-5（c）所示。

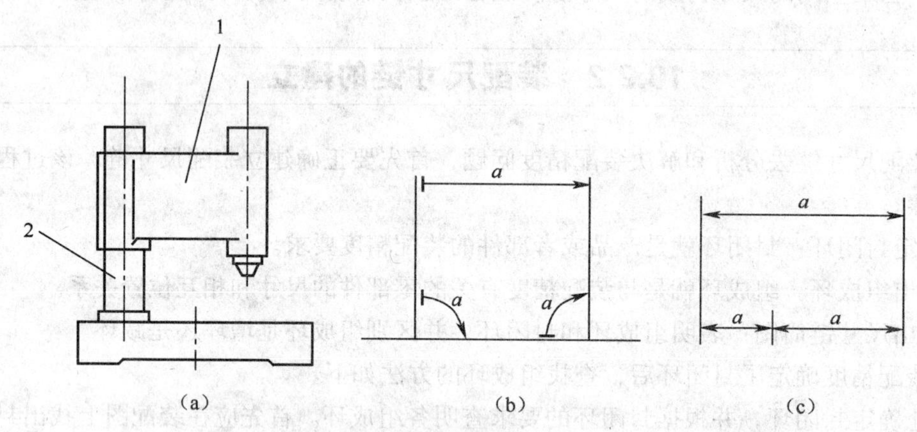

图 10-5 台式钻床装配尺寸链

1—主轴箱体 2—立柱

在建立装配尺寸链时，应注意以下几点。

1. 按一定层次分别建立产品与部件的装配尺寸链

机械产品一般都比较复杂，为便于装配和提高效率，整个产品多划分为若干部件，装配工作分为总装和部装。因此，应分别建立产品总装的尺寸链和部装的尺寸链。产品总装尺寸链以产品精度标准为封闭环，以总装中有关零件为组成环。部装尺寸链以部件装配精度要求为封闭环（总装时则为组成环），以有关零件为组成环。这样分层次建立的装配尺寸链比较清晰，表达的装配关系也更清楚。

2. 在保证装配精度的前提下，装配尺寸链可适当简化

图 10-4 所示的车床主轴与尾座中心线等高度的装配要求，影响该项装配精度的因素有：

A_1—— 主轴锥孔中心线至尾座底板距离；

A_2—— 尾座底板厚度；

A_3—— 尾座顶尖套锥孔中心线至尾座底板距离；

e_1—— 主轴滚动轴承外圆与内孔的同轴度误差；

e_2—— 尾座顶尖套锥孔与外圆的同轴度误差；

e_3—— 尾座顶尖套与尾座孔配合间隙引起的向下偏移量；

e_4—— 床身上安装主轴箱和尾座的平导轨间的高度差。

由上述分析可知，车床主轴与尾座中心线等高性的装配尺寸链可表示为如图 10-6 所示的结果。但由于 e_1、e_2、e_3、e_4 的数值相对 A_1、A_2、A_3 的误差而言是较小的，对装配精度影响也较小，故装配尺寸链可以简化为图 10-4（b）所示的结果。但在精密装配中，应计入所有对装配精度有影响的因素，不可随意简化。

3. 装配尺寸链的组成应符合最短线路（环数最少）原则

由尺寸链的基本理论可知，封闭环的公差等于各组成环的公差之和。当封闭环公差一定时，组成环公差越少，分配到各组成环的公差可越大。因此，在装配精度要求一定的条件下，为使各组成环的公差大一些，便于加工，要求组成环尽可能少一些。为此，必须使与装配精度有关的零件仅以一个相关尺寸列入尺寸链，这样，组成环的数目就等于有关零、部件的数目，即“一件一环”，这就是装配尺寸链的最短路线（环数最少）原则。

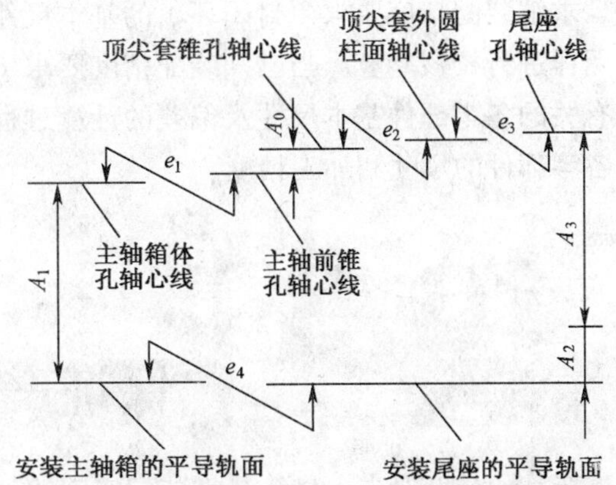

图 10-6 车床主轴与尾座中心线等高性的装配尺寸链

如图 10-7 所示，尾座套筒装配时，要求后盖 3 装入后，螺母 2 在尾座套筒内的轴向窜动不大于某一数值。由于后盖尺寸标注不同，可建立两个装配尺寸链，图 10-7（c）比图 10-7（b）多了一个组成环，其原因是 B_1 和 B_2 同在后盖 3 上，它们本身又构成了一个工艺尺寸链，其封闭环是 A_3，这个尺寸才是影响装配精度的相关尺寸，以 A_3 列入装配尺寸链，组成环的环数就可以减少。

4. 装配尺寸链的“方向性”

当同一装配结构在不同位置上有装配精度要求时，应按不同方向分别建立装配尺寸链。例如常见的蜗杆副传动结构，为保证正常啮合，蜗杆副两轴线间的距离精度、垂直度精度、蜗杆轴线与蜗杆之间平面的对称度精度均有一定要求，这是 3 个不同位置方向的装配精度，因此需要在 3 个不同方向分别建立尺寸链。

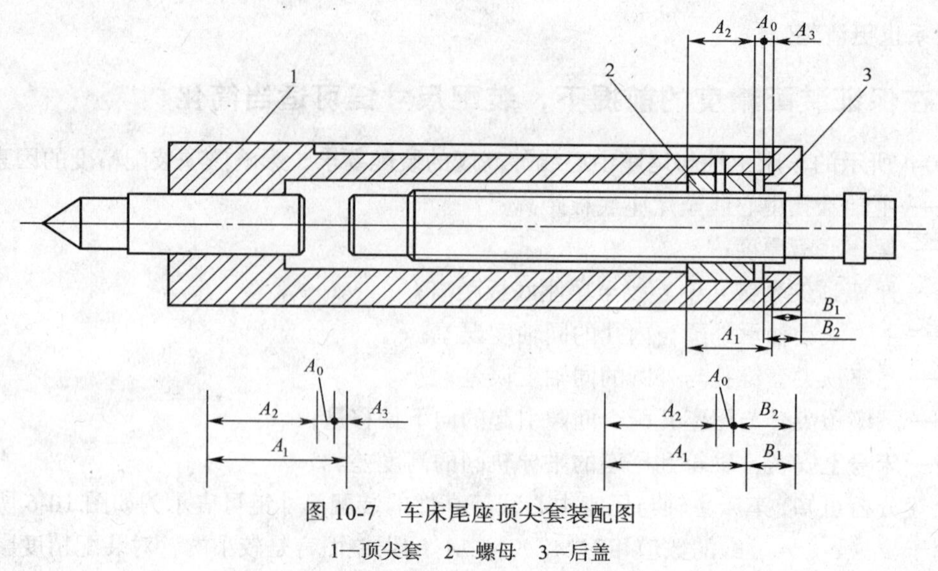

图 10-7　车床尾座顶尖套装配图
1—顶尖套　2—螺母　3—后盖

10.2.3　装配尺寸链的计算方法

装配方法与装配尺寸链的计算方法密切相关。同一项装配精度，采用不同装配方法时，其装配尺寸链的计算方法也不相同。

装配尺寸链的计算可分为正计算和反计算。已知与装配精度有关的各零部件的基本尺寸及其偏差，求解装配精度要求（封闭环）的基本尺寸及偏差的计算过程称为正计算，它用于对已设计的图样进行校核验算。当已知装配精度要求（封闭环）的基本尺寸及偏差，求解与该项装配精度有关的各零部件基本尺寸及偏差的计算过程称为反计算，它主要用于产品设计过程之中，以确定各零部件的尺寸和加工精度。

10.3　保证产品装配精度的方法

机械产品的精度要求，最终是靠装配实现的。用合理的装配方法来达到规定的装配精度，以实现用较低的零件精度，达到较高的装配精度，用最少的装配劳动量来达到较高的装配精度，即合理的选择装配方法，这是装配工艺的核心问题。

根据产品的性能要求，结构特点和生产形式，生产条件等，可采取不同的装配方法。保证产品装配精度的方法有：互换法、选择法、修配法和调整法。

10.3.1　互换装配法

机器或部件的所有合格零件，在装配时不经任何选择、调整和修配，装入后就可以是使全部或绝大部分的装配对象达到规定的装配精度和技术要求的装配方法称为互换法。

根据零件的互换程度不同，互换法又可分为完全互换法和大数互换法（不完全互换法）。

1. 完全互换法

合格的零件在进入装配后，不经任何选择、调整和修配就可以达到装配精度的装配方法，称为完全互换法。其实质是控制零件的加工误差来保证装配精度。这种装配方法常用于高精度的少环尺寸链或低精度多环尺寸链的大批量生产装配中。

完全互换装配法是用极值法来解装配尺寸链的，计算时在已知封闭环（装配精度）的公差，分配有关零件（各组成环）公差时，可按“等公差”原则确定组成环的平均公差 T_{av}，即

$$T_{av} = \frac{T_0}{m}$$

式中 T_0—— 封闭环的公差；

m—— 组成环的数目。

然后根据各组成环尺寸大小和加工的难易程度，对各组成环的平均公差在平均公差值的基础上作适当调整。

例 1 如图 10-8（a）所示齿轮部件装配，轴是固定不动的，齿轮在轴上回转，要求齿轮与挡圈的轴向间隙为 0.1～0.35 mm，已知：$A_1 = 30$ mm，$A_2 = 5$ mm，$A_3 = 43$ mm，$A_4 = 3_{-0.05}^{\ 0}$ mm（标准件），$A_5 = 5$ mm，现采用完全互换法装配，试确定各组成环的公差和极限偏差。

解 ① 画出装配尺寸链图，检验各环尺寸。

依据题意，封闭环 $A_0 = 0_{+0.10}^{+0.35}$ mm，封闭环公差 $T_0 = 0.25$ mm，A_3 为增环，A_1，A_2，A_4，A_5 为减环，封闭环的基本尺寸为

$$\begin{aligned} A_0 &= \vec{A_3} - (\overleftarrow{A_1} + \overleftarrow{A_2} + \overleftarrow{A_4} + \overleftarrow{A_5}) \\ &= 43 - (30 + 5 + 3 + 5) = 0 \end{aligned}$$

由计算可知，各组成环基本尺寸正确。

② 确定各组成环的公差。

计算各组成环的平均公差

$$T_{av} = \frac{T_0}{m} = \frac{0.25}{5} = 0.05\ (\text{mm})$$

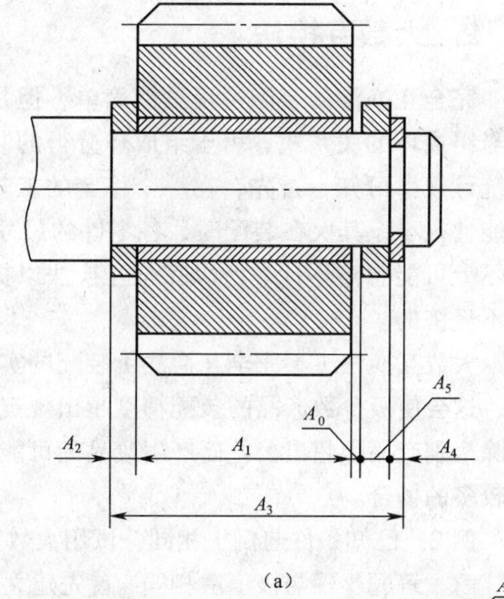

(a)

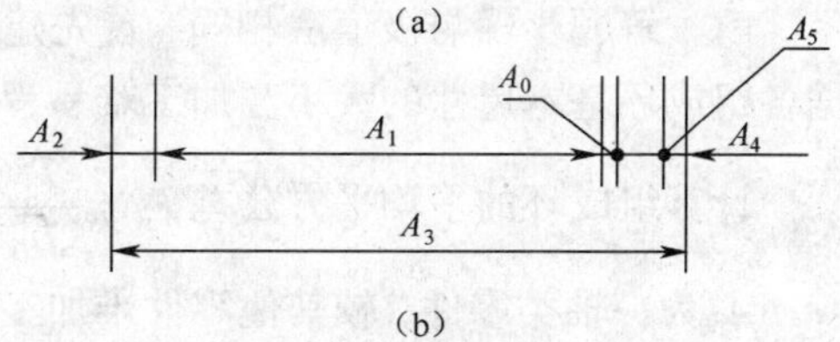

(b)

图 10-8 齿轮与轴的装配关系

A_5 为一垫片，易于加工和测量，因此这个组成环的公差与分布经计算后最后确定，以便于与其他组成环相协调，最后满足封闭环的精度要求，称为协调环。

A_4 为标准件，$A_4 = 3_{-0.05}^{\ 0}$ mm，$T_4 = 0.05$ mm，其余各组成环根据其尺寸和加工难易程度选择公差为：$T_1 = 0.06$ mm，$T_2 = 0.04$ mm，$T_3 = 0.07$ mm，各组成环公差等级约为 IT9。

③ 确定各组成环的公差带位置。

A_5 为协调环，其余组成环的公差均按“入体原则”分布，即 $A_1 = 30_{-0.06}^{\ 0}$ mm，$A_2 = 5_{-0.04}^{\ 0}$ mm，$A_3 = 43_{\ 0}^{+0.07}$ mm，$A_4 = 3_{-0.05}^{\ 0}$ mm。

协调环 A_5 的极值公差为 $T_5 = T_0 - (T_1 + T_2 + T_3 + T_4)$

$$= 0.25 - (0.06 + 0.04 + 0.07 + 0.05) = 0.03\ (\text{mm})$$

协调环 A_5 的上下偏差的计算如下：

$$ES(A_0) = \sum_{i=1}^{m} ES(\overrightarrow{A_i}) - \sum_{i=m+1}^{n-1} EI(\overleftarrow{A_i})$$

$$+0.35 = +0.07 - (-0.06 - 0.04 - 0.05 - EI(A_5))$$

$$EI(A_5) = -0.13\ \text{mm}$$

$$ES(A_5) = T_5 + EI(A_5) = 0.03 - 0.13 = -0.10\ (\text{mm})$$

所以，$A_5 = 5_{-0.13}^{-0.10}$ mm。

最后可得各组成环尺寸和极限偏差为

$A_1 = 30_{-0.06}^{\ 0}$ mm，$A_2 = 5_{-0.04}^{\ 0}$ mm，$A_3 = 43_{\ 0}^{+0.07}$ mm，$A_4 = 3_{-0.05}^{\ 0}$ mm，$A_5 = 5_{-0.13}^{-0.10}$ mm。

2. 大数互换法

完全互换法的装配过程虽然简单，但是它是根据增、减环同时出现极值情况下建立封闭环与组成环的关系式，由于组成环分得的制造公差过小常使零件加工过程产生困难。根据数理统计规律可知，首先，在一个稳定的工艺系统中进行大批量加工时，零件尺寸出现极值的可能性很小，其次在装配时，各零件的尺寸同时为极大、极小的“极值组合”的可能性更小，实际上可能忽略不计。所以完全互换法以提高零件加工精度为代价来换取完全互换装配显然是不经济的。

大数互换法（不完全互换法）装配的实质是将组成环的制造公差适当放大，使零件容易加工，这会使极少数产品的装配精度超出规定要求，所以需要在装配时采取适当的工艺措施，以排除个别产品因超出公差而产生废品的可能性。大数互换法用于封闭环精度要求较高而组成环又较多的场合。

例 2 已知条件与例 1 相同，试用大数互换法确定各组成环的公差及上、下偏差。

解 解题步骤与极值法相同，首先建立装配尺寸链，然后计算组成环的平均公差 T_{av}，再根据各组成环基本尺寸的大小和加工难易程度确定各组成环的公差及其分布。

计算组成环的平均平方公差 $T_{av} = \dfrac{T_0}{\sqrt{m}} = \dfrac{0.25}{\sqrt{5}} \approx 0.11\ (\text{mm})$

A_3 为一轴类零件，较其他零件难加工，现选择较难加工零件 A_3 为协调环，以平均平方公差为基础，参考各零件尺寸和加工难易程度，从严选取各组成环公差。

$T_1 = 0.14$ mm，$T_2 = T_5 = 0.08$ mm，其公差等级为 IT10。$A_4 = 3_{-0.05}^{\ 0}$ mm（标准件），$T_4 = 0.05$ mm。

按照“入体原则”确定各组成环的公差带的位置，即：$A_1 = 30_{-0.14}^{\ 0}$ mm，$A_2 = 5_{-0.08}^{\ 0}$ mm，$A_4 = 3_{-0.05}^{\ 0}$ mm，$A_5 = 5_{-0.08}^{\ 0}$ mm。

协调环 A_3 的公差 $T_3 = \sqrt{T_0^2 - (T_1^2 + T_2^2 + T_4^2 + T_5^2)}$

$$= \sqrt{0.25^2 - (0.14^2 + 0.08^2 + 0.05^2 + 0.08^2)} = 0.16\ (\text{mm})$$

各组成环的中间偏差为 $\Delta_1 = -0.07$ mm，$\Delta_2 = \Delta_5 = -0.04$ mm，$\Delta_4 = -0.025$ mm，封闭环的

中间偏差 Δ_0= 0.225 mm。

协调环 A_3 的中间偏差为

$$\Delta_0=\overrightarrow{\Delta_3}-(\overleftarrow{\Delta_1}+\overleftarrow{\Delta_2}+\overleftarrow{\Delta_4}+\overleftarrow{\Delta_5})$$

$$\Delta_3=0.225-0.07-0.04-0.025-0.04=0.05\,(\text{mm})$$

协调环 A_3 的上、下偏差为

$$ES(A_3)=\Delta_3+\frac{1}{2}T_3=0.05+\frac{1}{2}\times0.16=0.13\,(\text{mm})$$

$$EI(A_3)=\Delta_3-\frac{1}{2}T_3=0.05-\frac{1}{2}\times0.16=-0.03\,(\text{mm})$$

所以，协调环 $A_3=43^{+0.13}_{-0.03}$ mm。

最后可得各组成环尺寸分别为

$A_1=30^{\ 0}_{-0.14}$ mm，$A_2=5^{\ 0}_{-0.08}$ mm，$A_3=43^{+0.13}_{-0.03}$ mm，$A_4=3^{\ 0}_{-0.05}$ mm，$A_5=5^{\ 0}_{-0.08}$ mm。

10.3.2 选择装配法

选择装配法是将尺寸链中组成环的公差放大到经济可行的程度，然后选择合适的零件进行装配，以保证装配精度的要求。这种装配方法常应用于装配精度要求较高而组成环数又较少的成批或大批量生成中。

选择装配法有 3 种不同的形式：直接选配法、分组装配法和复合选配法。

1. 直接选配法

在装配时，工人从许多待装配的零件中，直接选择合适的零件进行装配，以保证装配精度的要求。

这种装配方法的优点是能达到很高的装配精度，其缺点是装配时，工人凭经验和必要的判断性测量来选择零件。所以，装配所需时间不易准确控制，装配精度在很大程度上取决于工人技术水平。这种装配方法不宜用于生产节拍要求较严的大批量流水作业中。

另外，采用直接选配法装配，一批零件严格按照同一精度要求装配时，最后可能出现无法满足要求的剩余零件，当各零件加工误差分布规律不同时，剩余零件可能更多。

2. 分组装配法

当封闭环精度要求很高时，采用完全互换法或大数互换法解尺寸链，组成环公差非常小，使加工十分困难而又不经济，这时，在零件加工时，常将各组成环的公差相对完全互换法所求数值放大数倍，使其尺寸能按经济精度加工，再按实际测量尺寸将零件分为数组，按对应组分别进行装配，以达到装配精度的要求。由于同组内零件可以互换，故这种方法又称为分组互换法。

在汽车发动机中，活塞销与活塞销孔的配合要求是很高的。图 10-9（a）所示为某厂汽车发动机活塞销与活塞销孔的装配关系，销子和销孔的基本尺寸为 $\phi28$ mm，在冷态装配时要有

0.0025～0.0075 mm 的过盈量。若按完全互换法装配，需封闭环公差 $T_0=0.0075-0.0025=0.0050$ mm 均等地分配给活塞销 $d(d=\phi28_{-0.0025}^{\ 0}$ mm)与活塞销孔 D($D=\phi28_{-0.0075}^{-0.0050}$ mm)，制造这样精确的销孔和销子是很困难的，也是不经济的。生产上常采用将销孔和销轴的制造公差放大，而在装配时用分组法装配来保证上述装配精度要求。

将活塞销和活塞销孔的制造公差同向放大 4 倍，让 $d=\phi28_{-0.010}^{\ 0}$ mm，$D=\phi28_{-0.015}^{-0.005}$ mm；这样即可用高效率的无心磨和金刚镗分别加工活塞销和销孔，然后用精密量具测量，将销孔孔径 D 与销子直径 d 按尺寸从大到小分为 4 组，分别涂上不同颜色的标记；装配时让具有相同颜色标记的销子与销孔相配，保证达到上述装配精度要求。图 10-9（b）所示为活塞销与活塞销孔的分组公差带位置，具体分组情况如表 10-1 所示。

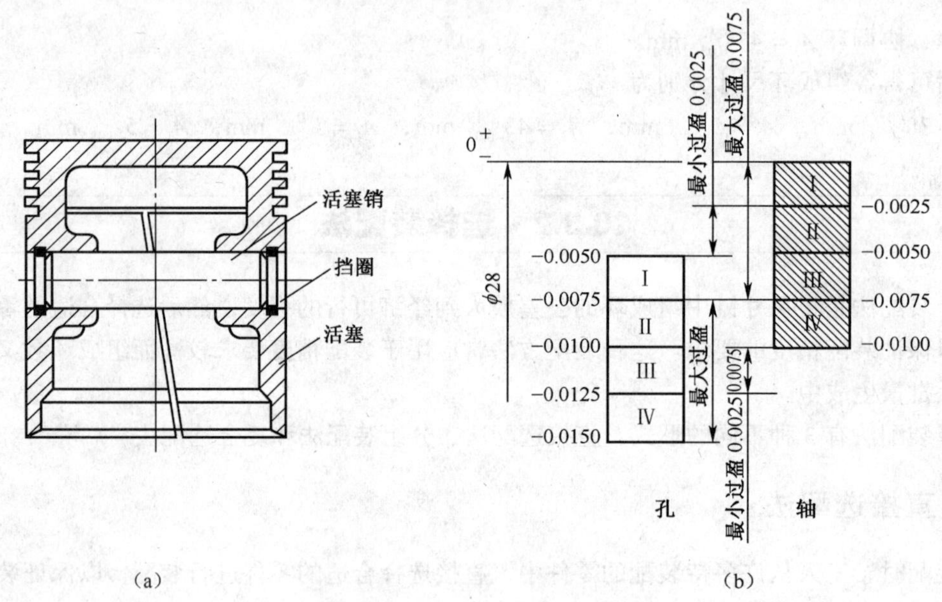

图 10-9　活塞销与活塞的装配关系

表 10-1　　活塞销与活塞销孔直径分组

组　别	标志颜色	活塞销直径 $d=\phi28_{-0.010}^{\ 0}$ mm	活塞销孔直径 $D=\phi28_{-0.015}^{-0.005}$ mm	配合情况	
				最小过盈	最大过盈
Ⅰ	红	$d=\phi28_{-0.0025}^{\ 0}$	$D=\phi28_{-0.0075}^{-0.0050}$	0.0025	0.0075
Ⅱ	白	$d=\phi28_{-0.0050}^{-0.0025}$	$D=\phi28_{-0.0100}^{-0.0075}$		
Ⅲ	黄	$d=\phi28_{-0.0075}^{-0.0050}$	$D=\phi28_{-0.0125}^{-0.0100}$		
Ⅳ	绿	$d=\phi28_{-0.0100}^{-0.0075}$	$D=\phi28_{-0.0150}^{-0.0125}$		

从该表可以看出，各组的公差和配合性质与原要求相同。

采用分组互换法装配时应注意以下几点。

① 为保证分组后各组的装配精度和配合性质符合原设计要求，配合件的公差应相等，公差增大的方向要相同，增大的倍数应相同且等于以后的分组数，即等公差同向放大同倍数。

② 分组数不宜多，一般为 3～6 组，尺寸公差只要放大到经济加工精度即可，否则会增加

零件的测量、分类、保管等工作量，将使组织工作复杂化。

③ 分组后各组内相配零件的数量要相等，形成配套。否则会出现某些尺寸零件的积压浪费现象。

④ 分组互换法只能将尺寸公差放大，而不能将形状公差、位置公差、表面粗糙度放大。

分组互换法既能扩大各组成环的公差，又能保证装配精度的要求；同组内的零件装配具有互换性的特点，适用于大批、大量生产中封闭环公差要求很严且组成环的环数不太多的场合。常用于汽车、拖拉机制造及轴承制造业的大批量生产中。

3. 复合选配法

复合选配法是分组装配法和直接选配法的复合，即零件加工后先检测分组，装配时在各对应组内经工人进行适当的选配。

这种装配方法的特点是配合件公差可以不等，装配速度较快、质量高、能满足一定生产节拍的要求。如发动机气缸与活塞的装配多采用此种方法。

10.3.3 修配装配法

在单件生产和成批生产中，对那些装配精度要求较高的多环尺寸链，各组成环先按经济精度加工，装配时通过修配某一组成环的尺寸，使封闭环达到规定的精度，这就叫修配法。

由于修配法的尺寸链中各组成环的尺寸均按经济精度加工，装配时封闭环的误差会超过规定的允许范围。为补偿超差部分的误差，必须修配加工尺寸链中某一组成环，被修配的零件叫修配环或补偿环。一般应选形状比较简单，修配面小，便于修配加工，便于装卸，并对其他尺寸链没有影响的零件作修配环。修配环在零件加工时应留有一定的修配量。

生产中通过修配达到装配精度的方法很多，常见的有以下 3 种。

1. 单件修配法

这种方法是将零件按经济精度加工后，装配时将预定的修配环用修配加工来改变其尺寸，以保证修配精度。

例如，如图 10-4 所示，卧式车床前后顶尖对床身导轨的等高度要求为 0.06 mm（只许尾座高），此尺寸链中的组成环有 3 个：主轴箱主轴中心到底面高度 $A_1 = 201$ mm，尾座底板厚度 $A_2 = 49$ mm，尾座顶尖中心到底面距离 $A_3 = 156$ mm。A_1 为减环，A_2、A_3 为增环。若用完全互换法装配，则各组成环平均公差为

$$T_{av} = \frac{T_0}{3} = \frac{0.06}{3} = 0.02\,(\text{mm})$$

这样小的公差将使加工困难，所以一般采用修配法，各组成环仍按经济精度加工。根据用镗模镗孔的经济加工精度，取 $T_1 = 0.1$ mm，$T_3 = 0.1$ mm，根据半精刨的经济加工精度，取 $T_2 = 0.15$ mm。由于在装配中修刮尾座底版的下表面是比较方便的，修配面也不大，所以选尾座底板为修配件。

组成环的公差一般按单向入体原则分布，此例中 $A_1 = 205 \pm 0.05$ mm，$A_3 = 156 \pm 0.05$ mm，至于 A_2 的公差带分布，要通过计算确定。

修配环在修配时对封闭环尺寸变化的影响有两种，一种是使封闭环尺寸变大，另一种是使封闭环尺寸变小。因此，修配环公差带分布的计算也相应分为两种情况。

图 10-10 所示为封闭环公差带与各组成环（含修配环）公差放大后的累积误差之间的关系。图中 T_0、$L_{0\max}$ 和 $L_{0\min}$ 分别为封闭环的公差和极限尺寸；T_0'、$L_{0\max}'$ 和 $L_{0\min}'$ 分别为各组成环的累积误差和极限尺寸；$F_{\max}$ 为最多修配量。

当修配结果使封闭环尺寸变大时，简称“越修越大”，从图 10-10（a）可知：

$$L_{0\max} = L_{0\max}' = \sum_{i=1}^{n} \overrightarrow{L}_{i\max} - \sum_{n+1}^{m} \overleftarrow{L}_{i\min}$$

当修配结果使封闭环尺寸变小时，简称“越修越小”，从图 10-10（b）可知：

$$L_{0\min} = L_{0\min}' = \sum_{i=1}^{n} \overrightarrow{L}_{i\min} - \sum_{n+1}^{m} \overleftarrow{L}_{i\max}$$

上例中，修配尾座底板的下表面，使封闭环尺寸变小，因此按求封闭环最小极限尺寸的公式计算。

$$A_{0\min} = A_{2\min} + A_{3\min} - A_{1\max}$$

$$0 = A_{2\min} + 155.95 - 205.05$$

$$A_{2\min} = 49.10 \text{ mm}$$

因为 $T_2 = 0.15$ mm，所以 $A_2 = 49^{+0.25}_{+0.10}$ mm。

修配加工是为了补偿组成环累积误差与封闭环公差超差部分的误差，所以最多修配量 $F_{\max} = \sum T_i - T_0 = (0.1 + 0.15 + 0.1) - 0.06 = 0.29$ mm，而最小修配量 = 0。考虑到车床总装时，尾座底板与床身配合的导轨面还需配刮，则应补充修正，取最小修刮量为 0.05 mm，修正后 $A_2 = 49^{+0.30}_{+0.15}$ mm，此时最多修配量 $F_{\max} = 0.34$ mm。

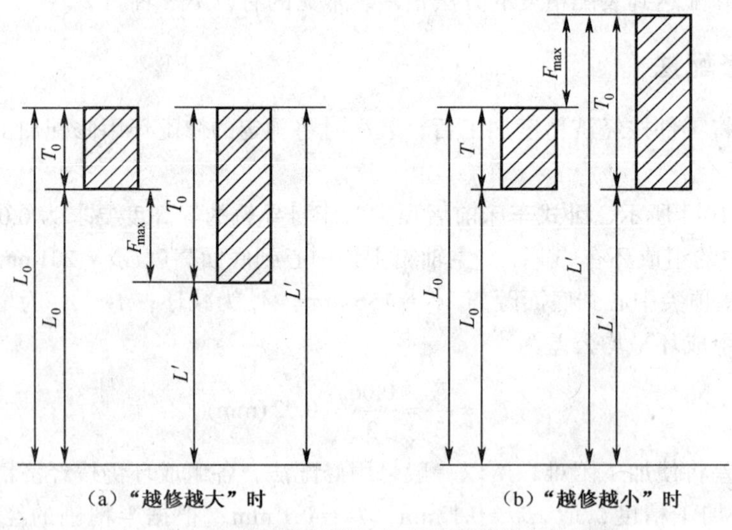

（a）“越修越大”时　　（b）“越修越小”时

图 10-10　封闭环公差带与组成环累积误差的关系

2. 合并修配法

这种加工方法是将两个或多个零件合并在一起进行加工修配。合并所得的尺寸可看作一个组成环，这样减少了组成环的环数，就相应减少了修配的劳动量。

如上例中，为减少对尾座底板的修配量，一般先把尾座和底板的配合面加工后，配刮横向小导轨，然后再将两者装配为一体，以底板的底面为基准，镗尾座的套筒孔，直接控制尾座套筒孔至底板底面的尺寸公差，这样组成环 A_2、A_3 合并成一环，仍取公差为 0.01 mm，其最多修配量 $F_{\max}=\sum T_i - T_0=(0.1+0.1)-0.06=0.14\ \text{mm}$，修配工作量相应减少了。

合并加工修配法在装配中应用较广，但由于零件要对号入座，给组织装配生产带来一定麻烦，因此多用于单件小批量生产中。

3. 自身加工修配法

利用机床本身具有的切削能力，在装配过程中，将预留在待修配零件表面上的修配量（加工余量）去除，使装配对象达到设计要求的装配精度，这就是自身加工修配法。

修配法的主要优点是既可放宽零件的制造公差，又可获得较高的装配精度。缺点是增加了一道修配工序，对工人的技术水平要求较高，且不适宜组织流水线生产。修配法适用于单件和成批生产中精度要求较高的配合。

10.3.4 调整装配法

对于精度要求高且组成环数又多的产品或部件，在不能用互换法进行装配时，除了用分组互换和修配法外，还可以采用调整法来保证装配精度。

调整法也是按经济加工精度确定零件的公差。由于每一个组成环的公差扩大，结果使一部分装配件超差。为了保证装配精度，可通过改变一个零件的位置，或选择一个适当尺寸的调整件，或通过调整有关零件的相互位置来补偿这些影响。

调整装配法与修配法的区别是，调整装配法不是靠去除金属，而是靠改变补偿件的位置或更换补偿件的方法来保证装配精度。

根据调整法的不同，调整装配法可分为可动调整法、固定调整法和误差抵消调整法 3 种。

1. 可动调整法

在装配尺寸链中，选定某个零件为调整环，根据封闭环的精度要求，采用改变调整环的位置，即移动、旋转或移动旋转同时进行，以达到装配精度，这种方法称为可动调整法。该方法在调整过程中无需拆卸零件，比较方便。

例如，图 10-11 所示为丝杠螺母副调整间隙的机构，当发现丝杠螺母副间隙不合适时，可转动中间的调节螺钉，通过楔块的上下移动来改变轴向间隙的大小。图 10-12 所示的结构是靠转动中间螺钉来调整轴承外圈相对于内圈的位置以取得合适的间隙或过盈的，调整合适之后，用螺母锁紧，保证轴承既有足够的刚性，又不至于过分发热。

可动调整不但调整方便，能获得比较高的精度，而且可以补偿由于磨损和变形等所引起的误差，使设备恢复原有精度。所以在一些传动机构或易损机构中，常用可动调整法。

但是，可动调整法中因可动调整件的出现，削弱了机构的刚性，因而在刚性要求较高或机构比较紧凑，无法安排可动调整件时，就必须采用其他的调整法。

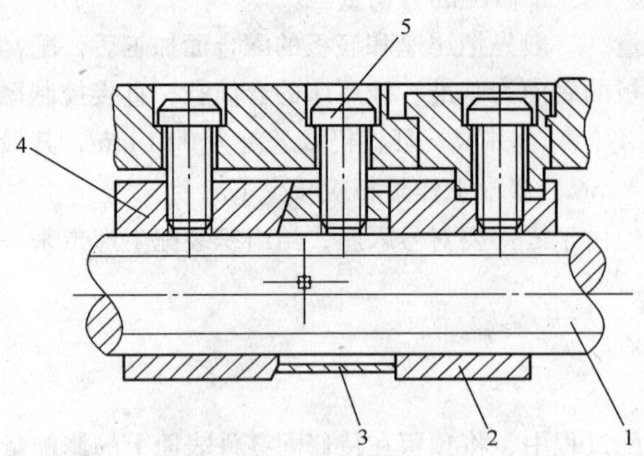

图 10-11 采用楔块调整丝杠与螺母间隙装置

1—丝杠 2—后螺母 3—楔块 4—前螺母 5—调节螺钉

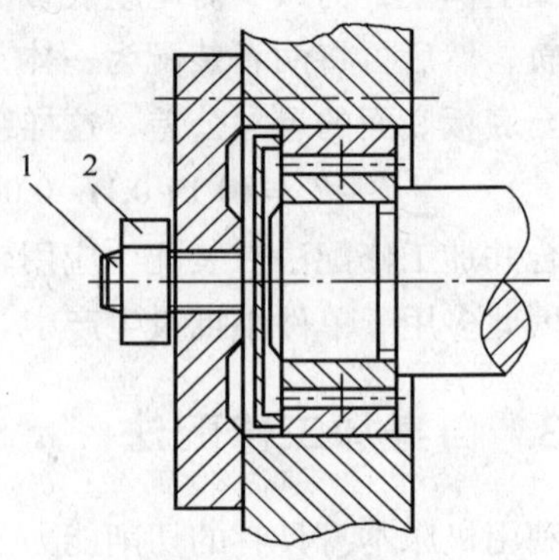

图 10-12 调整轴承间隙的装置

1—调整螺钉 2—螺母

2. 固定调整法

在装配尺寸链中，选择某一组成环为调节环（补偿环），该环是按一定尺寸间隔分级制造的一套专用零件（如垫片、垫圈或轴套等）。产品装配时，根据各组成环所形成累积误差的大小，通过更换调节件来实现改变调节环实际尺寸的方法，以保证装配精度，这种方法即固定调整法。

采用固定调整法时要解决如下 3 个问题：

① 选择调整范围；

② 确定调整件的分组数；

③ 确定每组调整件的尺寸。

例 3 已知条件与例 1 相同，现采用固定调整法装配，试确定各组成环的尺寸偏差，并求调整件的分组数及尺寸系列。

解 ① 画尺寸链图、校核各环基本尺寸与例 1 相同。

② 选择调整件。A_5 为一垫圈，其加工比较容易、装卸方便，故选择 A_5 为调整件。

③ 确定各组成环公差。按经济精度确定各组成环公差：$T_1 = T_3 = 0.20$ mm，$T_2 = T_5 = 0.10$ mm，A_4 为标准件。其公差仍为 $T_4 = 0.05$ mm。各加工件公差约为 IT11，可以经济加工。

④ 计算调整件 A_5 的调整量

$$T_{ol} = T_1 + T_2 + T_3 + T_4 + T_5$$
$$= 0.20+0.10+0.20+0.05+0.10 = 0.65(\text{mm})$$

调整量

$$F = T_{ol} - T_0 = 0.65 - 0.25 = 0.40 \text{ mm}$$

⑤ 确定各组成环极限偏差。按入体原则确定各组成环的极限偏差：

$A_1 = 30^{\ 0}_{-0.20}$ mm，$A_2 = 5^{\ 0}_{-0.10}$ mm，$A_3 = 43^{+0.20}_{\ 0}$ mm，$A_4 = 3^{\ 0}_{-0.05}$ mm，则：

$$\Delta_1 = -0.10 \text{ mm}，\Delta_2 = -0.05 \text{ mm}，\Delta_3 = +0.10 \text{ mm}，$$
$$\Delta_4 = -0.025 \text{ mm}，\Delta_5 = +0.225 \text{ mm}。$$

⑥ 计算调整件 A_5 的极限偏差。调整件 A_5 的中间偏差

$$\Delta_0 = \Delta_3 - (\Delta_1 + \Delta_2 + \Delta_4 + \Delta_5)$$

$$\begin{aligned}\Delta_5 &= \Delta_3 - \Delta_0 - (\Delta_1 + \Delta_2 + \Delta_4) \\ &= +0.10 - 0.225 - (-0.10 - 0.05 - 0.025) \\ &= 0.05\,(\text{mm})\end{aligned}$$

调整件 A_5 的极限偏差

$$ES(A_5) = \Delta_5 + \frac{1}{2}T_5 = 0.05 + \frac{1}{2} \times 0.10 = 0.10\,(\text{mm})$$

$$EI(A_5) = \Delta_5 - \frac{1}{2}T_5 = 0.05 - \frac{1}{2} \times 0.10 = 0\,(\text{mm})$$

所以，调整件 A_5 的尺寸

$$A_5 = 5^{+0.10}_{0}\ \text{mm}$$

⑦ 确定调整件的分组数 Z。取封闭环公差与调整件公差之差作为调整件各组之间的尺寸差 S，则：

$$S = T_0 - T_5 = 0.25 - 0.10 = 0.15\,(\text{mm})$$

调整件的组数 Z 为

$$Z = \frac{F}{S} + 1 = \frac{0.40}{0.15} + 1 = 3.66 \approx 4$$

分组数不能为小数，取 $Z = 4$。当实际计算的 Z 值和圆整数相差较大时，可通过改变各组成环公差或调整件公差的方法，使 Z 值近似为整数。另外，分组数不宜过多，否则将给生产组织工作带来困难。一般分组数 Z 取 3～4 为宜。

⑧ 确定各组调整件的尺寸。在确定各组调整件的尺寸时，可根据以下原则来计算。

a. 当调整件的分组数 Z 为奇数时，预先确定的调整件尺寸是中间的一组尺寸，其余各组尺寸相应增加或减少各组之间的尺寸差 S。

b. 当调整件的分组数 Z 为偶数时，则以预先确定的调整件尺寸为对称中心，再根据尺寸差 S 确定各组尺寸。

本例中分组数 $Z = 4$，为偶数，故以 $A_5 = 5^{+0.10}_{0}$ mm 为对称中心，各组尺寸差 $S = 0.15$ mm，则各组尺寸分别为：

$$(5 - 0.075 - 0.15)^{+0.10}_{0}\ \text{mm}$$

$$(5 - 0.075)^{+0.10}_{0}\ \text{mm}$$

$$5^{+0.10}_{0}\ \text{mm}$$

$$(5 + 0.075)^{+0.10}_{0}\ \text{mm}$$

$$(5 + 0.075 + 0.15)^{+0.10}_{0}\ \text{mm}$$

所以：$A_{51} = 5^{-0.125}_{-0.225}$ mm，$A_{52} = 5^{+0.025}_{-0.075}$ mm，$A_{53} = 5^{+0.175}_{+0.075}$ mm，$A_{54} = 5^{+0.325}_{+0.225}$ mm。

固定调整法装配多用于大批量中。在产量大、精度要求高的装配中，固定调整件可采用多件组合的方式，比如固定调整垫可用不同厚度的薄金属片冲出，再与一定厚度的垫片组合成所需的各种不同尺寸，以满足装配精度的要求。这种调整方法比较灵活，在汽车、拖拉机生产中广泛应用。

3. 误差抵消调整法

在产品或部件装配时，通过调整有关零件的相互位置，使其加工误差相互抵消一部分，以提高装配精度，这种方法称为误差抵消调整法。这种方法在机床装配中应用较多，如在装配机床主轴时，通过调整前后轴承的径向圆跳动方向来控制主轴的径向圆跳动；在滚齿机工作台分度蜗轮装配中，采用调整二者偏心方向来抵消误差，最终提高分度蜗轮的装配精度。

10.4 装配工艺规程制定

将合理的装配工艺过程和操作方法按一定的格式用书面文件的形式固定下来就是装配工艺规程。装配工艺规程是指导装配生产的主要技术文件，是制定装配生产计划、进行技术准备的主要依据，也是作为新建或改建机器制造厂、装配车间的基本文件之一。制定装配工艺规程是生产技术准备工作的主要内容之一。

保证装配质量、提高装配生产效率、缩短装配周期、减轻装配工人的劳动强度、缩小装配面积、降低生产成本等是否可以有效地实现，都取决于装配工艺规程的制定的合理与否，这就是制定装配工艺规程的目的。

10.4.1 制定装配工艺规程的基本原则及原始资料

1. 制定装配工艺规程的基本原则

（1）保证产品装配质量

从机械加工和装配全过程达到最佳效果的前提下，选择合理和可靠的装配方法，并力求提高其质量，以延长产品的使用寿命。

（2）提高生产率

合理安排装配顺序和工序，尽量减少钳工装配的工作量，以减轻劳动强度，缩短装配周期，提高装配效率。

（3）减少装配成本

尽可能减少装配的占地面积，有效的提高单位面积的利用率。

2. 制定装配工艺规程的原始资料

在制定装配工艺规程之前，为使该规程能够顺利进行，必须具备下列原始资料。

（1）产品的装配图样及验收技术文件

产品的装配图样应包括总装配图样和部件装配图样，并能清楚地表示出所有零件相互联接的结构视图和必要的剖视图，零件的编号、装配时应保证的尺寸、配合件的配合性质及精度、装配的技术要求、零件的明细表等。为了在装配时对某些零件进行补充机械加工和核算装配尺寸链，有时还需要某些零件图样。

验收技术文件主要规定了产品主要技术性能的检验、试验工作的内容及方法，这是制订装配工艺规程的主要依据之一。

（2）产品的生产纲领

产品的生产纲领就是其年生产量。生产纲领决定了产品的生产类型。生产类型不同，致使装配的组织形式、工艺方法、工艺过程的划分及工艺装备、手工劳动所占的比例均有较大不同。各种生产类型下装配工作特点如表 10-2 所示。

表 10-2　各种生产类型的装配工作特点

生产类型	单件小批生产	成 批 生 产	大批量生产
生产特点	产品经常变换，很少重复生产	产品在系列化范围内变化，分批交替投产或多品种同时投产	产品固定不变，经常重复生产
组织形式	采用固定式装配或固定流水装配	重型产品采用固定流水装配；批量较大时采用流水装配；多品种同时投产时采用变节拍流水装配	多采用流水装配线和自动装配线，有间歇移动、连续移动和变节拍移动等方式
装配工艺方法	以修配法和调整法为主，互换法比例较少	优先采用互换法，但灵活运用其他保证装配精度的方法，如调整法、修配法、合并加工法以节约加工费用	优先采用完全互换法，装配精度高时，环数少时用分组法，环数多时用调整法
工艺过程	一般不制定详细的工艺文件，工艺灵活掌握，也可适当调整工序	工艺过程的划分应适合批量的大小，尽量使生产均衡	工艺过程划分很细，力求达到高度均衡性
工艺装备	一般为通用设备及工艺装备	较多采用通用设备及工艺装备，部分是专用高效的工艺装备，以保证装配质量和提高工效	宜采用专用高效设备及工艺装备，易于实现机械化和自动化
手工操作要求	手工操作比重大，要求工人有高的技术水平和多方面的工艺知识	手工操作比重较大，技术水平要求较高	手工操作比重小，对工人技术要求较低
应用实例	重型机械、重型机床、汽轮机、大型内燃机和大型锅炉等	机床、机车车辆、中小型锅炉、矿山采掘机械等	汽车、拖拉机、内燃机、滚动轴承、手表和缝纫机等

（3）现有的生产条件

在制定装配工艺规程时，应了解现有的的装配工艺设备、工人技术水平、装配车间面积、机械加工条件及各种工艺资料和标准等情况。

10.4.2　制定装配工艺规程的步骤

根据上述原则和原始资料，可以按下列步骤制定装配工艺规程。

1. 研究产品的装配图及验收技术标准

包括审查图纸的完整性和正确性，对其中的问题、缺点或错误提出解决方法和建议，经与设计人员研究后予以修改；对产品的装配结构进行“尺寸分析”（装配尺寸链分析与计算）和“工艺分析”；审核产品装配的技术要求和检查验收的方法，确切掌握装配中关键的技术问题，并制订相应的技术措施。

2. 确定装配方法与组织形式

装配的方法和组织形式主要取决于产品的结构特点（尺寸、精度和重量等）、零件数量和生产纲领，并应考虑现有的生产技术条件和设备。

3. 划分装配单元，确定装配顺序

（1）划分装配单元

将产品划分为若干装配单元是制定工艺规程最重要的一个步骤，这对于大批量生产、结构复杂的机器的装配尤为重要。只有将产品合理地分解为可进行独立装配的单元后，才能合理地安排装配顺序和划分装配工序，有效地组织装配工作、实行平行作业或流水作业。

（2）选择装配基准件

无论哪一种装配单元，都要选择某一零件或比它低一级的装配单元作为装配基准件。装配基准件通常应是产品的基体或主干零、部件。基准件通常应具有较大的体积和重量，有足够的支撑面，以满足陆续装入零部件时的作业要求和稳定性要求；基准件的补充加工量应最小，尽可能不再有后续加工工序；基准件的选择应有利于装配过程中的检测，有利于工序间的传递运输和翻身、转位等作业。

（3）确定装配顺序，绘制装配系统图

在划分装配单元，确定装配基准零件之后即可安排装配顺序，并以装配系统图的形式表示出来。

对于结构比较简单、零部件少的产品，可以绘制产品装配系统图。对于结构复杂、零部件很多的产品，则还需绘制各装配单元的装配系统图。装配系统图有多种形式，图 10-13 所

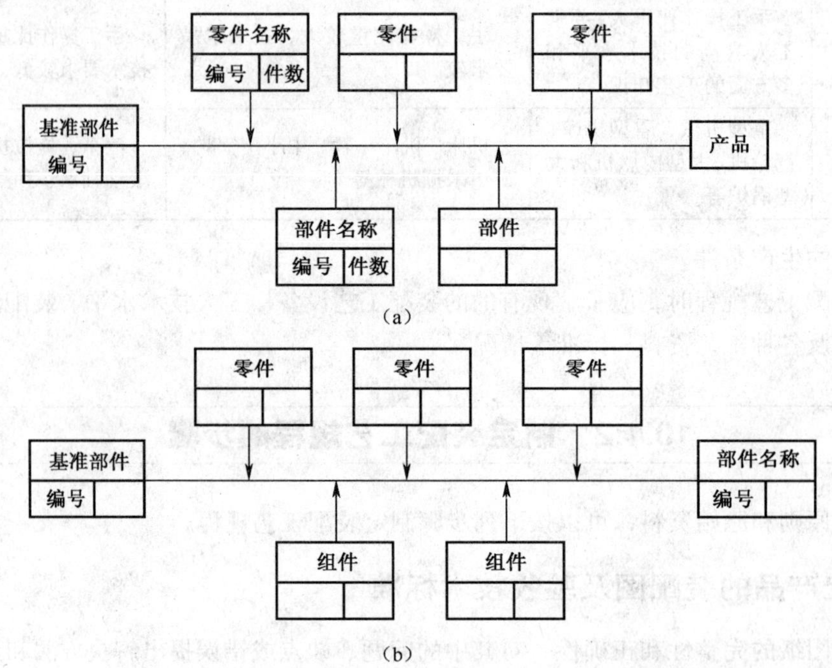

图 10-13　装配系统图

示为较常见的一种。这种形式的装配系统图绘制方法如下。首先画一条较粗的横线，横线右端箭头指向表示装配单元的长方格，横线左端为表示基准件的长方格；再按装配顺序从左向右，将装入装配单元的零件或组件引入，表示零件的长方格在横线上方，表示组件或部件的长方格在横线下方。其中，长方格的上方注明装配单元名称，左下方填写装配单元的编号，右下方填写装配单元的数量。图 10-14 所示为卧式车床床身装配简图，图 10-15 所示为床身部件装配系统图。

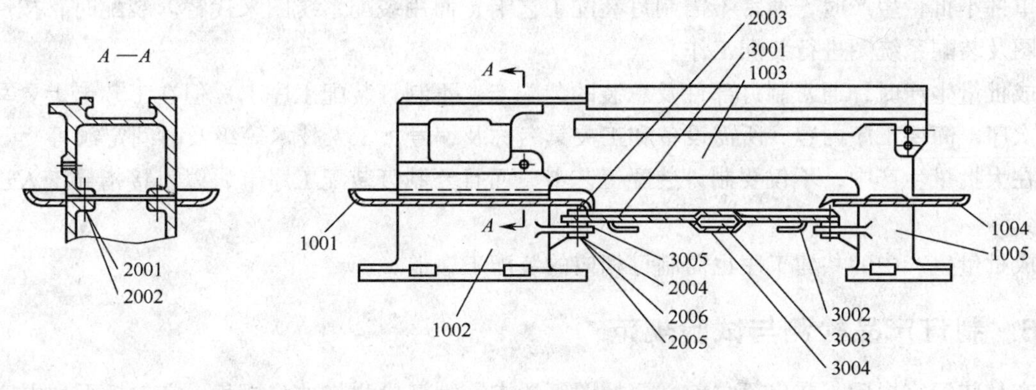

图 10-14　卧式车床床身装配简图

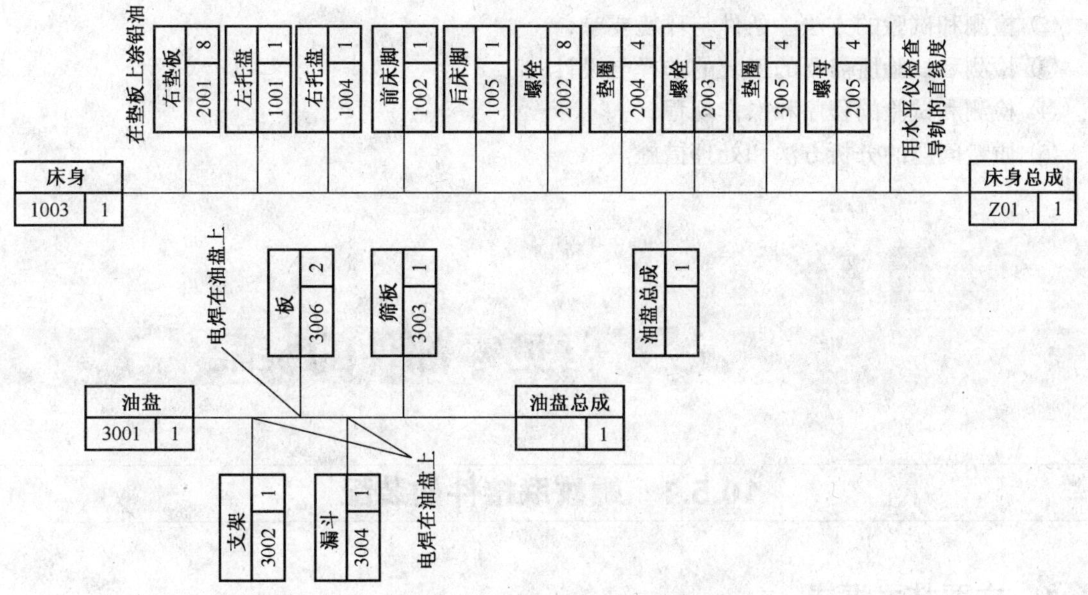

图 10-15　卧式车床床身装配系统图

4. 划分装配工序

装配顺序确定之后，就可将装配工艺过程划分为若干工序，其主要工作如下。

① 确定工序集中与分散的程度。

② 划分装配工序，确定各工序的内容。

③ 确定各工序所需的设备和工具。如需专用夹具与设备，则应拟定设计任务书。

④ 制订各工序装配操作规范，如过盈配合的压入力，变温装配的装配温度，紧固螺栓连接的旋紧扭矩以及装配环境要求等。

⑤ 制订各工序装配质量、检测方法及检测项目。

⑥ 确定各工序时间定额，并平衡各工序的装配节拍，以实现均衡生产或流水作业。

⑦ 分析各工序能力，评价各工序的可行性与可靠性，并进行工艺方案的经济分析。

5. 装配工艺规程文件的整理与编写

单件小批量生产时，通常不需制订装配工艺卡，而用装配系统图来代替。装配时，按产品装配图及装配系统图进行装配工作。

成批量生产时，通常制订部件及总装的装配卡，不制订装配工序卡。但在工艺卡上要写明工序次序、简要工序内容、所需设备和工夹具名称及编号、工人技术等级及时间定额等。

在大批量生产中，不仅要制订装配工艺卡，而且要制订装配工序卡，以直接指导工人进行装配。

成批量生产中的共建工序也需制订相应的装配工序卡。

6. 制订产品检测与试验规范

产品装配完毕后，在出厂之前，要按图纸要求，制订检测与试验规范，它包括下列内容：

① 检测和试验的项目及检验质量指标；

② 检测和试验的方法、条件与环境要求；

③ 检测和试验所需要的工装的选择与设计；

④ 检测和试验的程序和操作规程；

⑤ 质量问题的分析方法和处理措施。

10.5 常见零部件的装配

10.5.1 螺纹联接件的装配

1. 主要技术要求

螺纹联接件装配的主要技术要求是：有合适、均衡的预紧力，联接后有关零件不发生变形，螺钉、螺母不产生偏斜和弯曲，以及防松装置可靠等。

2. 装配作业要点

① 螺纹联接可分为一般紧固螺纹联接和规定预紧力的螺纹联接。通常采用各种扳手拧紧，拧紧力矩应适当：太小会降低联接强度，太大则可能扭断螺纹件。对于一般紧固螺纹联接件，无预紧力要求，连接时可采用普通扳手、风动或电动扳手拧紧螺母；对于规定预紧力的螺纹联接件，有预紧力要求，连接时可采用定扭矩扳手或测力扳手等拧紧螺母。

② 成组螺纹联接件装配时，为了保证各螺钉（或螺母）具有相等的预紧力，使联接零件均匀受压，紧密结合，必须注意各螺钉（或螺母）拧紧的顺序，如图 10-16 所示，各组螺纹连接均采用对称拧紧的顺序，图中编号为拧紧的顺序。

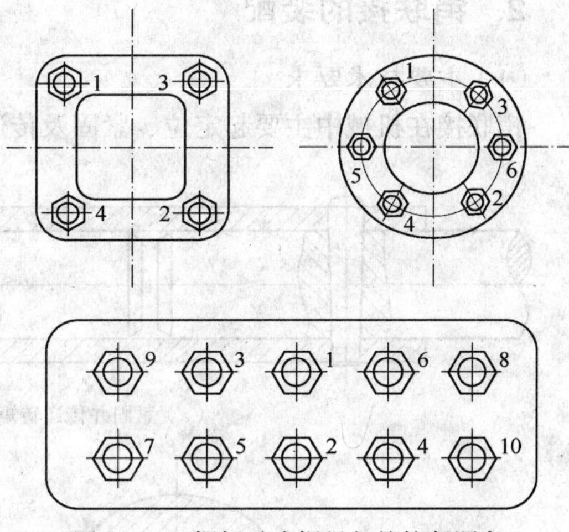

图 10-16 螺钉（或螺母）的拧紧顺序

3. 螺纹联接的防松措施

作紧固用的螺纹联接一般具有自锁作用，但在受到冲击、振动或变载荷作用时，有可能松动，因此应采用相应的防松措施。常用的方法是设置锁紧螺母、弹簧垫圈、串联钢丝和使用开口销与带槽螺母等防松装置。

10.5.2 键、销联接的装配

1. 平键联接的装配

（1）主要技术要求

平键联接装配的主要技术要求是：保证平键与轴及轴上零件键槽间的配合要求，能平稳的传递运动与转矩。

普通平键联接的结构及剖面尺寸如图 10-17 所示。

（2）装配要点

成批、大量生产中的平键联接，平键采用标准件，轴与轴上零件的键槽均按标准加工，装配后即可保证配合要求。单件、小批生产中，常用手工修配的方法达到配合要求，其装配要点如下。

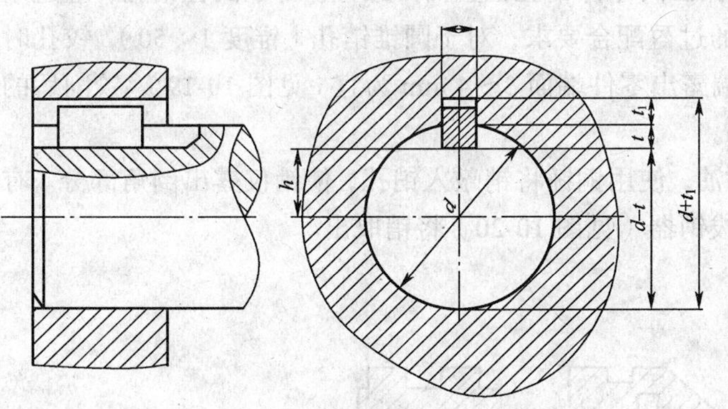

图 10-17 普通平键联接的结构

① 以轴上键槽为基准，配锉平键的两侧面，使其与轴槽的配合有一定的过盈；同时配锉键长，使键端与轴槽有 0.1 mm 左右的间隙。

② 将轴槽锐边倒钝，用铜棒或台虎钳（使用软钳口）将平键压入键槽，并使键底面与槽底贴合。

③ 配装轴上零件（齿轮、带轮等），平键顶面与轴上零件键槽底面必须留有一定的间隙，并注意不要破坏轴与轴上零件的原有的同轴度。平键两侧面与轴上零件键槽侧面应有一定过盈，若配合过紧，可修整轴上零件键槽的侧面，但不允许有松动，以保证平稳地传递运动和转矩。

2. 销联接的装配

（1）主要技术要求

销联接在机械中主要起定位、紧固及传递力矩、保护等作用，如图 10-18 所示。

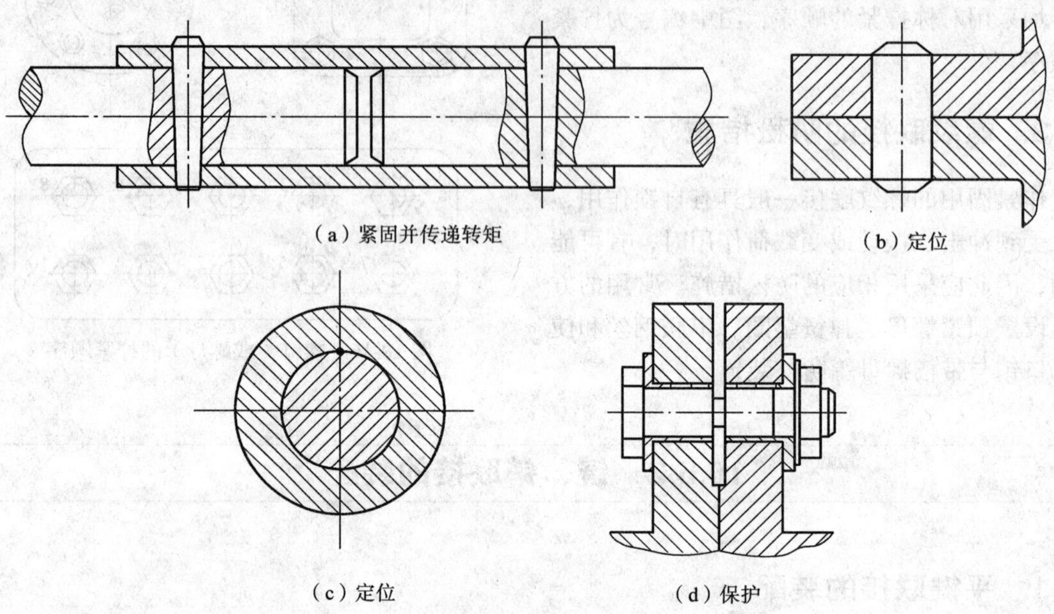

（a）紧固并传递转矩　（b）定位　（c）定位　（d）保护

图 10-18　销联接的应用

销联接装配的主要技术要求是：销通过过盈紧固在销孔中，保证被联接零件具有正确的相对位置。

（2）装配要点

① 将被联接的两零件按规定的相对位置装配，达到位置精度要求后予以固定。

② 将零件组合一起钻孔、铰孔，以保证两零件销孔位置的一致性。对于圆柱销孔，应选用正确尺寸的铰刀铰孔，以保证与圆柱销的过盈配合要求；对于圆锥销孔（锥度 1：50），铰孔时应将圆锥销塞入销孔试配，以圆锥销大端露出零件端面 3～4 mm 为宜（见图 10-19）。铰削后的销孔，表面粗糙度 R_a 值应不大于 1.6 μm。

③ 装配时，在圆柱销或圆锥销上涂油，使用铜锤将销敲入销孔，使销仅露出倒角部分。有的圆锥销大端制有螺孔，便于拆卸时用拔销器（见图 10-20）将销取出。

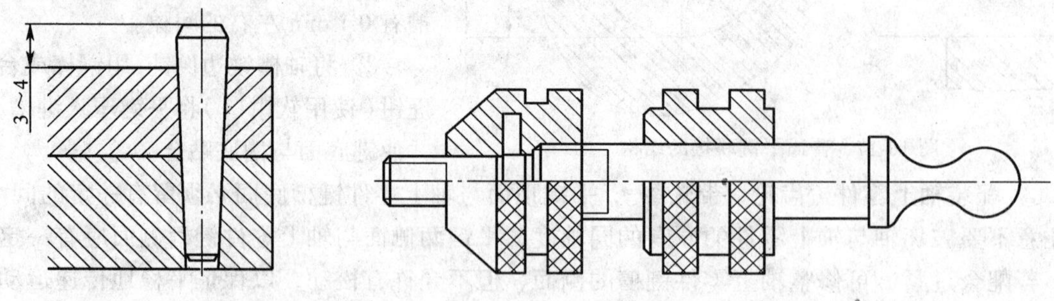

图 10-19　用圆锥销试配销孔尺寸　　图 10-20　拔销器

10.5.3 轴承的装配

1. 滚动轴承的装配

（1）主要技术要求

滚动轴承装配的主要技术要求是：保证轴承内圈与轴颈、轴承外圈与轴承座孔的正确配合；径向、轴向游隙符合要求；回转灵活，噪声和温升值符合规定要求。

滚动轴承为标准产品，装配前应先将滚动轴承去除油封，轴承与之相配合的零件用煤油清洗干净，并在配合表面上涂以润滑油。需要用润滑脂润滑的轴承，在清洗后按要求涂上洁净的润滑脂。

滚动轴承的内圈与轴颈一般采用过盈配合，外圈与轴承座孔（或箱体孔）一般采用过渡配合。装配时使用锤子或压力机压装。由于轴承的内外圈较薄，装配时容易变形，因此，应使用铜质或软质钢材制造的装配套筒垫在内、外圈上，使压装时内外圈受力均匀，并保证滚动体不受任何装配力作用，如图 10-21 所示。如果轴承内圈与轴颈配合的过盈量较大，可将轴承放入有网格的油箱（以保证受热均匀）中加热后装配；小型轴承则可用挂钩挂在油中加热。

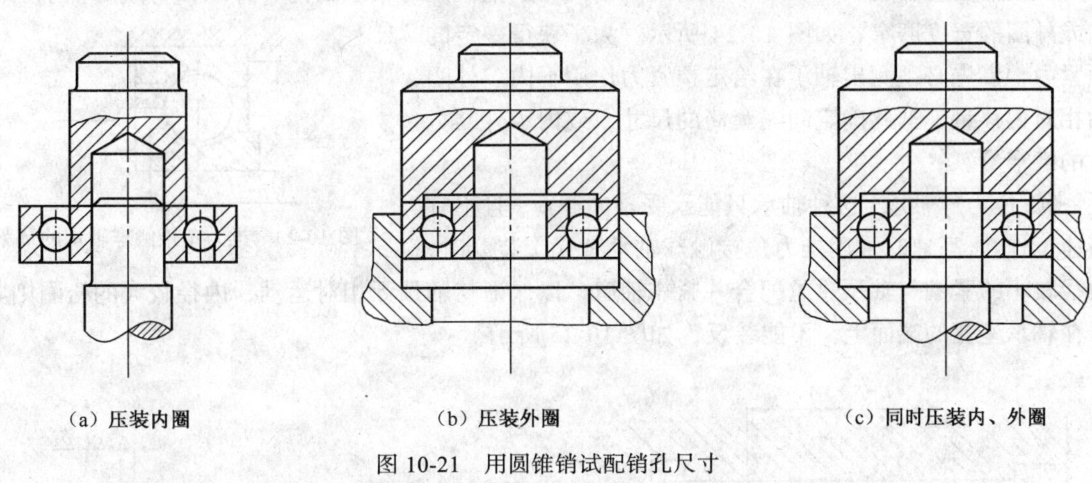

(a) 压装内圈　　(b) 压装外圈　　(c) 同时压装内、外圈

图 10-21　用圆锥销试配销孔尺寸

（2）常用滚动轴承装配作业要点

① 深沟球轴承。轴承的游隙不能调整。轴承内圈以过盈配合装到轴颈上后，会引起直径扩大而减小游隙。因此，装配时应注意控制其实际过盈量，以保证装配后仍有合适的游隙。

② 圆锥滚子轴承。轴承的内外圈分开安装，内圈、保持架和滚动体装在轴颈上，外圈装在轴承座孔中。轴承的游隙通过调整内、外圈的轴向相对位置控制。常用的调整方法有用垫圈调整、用螺钉通过带凸缘的垫片调整、用螺纹圆环调整 3 种，如图 10-22 所示。

③ 推力角接触球轴承。这种轴承可承受径向和单向轴向载荷，通常成对使用，常用在转速较高、回转精度要求较高的场合，如机床主轴、蜗轮减速器等。为了提高轴承的刚度和回转精度，常在装配时给轴承内、外圈加一预载荷，使轴承内、外圈产生轴向相对位移，消除轴承的游隙，使滚动体与内、外圈滚道产生初始的接触弹性变形，这种方法称为预紧，如图 10-23 所示。预紧后，滚动体与滚道的接触面积增大，承载的滚动体数量增多，各滚动体受力较均匀，因此轴承刚

度增大，寿命延长。但预紧力不能过大，否则会使轴承磨损和发热增加，显著降低其寿命。

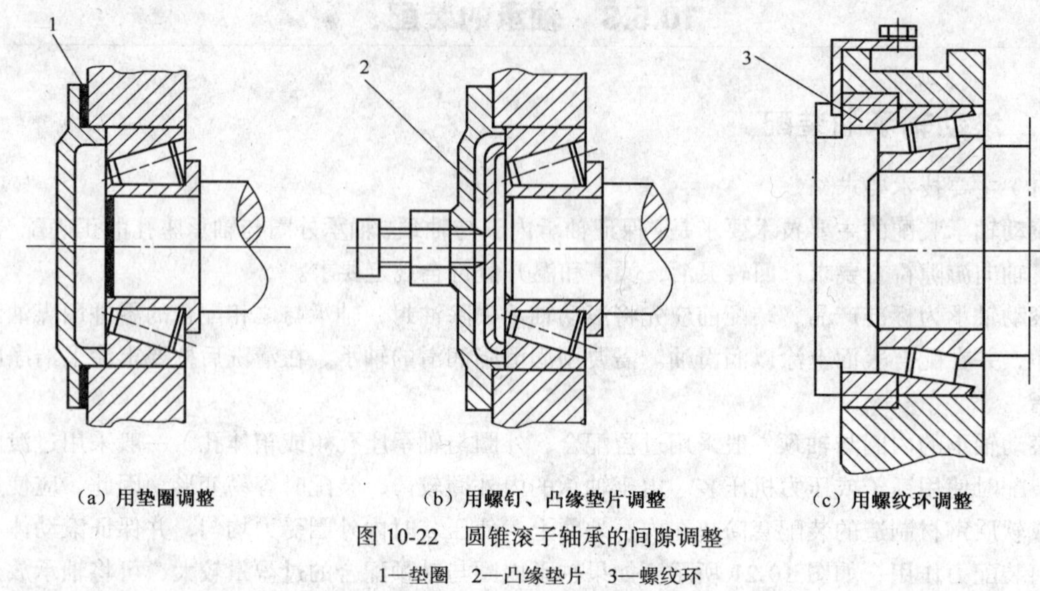

（a）用垫圈调整　（b）用螺钉、凸缘垫片调整　（c）用螺纹环调整

图 10-22　圆锥滚子轴承的间隙调整

1—垫圈　2—凸缘垫片　3—螺纹环

预紧方法有：用两个长度不等的间隔套筒分别抵住成对轴承的内、外圈；将成对轴承的内圈或外圈的宽度磨窄，如图 10-24 所示。为了获得一定的预紧力，事先必须测出轴承在给定预紧力作用下内、外圈的相对偏移量，据此确定间隔套筒的尺寸，或内、外圈宽度的磨窄量。

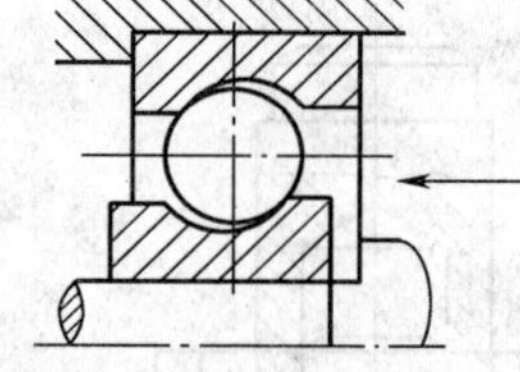

图 10-23　推力角接触球轴承的预紧

④ 推力球轴承。这种轴承只能承受轴向载荷，且不宜高速工作。（高速时常用推力角接触球轴承替代）装配时，内径较小的紧圈与轴颈过盈配合并紧靠轴肩，以保证与轴颈无相对运动，内径较大的松圈则紧靠在轴承座孔的端面上，不能装反，如图 10-25 所示。

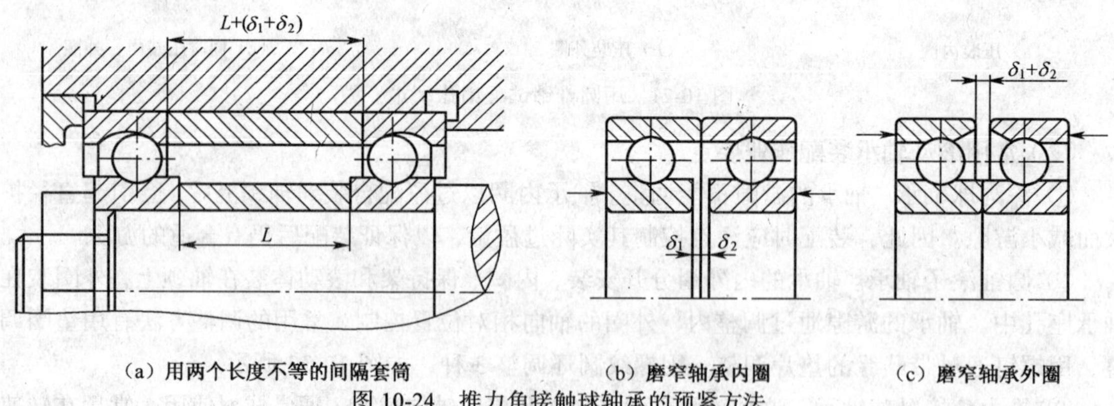

（a）用两个长度不等的间隔套筒　（b）磨窄轴承内圈　（c）磨窄轴承外圈

图 10-24　推力角接触球轴承的预紧方法

2. 滑动轴承的装配

（1）主要技术要求

滑动轴承装配的主要技术要求是：轴颈与轴承配合表面达到规定的单位面积接触点数；配

合间隙符合规定要求，以保证工作时得到良好的润滑；润滑油通道畅通，孔口位置正确。

普通的向心滑动轴承有整体、对开和锥形表面 3 种结构形式。整体式结构简单，轴套与轴承座用过盈配合联接，轴套内孔分为光滑圆柱孔和带油槽圆柱孔两种形式，如图 10-26 所示。轴套与轴颈之间的间隙不能调整，机构安装和拆卸时必须沿轴向移动轴或轴承，很不方便。对开式轴承，其轴瓦与轴颈之间的间隙可以调整，安装简单，维修方便。锥形表面轴承的轴套有外柱内锥与外椎内柱两种结构，轴套与轴颈之间的间隙通过轴与轴套的轴向相对位移调整。

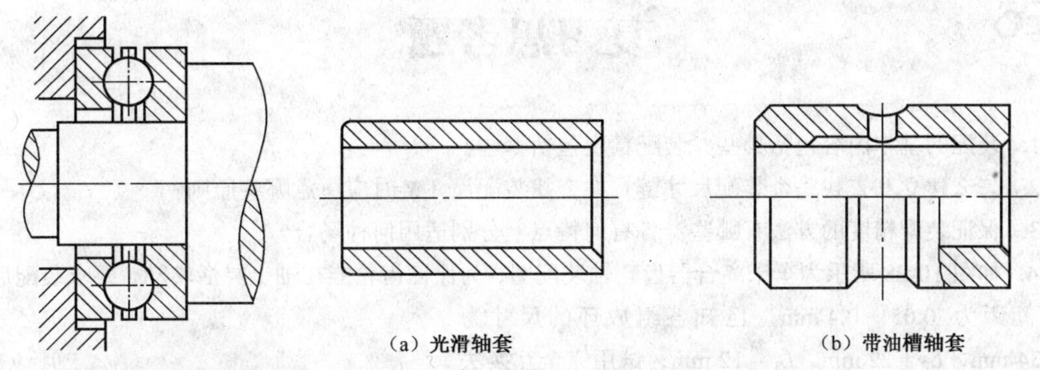

图 10-25　推力球轴承的安装

(a) 光滑轴套　(b) 带油槽轴套

图 10-26　整体式滑动轴承的轴套

（2）整体式轴承装配作业要点

① 压装轴套。压装前，应清洁配合表面并涂以润滑油。有油孔的轴套压前应与轴承座上的油孔周向位置对齐，不带凸肩的轴套压入轴承座后应与端面齐平。压装轴套可以用锤子敲入或用压力机压入，但均应注意防止轴套歪斜。常用的压装方法有 3 种，如图 10-27 所示。

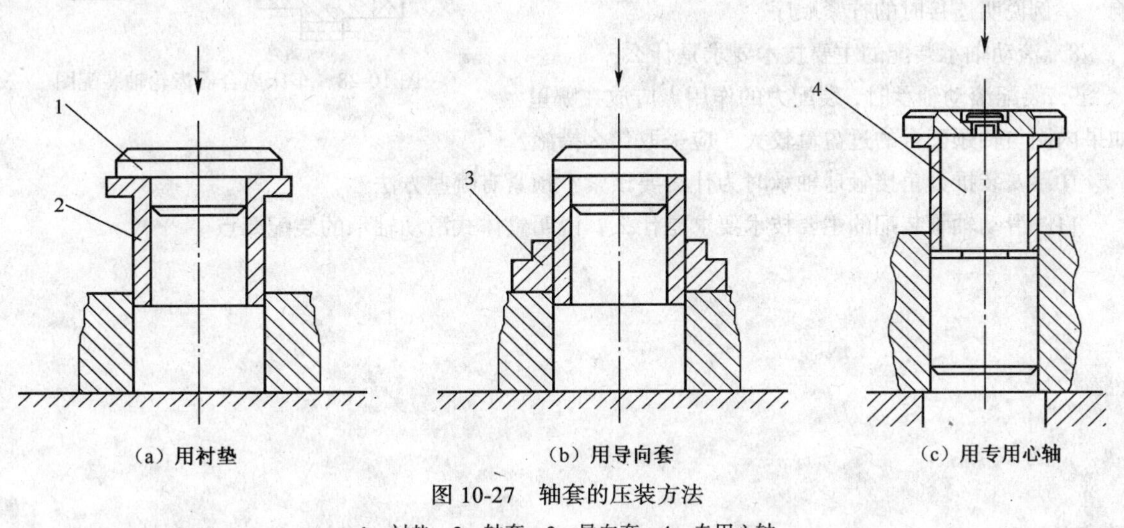

(a) 用衬垫　(b) 用导向套　(c) 用专用心轴

图 10-27　轴套的压装方法

1—衬垫　2—轴套　3—导向套　4—专用心轴

a. 使用衬垫压入。在轴套 2 上垫以衬垫 1，用锤子直接将其敲入轴承座。衬垫的作用主要是避免击伤轴套。这种方法简单，但容易发生轴套歪斜。

b. 使用导向套压入。在使用衬垫同时采用导向套 3，由导向套控制压入方向，防止轴套歪斜。

c. 使用专用心轴。使用专用心轴导向，主要用于薄壁轴套的压装。

② 轴套孔壁的修正。轴套压入后，其内孔容易发生变形，如尺寸变小，圆度、圆柱度误差增大等，此外箱体（机体）两端轴承的轴套孔的同轴度误差也会增大。因此，应检查轴承与轴的配合情况，并根据轴套与轴颈之间规定的间隙和单位面积接触点数的要求进行修正，直至达到规定要求。轴套孔壁修正常采用铰孔、刮削或滚压等方法。

复习思考题

1. 装配的基本内容包括哪些？装配精度包括哪些？

2. 怎么建立和查找一个装配尺寸链？在查找装配尺寸链时应注意哪些原则？

3. 保证装配精度的方法有哪些？各有何特点？分别适用何种场合？

4. 如图 10-28 所示为车床离合器齿轮轴装配图，为保证齿轮能在轴上灵活转动，要求装配后的轴向间距为 0.05～0.4 mm。已知各组成环的尺寸为 $L_1 = 34$ mm，$L_2 = 22$ mm，$L_3 = 12$ mm，试用完全互换法和大数互换法装配，分别确定各尺寸的公差和极限偏差。

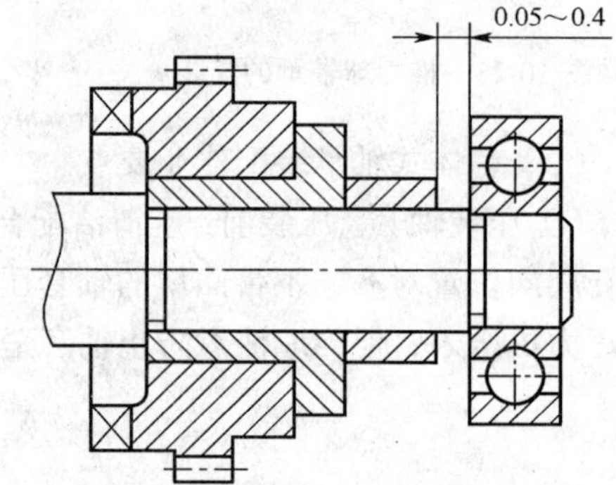

图 10-28　车床离合器齿轮轴装配图

5. 选择修配环的要求是什么？修配环被修配后，对封闭环的尺寸变化有何影响？计算修配环尺寸的上下偏差时应如何考虑这些影响？

6. 装配工艺规程制订的原则是什么？步骤是什么？

7. 成组螺纹连接时，拧紧顺序对连接质量有何影响？举例说明连接时的拧紧顺序。

8. 滚动轴承装配的主要技术要求是什么？

9. 装配滚动轴承时，装配力的作用点应放在哪里？如果内圈与轴颈配合的过盈量较大，应采取什么措施？

10. 安装推力角接触球轴承时为什么要预紧？预紧有哪些方法？

11. 滑动轴承装配的主要技术要求是什么？说明整体式滑动轴承的装配要点。

第11章 零件先进制造技术概论

11.1 概述

先进制造技术（Advanced Manufacturing Technique，AMT）是中国于1995年列入为提高工业质量及效益的重点开发推广项目，该技术涉及信息、机械、电子、材料、能源、管理等方面的知识。该技术的发展对推动国民经济的发展有着重要的作用。

11.1.1 先进制造技术发展历程

人类漫长的历史发展中，使用工具、制造工具进行产品制造是基本生产活动之一。直到18世纪中叶产业革命以前，制造都是手工作业和作坊式生产。产业革命中诞生的能源机器（蒸汽机）、作业机器（纺织机）和工具机器（机床），为制造活动提供了能源和技术，并开拓了新的产品市场。经过100多年的技术积累和市场开拓，到19世纪末制造业已初步形成。其主要生产方式是机械化加电气化的批量生产。

20世纪上半叶，以机械技术和机电自动化技术为基础的制造业的生产空前发展。以大批量生产为主的机械制造业成为制造活动的主体。20世纪中叶（1946年）电子计算机问世。在计算机诞生2年后，由于飞机制造（飞机蒙皮壁板、梁架）的需要，在美国发明了数字控制（NC）机床。不久计算机又开始用于辅助编制NC机床的加工程序，推出了自动编程工具APT语言（Automatically Programmed tools），此后CNC、DNC、FMC、FMS、CAX、MIS、MRP、MRPII、ERP、PDM、Web-M等数字化制造技术相继问世和应用。就目前世界的经济发展来看，以美国、日本、西欧为代表的工业化国家在AMT上都有雄厚的实力。

先进制造技术是传统制造技术与微电子、计算机、自动控制等现代高新技术相交叉融合的结果，是一个集机械、电子、光学、信息科学、材料科学、生物科学、管理学等新成就于一身的新兴技术。

11.1.2 先进制造技术的发展趋势和特色

1. “数”是发展的核心

“数”是指制造领域的数字化。它包括以设计为中心的数字制造、以控制为中心的数字制造和以管理为中心的数字制造。对数字化制造设备而言，其控制参数均为数字化信号；对数字化制造企业而言，各种信息（如图形、数据、知识、技能等）均以数字形式通过网络在企业内传递，在多种数字化技术的支持下，企业对产品信息、工艺信息与资源信息进行分析、规划与重组，实现对产品设计和产品功能的仿真，对加工过程与生产组织过程的仿真或完成原型制造，从而实现生产过程的快速重组和对市场的快速反应。对全球制造业而言，在数字制造环境下，用户借助网络发布信息，各类企业通过网络应用电子商务，实现优势互补，形成动态联盟，迅速协同设计并制造出相应的产品。

2. “精”是发展的关键

“精”是指加工精度及其发展。20 世纪初，超精密加工的误差是 10 μm，70 到 80 年代为 0.01 μm，现在仅为 0.001 μm，即 1 nm。从海湾战争、科索沃战争，到阿富汗战争、伊拉克战争，武器的命中率越来越高，其实质就是武器越来越“精”，也可以说，关键就是打“精度”战。在现代精密机械中，对精度要求极高，如人造卫星的仪表轴承，其圆度、圆柱度、表面粗糙度等均达到纳米级；基因作机械其移动距离为纳米级，移动精度为 0.1 nm；细微加工、纳米加工技术可达纳米以下的要求，如果借助于扫描隧道显微镜与原子力显微镜的加工，则可达 0.1 nm。至于微电子芯片的制造，有所谓的“三超”：超净，加工车间尘埃颗粒直径小于 1 μm，颗粒数少于每立方英尺 0.1 个；超纯，芯片材料有害杂质，其含量要小于十亿分之一；超精，加工精度达纳米级。显然，没有先进制造技术，就没有先进电子技术装备；当然，没有先进电子技术与信息技术，也就没有先进制造装备。先进制造技术与先进信息技术是相互渗透、相互支持、紧密结合的。

3. “极”是发展的焦点

“极”就是极端条件，是指生产特需产品的制造技术，必须达到“极”的要求。例如，能在高温、高压、高湿、强冲击、强磁场、强腐蚀等条件下工作，或有高硬度、大弹性等特点，或极大、极小、极厚、极薄、奇形怪状的产品等，都属于特需产品。“微机电系统”就是其中之一。这是工业发达国家高度关注的一项前沿科技，亦即所谓微系统微制造。“微机电系统”用途十分广泛。在信息领域中，用于分子存储器、原子存储器、芯片加工设备；生命领域中，用于克隆技术、基因操作系统、蛋白质追踪系统、小生理器官处理技术、分子组件装配技术；军事武器中，用于精确制导技术、精确打击技术、微型惯性平台、微光学设备；航空航天领域中，用于微型飞机、微型卫星、“纳米”卫星（0.1 kg 以内）；微型机器人领域中，用于各种医疗手术、管道内操作、窃听与收集情报；此外，还用于微型测试仪器，微传感器、微显微镜、微温度计、微仪器等。“微机电系统”可以完成特种动作与实现特种功能，乃至可以沟通微观世界与宏观世界，其深远意义难以估量。

4. “自”是发展的条件

“自”就是自动化。它是减轻、强化、延伸、取代人的有关劳动的技术或手段。自动化总是伴随有关机械或工具来实现的。可以说，机械是一切技术的载体，也是自动化技术的载体。第一次工业革命，以机械化这种形式的自动化来减轻、延伸或取代人的有关体力劳动，第二次工业革命即电气化进一步促进了自动化的发展。据统计，从1870—1980年，加工过程的效率提高为20倍，即体力劳动得到了有效的解放，但管理效率只提高1.8～2.2倍，设计效率只提高1.2倍，这表明脑力劳动远没有得到有效的解放。信息化、计算机化与网络化，不但可以极大地解放人的身体，而且可以有效提高人的脑力劳动水平。今天的自动化的内涵与水平已远非昔比，从控制理论、控制技术，到控制系统、控制元件等，都有着极大的发展。自动化已成为先进制造技术发展的前提条件。

5. “集”是发展的方法

“集”就是集成化。目前，“集”主要指以下内容。

① 现代技术的集成。机电一体化是个典型，它是高技术装备的基础。

② 加工技术的集成。特种加工技术及其装备是个典型，如激光加工、高能束加工、电加工等。

③ 企业的集成，即管理的集成，包括生产信息、功能、过程的集成，也包括企业内部的集成和企业外部的集成。

从长远看，还有一点很值得注意，即由生物技术与制造技术集结而成的“微制造的生物方法”，或所谓的“生物制造”。它的依据是，生物是由内部生长而成“器件”，而非同一般制造技术那样由外加作用以增减材料而成“器件”。这是一个崭新的充满活力的领域，作用难以估量。

6. “网”是发展的道路

“网”就是网络化。制造技术的网络化是先进制造技术发展的必由之路。制造业在市场竞争中，面临多方的压力：采购成本不断提高，产品更新速度加快，市场需求不断变化，全球化所带来的冲击日益加强等。企业要避免这一系列问题，就必须在生产组织上实行某种深刻的变革，抛弃传统的“小而全”与“大而全”的“夕阳技术”，把力量集中在自己最有竞争力的核心业务上。科学技术特别是计算机技术、网络技术的发展，使这种变革的需要成为可能。制造技术的网络化会导致一种新的制造模式，即虚拟制造组织，这是由地理上异地分布的、组织上平等独立的多个企业，在谈判协商的基础上，建立密切合作关系，形成动态的“虚拟企业”或动态的“企业联盟”。此时，各企业致力于自己的核心业务，实现优势互补，实现资源优化动态组合与共享。

7. “智”是发展的前景

“智”就是智能化。制造技术的智能化是制造技术发展的前景。近20年来，制造系统正在由原先的能量驱动型转变为信息驱动型，这就要求制造系统不但要具备柔性，而且还要表现出某种智能，以便应对大量复杂信息的处理、瞬息万变的市场需求和激烈竞争的复杂环境，因此智能制造越来越受到重视。与传统的制造相比，智能制造系统具有以下特点：

① 人机一体化；

② 自律能力强；

③ 自组织与超柔性；

④ 学习能力与自我维护能力；

⑤ 在未来，具有更高级的类人思维的能力。

可以说智能制造作为一种模式，是集自动化、集成化和智能化于一身，并具有不断向纵深发展的高技术含量和高技术水平的先进制造系统，也是一种由智能机器和人类专家共同组成的人机一体化系统。它的突出之处，是在制造诸环节中，以一种高度柔性与集成的方式，借助计算机模拟的人类专家的智能活动，进行分析、判断、推理、构思和决策，取代或延伸制造环境中人的部分脑力劳动，同时收集、存储、处理、完善、共享、继承和发展人类专家的制造智能。尽管智能化制造道路还很漫长，但是必将成为未来制造业的主要生产模式之一，潜力极大，前景广阔。

8. “绿”是发展的必然

“绿”就是“绿色”制造。人类必须从各方面促使自身的发展与自然界和谐一致，制造技术也不例外。制造业的产品从构思开始，到设计、制造、销售、使用与维修，直到回收、再制造等各阶段，都必须充分顾及环境保护与改善。不仅要保护与改善自然环境，还要保护与改善社会环境、生产环境以及生产者的身心健康。其实，保护与改善环境，也是保护与发展生产力。在此前提下，制造出价廉，物美，供货期短，售后服务好的产品。作为“绿色”制造，产品必须力求同用户的工作、生活环境相适应，给人以高尚的精神享受，体现物质文明与精神文明的高度交融。因此，发展与采用一项新技术时，必须树立科学的发展观，使制造业不断迈向“绿色”制造。

上面所讲的数、精、极、自、集、网、智、绿这8个方面，彼此渗透，相互依赖，相互促进，形成一个整体。同时，8个方面一定要扎根在“机械”和“制造”这个基础上，也就是说，要研究与发展“机械”本身与“制造”本身的理论与机理。8个方面的技术要以此理论与机理为基础来研究、开发、发展，要与此基础相辅相成，最终服务于制造业的发展。值得注意的是，在科学技术高度发达与高速发展的今天，“先进制造技术”如同一切先进技术一样，是不可能不“以人为本”的，不能见“物”不见“人”，见“技术”不见“文化”、不见“精神”。离开人，离开人的精神，先进技术就失去了“灵魂”，甚至造祸于民。进一步而言，要“以人为本”，就必须“教育先导”，就必须通过各种形式的教育，培养出合乎时代潮流与我国国情的制造业的科技人才与管理人才。科技是关键，人才是根本，教育是基础。要从根本、从长远、从全面着想，不断推动我国先进制造技术的发展。

先进制造技术不是一门具体的、单一的科学技术，它是一个集成的、多学科的、综合的一门学科，并且它有一个相当长的发展过程，大家需要做的工作是使它不断发展、不断完善。

11.2 计算机辅助设计与制造技术

计算机辅助设计和计算机辅助制造（CAD/CAM）的基本意思是指产品设计和制造技术人

员在计算机系统的支持下，根据产品设计和制造流程进行设计和制造的一项技术，也是人类智慧与系统中的硬件和软件功能巧妙的结合。然而，如果用途不同，则CAD/CAM系统中的硬件和软件的配置与组织也是不一样的,这才能有效地用于某类工程或产品的设计与制造的全过程，即包括方案设计、总体设计与零件设计以及加工和装配。由于CAD/CAM技术还在不断发展，而且，不同领域对CAD/CAM技术的应用程度也有不同，所以，目前对CAD/CAM技术的含义的理解也略有差异。可以预料，随着计算机技术的发展，CAD/CAM技术帮助技术人员完成产品设计和制造的范围将不断扩大和完善，对其含义的理解将会逐渐接近一致。

11.2.1 计算机辅助设计（CAD）技术

计算机辅助设计指利用计算机及其图形设备帮助设计人员进行设计工作，简称 CAD。 在工程和产品设计中，计算机可以帮助设计人员担负计算、信息存储和制图等工作。在设计中通常要用计算机对不同方案进行大量的计算、分析和比较，以决定最优方案；各种设计信息，不论是数字的、文字的或图形的，都能存放在计算机的存储器里，并能快速地检索；设计人员通常用草图开始设计，将草图变为工作图的繁重工作可以交给计算机完成；由计算机自动产生的设计结果，可以快速作出图形显示出来，使设计人员及时对设计作出判断和修改；利用计算机可以进行与图形的编辑、放大、缩小、平移和旋转等有关的图形数据加工工作。CAD能够减轻设计人员的劳动，缩短设计周期和提高设计质量。

通常以具有图形功能的交互计算机系统为基础，主要设备有：计算机主机，图形显示终端，图形输入板，绘图仪，扫描仪，打印机，磁带机，以及各类软件。

工程工作站一般指具有超级小型机功能和三维图形处理能力的一种单用户交互式计算机系统。它有较强的计算能力，用规范的图形软件，有高分辨率的显示终端，可以联在资源共享的局域网上工作，已形成最流行的CAD系统。

个人计算机（PC）系统价格低廉，操作方便，使用灵活。20世纪80年代以后，PC机性能不断翻新，硬件和软件发展迅猛，加之图形卡、高分辨率图形显示器的应用，以及PC机网络技术的发展，由PC机构成的CAD系统已大量涌现，而且呈上升趋势。

基本技术主要包括交互技术、图形变换技术、曲面造型和实体造型技术等。

在计算机辅助设计中，交互技术是必不可少的。交互式CAD系统，指用户在使用计算机系统进行设计时，人和机器可以及时地交换信息。采用交互式系统，人们可以边构思、边打样、边修改，随时可从图形终端屏幕上看到每一步操作的显示结果，非常直观。

图形变换的主要功能是把用户坐标系和图形输出设备的坐标系联系起来；对图形作平移、旋转、缩放、透视变换；通过矩阵运算来实现图形变换。

计算机自身的CAD，旨在实现计算机自身设计和研制过程的自动化或半自动化。研究内容包括功能设计自动化和组装设计自动化，涉及计算机硬件描述语言、系统级模拟、自动逻辑综合、逻辑模拟、微程序设计自动化、自动逻辑划分、自动布局布线，以及相应的交互图形系统和工程数据库系统。集成电路CAD有时也列入计算机设计自动化的范围。

现代CAD系统的功能包括：

① 设计组件重用（Reuse of design components）；

② 简易的设计修改和版本控制功能（Easy design modification and versioning）；

③ 设计的标准组件的自动产生(Automatic generation of standard components of the design);

④ 设计是否满足要求和实际规则的检验（ Validation/verification of design against specications and design rules);

⑤ 无需建立物理原型的设计模拟（ Simulation of design without building a physical prototype);

⑥ 装配件（一堆零件或者其他装配件）的自动设计；

⑦ 工程文档的输出，例如制造图纸，材料明细表（ Bill of Materials);

⑧ 设计到生产设备的直接输出；

⑨ 到快速原型或快速制造工业原型的机器的直接输出。

11.2.2 计算机辅助工艺过程设计

CAPP（ Computer Aided Process Planning，计算机辅助工艺过程设计）的作用是利用计算机来进行零件加工工艺过程的制订，把毛坯加工成工程图纸上所要求的零件。它是通过向计算机输入被加工零件的几何信息（形状、尺寸等）和工艺信息（材料、热处理、批量等)，由计算机自动输出零件的工艺路线和工序内容等工艺文件的过程。

特点：CAPP 可以总结、保存有经验的、高水平的工艺人员的设计技术技巧和经验，而不致随着上述人员的退休离职而丢失这些宝贵技术决窍。CAPP 可以协助新的无经验的工艺人员设计出高水平的工艺过程。CAPP 可以大大减轻工艺过程设计的文书性（如抄写、制表、绘图等)工作，可以大大加快设计进度，提高设计质量，方便工艺文件管理。同时，CAPP 又是 CIMS，FMS 和 MRP 的基础之一，是制造行业进行自动化、现代化的必不可少的技术措施。

1. CAPP 的基本概念

工艺设计是机械制造生产过程的技术准备工作中一项重要内容，是产品设计与车间生产的纽带，是经验性很强且影响因素很多的决策过程。当前，机械产品市场是多品种小批量生产起主导作用，传统的工艺设计方法已远不能适应机械制造行业发展的需要。随着机械制造生产技术的发展和当今市场多品种、小批量生产的要求，特别是 CAD/CAM 系统向集成化、智能优方向发展，计算机辅助工艺设计（ Computer Aided process Planning，CAPP）也就日益得到了重视。用 CAPP 代替传统的工艺设计方法具有重要的意义，主要表现在以下方面。

① 可以将工艺设计人员从繁琐和重复性的劳动中解放出来，转而从事新产品及新工艺开发等创造性的工作。

② 可以大大缩短工艺设计周期，提高产品在市场上的竞争力。

③ 有助于对工艺设计人员的宝贵经验进行总结和继承。

④ 为实现 CIMS 创造条件。

CAPP 理论与应用从 20 世纪 60 年代开始进行研究，30 多年来已取得了重大的成果，但到目前为止，仍存在着许多问题有待于进一步的研究。尤其是 CAD/CAM 向集成化、智能化方向发展，及并行工程工作模式的出现等都对 CAPP 提出了新的要求。因此，CAPP 的内涵也在不断的发展。从狭义的观点来看，CAPP 是完成工艺过程设计，输出工艺规程。但是在 CAD/CAM 集成系统中，特别是并行工程工作模式，“PP”不再单纯理解为“Process Planning”，而应增加

“Production Planning”的含义，这时，就产生 CAPP 的广义概念即 CAPP 的一头向生产规划最佳化及作业计划最佳化发展，作为 MRPⅡ的一个重要组成部分；CAPP 向另一头扩展能够生成 NC 指令。当然我们这里讨论的重点仍在传统的 CAPP 认识范围内。

20 世纪 80 年代以来，随着机械制造业向 CIMS 或 IMS 的发展，CAD/CAM 集成化的要求越来越强烈，CAPP 在 CAD、CAM 中起到桥梁和纽带作用。在集成系统中，CAPP 必须能直接从 CAD 模块中获取零件的几何信息、材料信息、工艺信息等，以代替人机交互的零件信息输入，CAPP 的输出是 CAM 所需的各种信息。随着 CIMS 的深入研究与推广应用，人们已认识到 CAPP 是 CIMS 的主要技术基础之一，其主要表现在以下几个方面。

① CAPP 接受来自 CAD 的产品几何拓扑、材料信息以及精度、粗糙度工艺信息；为满足并行产品设计的要求，需向 CAD 反馈产品的结构工艺性评价信息。

② CAPP 向 CAM 提供零件加工所需的设备、工装、切削参数、装夹参数以及反映零件切削过程的刀具轨迹文件；同时接收 CAM 反馈的工艺修改意见。

③ CAPP 向工装 CAD 提供工艺过程文件和工装设计任务书。

④ CAPP 向 MIS（管理信息系统）提供各种工艺过程文件和夹具、刀具等信息；同时接受由 MAS 反馈的工作报告和工艺修改意见。

⑤ CAPP 向 CMAS（制造自动化系统）提供各种过程文件和夹具、刀具等信息；同时接受由 MAS 反馈的工作报告和工艺修改意见。

⑥ CAPP 向 CAQ（质量保证系统）提供工序、设备、工装、检测等工艺数据，以生成质量控制计划和质量检测规程；同时接收 CAQ 反馈的控制数据，用以修改工艺过程。

由以上可以看出，CAPP 对于保证 CIMS 中信息流的畅通，从而实现真正意义上的集成是至关重要的。并行产品设计制造已成为目前制造业热点问题之一。在并行环境下的 CAPP，它接收产品设计信息，在完成工艺设计同时，一方面对产品结构工艺性进行评价，从加工工艺的角度对产品的结构提出改进建议，另一方面向生产规划及调度系统传递工艺设计结果。生产规划及调度系统根据车间资源的动态变化情况，在满足资源合理配置的同时，对工艺设计所确定的工艺过程，在当前条件下地其加工过程可行性作出评价，如果当前的资源不能满足工艺设计的要求，则提出修改工艺过程的建议。因而并行环境下的 CAPP，对在产品生命周期诸进程中作出全局最优决策也是至关重要的。

2. CAPP 的基本技术

（1）成组技术（Group Technology, GT）

我国 CAPP 系统的开发可以说是与成组技术密切相关，早期的 CAPP 系统的开发一般多为以 GT 为基础的变异 CAPP 系统。

（2）零件信息的描述与获取

CAPP 与 CAD、CAM 一样，其单元技术都是按照自己的特点而各自发展的。零件信息（几何拓扑及工艺信息）的输入是首当其冲的，即使在集成化、智能化的 CAD/CAPP/CAM 系统，零件信息的生成与获取一项关键问题。

（3）工艺设计决策机制

其核心为特征型面加工方法的选择，零件加工工序及工步的安排及组合，故其主要决策内容包括：

① 工艺流程的决策；

② 工序决策；

③ 工步决策；

④ 工艺参数决策。

为保证工艺设计达到全局最优化，系统把这些内容集成在一起，进行综合分析，动态优化，交叉设计。

（4）工艺知识的获取及表示

工艺设计是随设计人员、资源条件、技术水平、工艺习惯而变。要使工艺设计在企业内得到广泛有效的应用，总结出适应本企业的零加工的典型工艺及工艺决策的方法，按所开发 CAPP 系统的要求，有不同的形式表示这些经验及决策逻辑。

（5）工序图及其他文档的自动生成

（6）NC 加工指令的自动生成及加工过程动态仿真

（7）工艺数据库的建立

11.3 现代制造系统

现代制造系统包含虚拟制造技术、并行工程技术、绿色制造等几个方面的内容，下面简单介绍一下。

11.3.1 虚拟制造

虚拟制造（Virtual Manufacturing，VM）是对真实产品制造的动态模拟，是一种在计算机上进行而不消耗物理资源的模拟制造软件技术。它具有建模和仿真环境，使产品从生产过程、工艺计划、调度计划、后勤供应以及财会、采购和管理等一种集成的、综合的制造环境，在真实产品的制造活动之前，就能预测产品的功能以及制造系统状态，从而可以作出前瞻性的决策和优化实施方案。

1. 虚拟制造的核心技术

虚拟制造是一种新的制造技术，它以信息技术、仿真技术和虚拟现实技术为支持。虚拟制造技术涉及面很广，诸如环境构成技术、过程特征抽取、元模型、集成基础结构的体系结构、制造特征数据集成、多学科交驻功能、决策支持工具、接口技术、虚拟现实技术、建模与仿真技术等。其中后 3 项是虚拟制造的核心技术。

（1）建模技术

虚拟制造系统（Virtual Manufacturing System，VMS）是现实制造系统（Real Manufacturing System，RMS）在虚拟环境下的映射，是 RMS 的模型化、形式化和计算机化的抽象描述和表示。VMS 的建模应包括：生产模型、产品模型和工艺模型的信息体系结构。

① 生产模型。可归纳为静态描述和动态描述两个方面。静态描述是指系统生产能力和生产特性的描述。动态描述是指在已知系统状态和需求特性的基础上预测产品生产的全过程。

② 产品模型。产品模型是制造过程中，各类实体对象模型的集合。目前产品模型描述的信息有产品结构明细表、产品形状特征等静态信息。而对 VMS 来说，要使产品实施过程中的全部活动集成，就必须具有完备的产品模型，所以虚拟制造下的产品模型不再是单一的静态特征模型，它能通过映射、抽象等方法提取产品实施中各活动所需的模型。

③ 工艺模型。将工艺参数与影响制造功能的产品设计属性联系起来，以反应生产模型与产品模型之间的交互作用。工艺模型必须具备以下功能：计算机工艺仿真、制造数据表、制造规划、统计模型以及物理和数学模型。

（2）仿真技术

仿真就是应用计算机对复杂的现实系统经过抽象和简化形成系统模型，然后在分析的基础上运行此模型，从而得到系统一系列的统计性能。由于仿真是以系统模型为对象的研究方法，不干扰实际生产系统，同时仿真可以利用计算机的快速运算能力，用很短时间模拟实际生产中需要很长时间的生产周期，因此可以缩短决策时间，避免资金、人力和时间的浪费。计算机还可以重复仿真，优化实施方案。

仿真的基本步骤为：研究系统→收集数据→建立系统模型→确定仿真算法→建立仿真模型→运行仿真模型→输出结果并分析。

产品制造过程仿真，可归纳为制造系统仿真和加工过程仿真。虚拟制造系统中的产品开发涉及产品建模仿真、设计过程规划仿真、设计思维过程和设计交互行为仿真等，以便对设计结果进行评价，实现设计过程早期反馈，减少或避免产品设计错误。加工过程仿真，包括切削过程仿真、装配过程仿真，检验过程仿真以及焊接、压力加工、铸造仿真等。目前上述两类仿真过程是独立发展起来的，尚不能集成，而 VM 中应建立面向制造全过程的统一仿真。

（3）虚拟现实技术 VRT（Virtual Reality Technology）

虚拟现实技术是在为改善人与计算机的交互方式，提高计算机可操作性中产生的，它是综合利用计算机图形系统、各种显示和控制等接口设备，在计算机上生成可交互的三维环境（称为虚拟环境）中提供沉浸感觉的技术。

由图形系统及各种接口设备组成，用来产生虚拟环境并提供沉浸感觉，以及交互性操作的计算机系统称为虚拟现实系统 VRS（Virtual Reality System）。虚拟现实系统包括操作者、机器和人机接口 3 个基本要素。它不仅提高了人与计算机之间的和谐程度，也成为一种有力的仿真工具。利用 VRS 可以对真实世界进行动态模拟，通过用户的交互输入，并及时按输出修改虚拟环境，使人产生身临其境的沉浸感觉。虚拟现实技术是 VM 的关键技术之一。

2. 虚拟制造在制造业中应用

虚拟制造技术（Virtual Manufacturing Technology, VMT）首先在飞机、汽车等领域获得成功的应用。美国波音（Boeing）公司在 777 新型客机机型设计过程中，利用 VMT 和三维模型进行管道布线等复杂装配过程的模拟获得成功。目前 VMT 应用在以下几个方面。

（1）虚拟企业

虚拟企业建立，其中有一条最重要的原因是因为各企业本身无法单独满足市场需求，迎接市场挑战。因此，为了快速响应市场的需求，围绕新产品开发，利用不同地域的现有资源、不同的企业或不同地点的工厂，重新组织一个新公司。该公司在运行之前，必须分析组合是否最优，能否协调运行，并对投产后的风险、利益分配等进行评估。这种联作公司称为虚拟公司，或者叫作动态联盟，是一种虚拟企业，它是具有集成性和实效性两大特点的经济实体。

虚拟企业有如下特征。

① 企业地域分散化。虚拟企业从用户订货、产品设计、零部件制造，以及总成装配、销售、经营管理都可以分别由处在不同地域的企业，按契约互惠互利联作，进行异地设计、异地制造、异地经营管理。

② 企业组织临时化。虚拟企业是市场多变的产物。为了适应市场环境的变化，企业组织结构也要及时反映市场动态，虚拟企业注重短期利益。当产品方向更换、联盟伙伴之间利益改变或企业追求目标变更时，企业要调整组织结构，或者立即解散，重新再组织新的虚拟企业。

③ 企业功能不完整化。一个完整的企业，应具有从企业管理、设计、制造一直到市场销售、售后服务等完整的全部功能。但在虚拟企业不需要机构功能完整，它以各种方式借用外部力量来进行组合和集成。因为虚拟企业是动态联盟形式，突破企业的有形界限，利用外部资源加速实现企业的市场目标。传统的外协加工是一种原始的虚拟企业行为。

④ 企业信息共享化。构成虚拟企业的基本条件之一，就是组成企业伙伴之间的计算机互联网。根据具体情况，可以是国际互联网，局域网或企业内部网，及时地沟通信息，包括产品设计、制造、销售、管理等信息，这些信息是以数据形式表示，能够分布到不同的计算机环境中，以实现信息资源共享，保证虚拟企业各部门步调高度协调，在市场波动条件下，确保企业最大整体利益。

虚拟企业的主要基础是：建立在先进制造技术基础上的企业柔性化；在计算机上制造数字化产品，从概念设计到最终实现产品整个过程的虚拟制造；计算机网络技术。上述3项内容是构成虚拟企业不可缺少的必要条件。

虚拟企业这种先进制造模式，在先进国家的部分企业已经运行。例如美国 Ultra Comm 公司是生产电子产品的虚拟企业，在美国各地有60多家，数以千计的雇员组成的虚拟电子集团，公司本身只有几名雇员，该公司采用分散设计和制造方式，不同的产品选用不同企业，依靠网络技术组成的经济实体，实现市场目标。又如总部设在香港的鑫港公司，是一家国际化企业，以制造销售电话机为主的通信产品，总部从事新产品开发、研制、销售和管理等，在国内厦门经济特区宏泰科学工业园制造。

在面对多变的市场需求下，虚拟企业具有加快新产品开发速度，提高产品质量，降低生产成本，快速响应用户的需求，缩短产品生产周期等优点。因此虚拟企业是快速响应市场需求的部队，能在商战中为企业把握机遇和带来优势。

（2）虚拟产品设计

例如飞机、汽车的外形设计中会遇到这样的问题，其形状是否符合空气动力学原理，运动过程中的阻力大小如何确定，其内部结构布局的是否合理等。在复杂管道系统设计中，采用虚拟技术，设计者可以“进入其中”进行管道布置，并可检查能否发生干涉。在计算机上的虚拟产品设计，不但能提高设计效率，而且能尽早发现设计中的问题，从而优化产品的设计。例如美国波音公司投资40亿美元研制波音777喷气式客机，从1990年10月开始到1994年6月仅用了3年零8个月时间就完成了研制，一次试飞成功，投入运营。波音公司分散在世界各地的技术人员可以从777客机数以万计的零部件中调出任何一种在计算机上观察、研究、讨论，所有零部件均是三维实体模型。可见虚拟产品设计给企业带来的效益。

（3）虚拟产品制造

应用计算机仿真技术，对零件的加工方法、工序顺序、工装的选用、工艺参数的选用，加工工艺性、装配工艺性、配合件之间的配合性、连接件之间的连接性、运动构件的运动性等均可建模仿真，可以提前发现加工缺陷，提前发现装配时出现的问题，从而能够优化制造过程，提高加工效率。

（4）虚拟生产过程

产品生产过程的合理制订、人力资源、制造资源、物料库存、生产调度、生产系统的规划设计等，均可通过计算机仿真进行优化，同时还可对生产系统进行可靠性分析，对生产过程的资金进行分析预测，对产品市场进行分析预测等，从而对人力资源、制造资源的合理配置，对缩短产品生产周期，降低成本意义重大。

综上所述，虚拟制造技术在企业中的应用可以带来很多效益。虚拟产品设计可以提高设计质量、优化产品性能，缩短设计周期。虚拟产品制造可以提高制造质量，优化工艺过程，缩短制造周期。虚拟生产过程可以优化资源配置、物流管理，缩短生产周期，降低生产成本。虚拟企业可以增强企业柔性，满足客户的特殊要求，形成企业的市场竞争优势。

我国虚拟制造技术的研究刚刚起步，系统的、全面的研究尚未开展，目前仍停留在国外的理论消化与国内环境的结合上。只要我们努力创造一个较好的基础，虚拟制造技术在我国企业的应用已经为期不远。

11.3.2 并行工程

并行工程是对产品及其相关过程（包括制造过程和支持过程）进行并行、集成化处理的系统方法和综合技术。它要求产品开发人员从一开始就考虑到产品全生命周期（从概念形成到产品报废）内各阶段的因素（如功能、制造、装配、作业调度、质量、成本、维护与用户需求等），并强调各部门的协同工作，通过建立各决策者之间的有效的信息交流机制，综合考虑各相关因素的影响，使后续环节中可能出现的问题在设计的早期阶段就被发现，并得到解决，从而使产品在设计阶段便具有良好的可制造性、可装配性、可维护性及回收再生等方面的特性，最大限度地减少设计反复，缩短设计、生产准备和制造时间。

并行工程的定义：1988 年美国国家防御分析研究所（Institute of Defense Analyze，IDA）完整地提出了并行工程（Concurrent Engineering，CE）的概念，即“并行工程是集成地、并行地设计产品及其相关过程（包括制造过程和支持过程）的系统方法”。这种方法要求产品开发人员在一开始就考虑产品整个生命周期中从概念形成到产品报废的所有因素，包括质量、成本、进度计划和用户要求。并行工程的目标为提高质量、降低成本、缩短产品开发周期和产品上市时间。并行工程的具体做法是：在产品开发初期，组织多种职能协同工作的项目组，使有关人员从一开始就获得对新产品需求的要求和信息，积极研究涉及本部门的工作业务，并将所需要求提供给设计人员，使许多问题在开发早期就得到解决，从而保证了设计的质量，避免了大量的返工浪费。

1. 并行工程的特征

（1）并行交叉

它强调产品设计与工艺过程设计、生产技术准备、采购、生产等种种活动并行交叉进行。

并行交叉有两种形式：一是按部件并行交叉，即将一个产品分成若干个部件，使各部件能并行交叉进行设计开发；二是对每单个部件，可以使其设计、工艺过程设计、生产技术准备、采购、生产等各种活动尽最大可能并行交叉进行。需要注意的是，并行工程强调各种活动并行交叉，并不是也不可能违反产品开发过程必要的逻辑顺序和规律，不能取消或越过任何一个必经的阶段，而是在充分细分各种活动的基础上，找出各子活动之间的逻辑关系，将可以并行交叉的尽量并行交叉进行。

（2）尽早开始工作

正因为强调各活动之间的并行交叉，以及并行工程为了争取时间，所以它强调人们要学会在信息不完备情况下就开始工作。因为根据传统观点，人们认为只有等到所有产品设计图纸全部完成以后才能进行工艺设计工作，所有工艺设计图完成后才能进行生产技术准备和采购，生产技术准备和采购完成后才能进行生产。正因为并行工程强调将各有关活动细化后进行并行交叉，因此很多工作要在我们传统上认为信息不完备的情况下进行。

2. 并行工程在先进制造技术中的地位与作用

① 并行工程是在 CAD、CAM、CAPP 等技术支持下，将原来分别进行的工作在时间和空间上交叉、重叠，充分利用了原有技术，并吸收了当前迅速发展的计算机技术、信息技术的优秀成果，使其成为先进制造技术中的基础。

② 在并行工程中为了达到并行的目的，必须建立高度集成的主模型，通过它来实现不同部门人员的协同工作；为了达到产品的一次设计成功，减少反复，它在许多部分应用了仿真技术；主模型的建立、局部仿真的应用等都包含在虚拟制造技术中，可以说并行工程的发展为虚拟制造技术的诞生创造了条件，虚拟制造技术将是以并行工程为基础的，并行工程的进一步发展方向是虚拟制造。虚拟制造利用信息技术、仿真技术、计算机技术对现实制造活动中的人、物、信息及制造过程进行全面的仿真，以发现制造中可能出现的问题，在产品实际生产前就采取预防措施，从而达到产品一次性制造成功，来达到降低成本，缩短产品开发周期，增强产品竞争力的目的。

11.3.3 绿色制造

1. 绿色制造技术概述

绿色制造技术是指在保证产品的功能、质量、成本的前提下，综合考虑环境影响和资源效率的现代制造模式。它使产品从设计、制造、使用到报废整个产品生命周期中不产生环境污染或环境污染最小化，符合环境保护要求，对生态环境无害或危害极小，节约资源和能源，使资源利用率最高，能源消耗最低。

传统的制造模式是一个开环系统，即原料—工业生产—产品使用—报废—二次原料资源，从设计、制造、使用一直到产品报废回收整个寿命周期对环境影响最小，资源效率最高，也就是说要在产品整个生命周期内，以系统集成的观点考虑产品环境属性，改变了原来末端处理的环境保护办法，对环境保护从源头抓起，并考虑产品的基本属性，使产品在满足环境目标要求的同时，保证产品应有的基本性能、使用寿命、质量等。

2. 现状及国内外发展趋势

当前，世界上掀起一股“绿色浪潮”，环境问题已经成为世界各国关注的热点，并列入世界议事日程，制造业将改变传统制造模式，推行绿色制造技术，发展相关的绿色材料、绿色能源和绿色设计数据库、知识库等基础技术，生产出保护环境、提高资源效率的绿色产品，如绿色汽车、绿色冰箱等，并用法律、法规规范企业行为，随着人们环保意识的增强，那些不推行绿色制造技术和不生产绿色产品的企业，将会在市场竞争中被淘汰，使发展绿色制造技术势在必行。

国外不少国家的政府部门已推出了以保护环境为主题的“绿色计划”。1991 年日本推出了“绿色行业计划”，加拿大政府已开始实施环境保护“绿色计划”。美国、英国、德国也推出类似计划。目前，在一些发达国家，除政府采取一系列环境保护措施外，广大消费者已热衷于购买环境无害产品的绿色消费的新动向，促进了绿色制造的发展。产品的绿色标志制度相继建立，凡产品标有“绿色标志”图形的，表明该产品从生产到使用以及回收的整个过程都符合环境保护的要求，对生态环境无害或危害极少，并利于资源的再生和回收，这为企业打开销路、参与国际市场竞争提供了条件。

国际经济专家分析认为，目前“绿色产品”比例为 5%～10%，再过 10 年，所有产品都将进入绿色设计家族，可回收、易拆卸，部件或整机可翻新和循环利用。也就是说，在未来 10 年内绿色产品有可能成为世界商品市场的主导产品。

国内一些高等院校和研究院所在国家科委、国家自然科学基金会和有关部门的支持下对绿色制造技术进行了广泛的研究探索。机械科学研究院、清华大学、上海交通大学、合肥工业大学、重庆大学、华中理工大学、浙江大学、北京航空航天大学等院校也开展了绿色制造技术研究。

11.4 特种加工技术

11.4.1 特种加工概述

特种加工主要是利用电能、光能、声能、电化学能、热能和化学能及机械能对材料进行加工的方法。又称非传统加工工艺。

材料愈来愈难加工，零件结构和形状愈来愈复杂，对表面粗糙度和精度的要求愈来愈高，因而对机械制造部门提出了加工超硬材料，复杂表面和超精零件等一系列新的要求，使得原先的传统加工方法难以满足要求，市场呼唤更好的加工方法的出现。特种加工的出现解决了上述问题，满足了市场的需求。

特种加工有下列特点：不用机械能，工具与工件无显著的切削力；加工作用力极小，可进行微细加工，无大面积热应变等；工具的硬度可以低于工件的硬度，能用简单的运动加工复杂的型面，其内容包括去除和结合等加工。正是有了这些特点，特种加工改变了过去对机械制造工艺的认识，对机械制造工艺技术产生非常大的影响，这个影响主要体现在：

① 提高了材料的可加工性；

② 改变了零件的工艺路线；

③ 缩短了新产品的试制周期；

④ 对产品和零件的结构设计产生较大影响；

⑤ 需重新评估传统结构工艺性。

11.4.2 特种加工的分类

特种加工方法可按其能量来源和加工原理分为电火花加工、电化学加工、高能束加工、物料切蚀加工、化学加工、成型加工和复合加工等多种门类的加工。

1. 电火花加工

电火花加工是直接利用电能对零件进行加工的一种方法，其加工原理是使工件和工具之间产生周期性的、瞬间的脉冲放电，依靠电火花产生的高温将金属熔蚀，并在工件上形成与工具电极截面形状相同的精确形状，而工具电极的形状保持原有的形状。电火花加工是基于脉冲放电的腐蚀原理，故也称放电加工或电蚀加工。

电火花加工有如下特点及应用。

① 可用硬度低的紫铜或石墨作为工具电极对任何硬、脆、高熔点的导电材料进行加工。

② 可以加工特殊和形状复杂的表面，常用于注塑模，压铸模等型腔模的加工。

③ 无明显的机械切削力，适宜于加工薄壁、窄槽和细微精密零件。

④ 由于脉冲电源的输出脉冲参数可任意调节，因而能在同一台床子上连续进行粗加工，半精加工和精加工。

2. 电火花线切割加工

电火花线切割加工是在电火花加工基础上发展起来的一种加工工艺（WEDM）。其工具电极为金属丝（钼丝或铜丝），在金属丝与工件间施加脉冲电压，利用脉冲放电对工件进行切割加工，因而也称线切割。

电火花线切割加工的电蚀原理与电火花加工的原理相同，电火花线切割加工的基本设备是数控电火花切割机，它由床身部分，坐标工作台部分（一般均采用十字和滚动导轨，滚动丝杠），走丝机构和锥度切割装置等主要部件组成。

电火花线切割加工有如下特点。

① 可切割各种高硬度材料，用于加工淬火后的模具，硬质合金模具和强磁材料。

② 由于采用数控技术，可编程切割形状复杂的型腔，易于实现 CAD/CAM。

③ 由于几乎无切削力，故可切割极薄工件。

④ 由于金属丝直径小，因而加工时省料，特别适宜于切割贵重金属材料。

⑤ 试制新产品时，可直接将某些板类工件切割出，省去了模具，刀具，工夹具等工装，使开发产品周期明显缩短。

电火花线切割由于上述特点，加上其他新技术的融合，使得这种设备价格大大降低，加工成本也大大降低了，目前这种工艺已经很普及了。

3. 电解加工

电解加工（ECM）是电化学加工中的主要加工方法，它是利用金属在电解液中产生阳极溶解的电化学腐蚀原理对工件进行成型加工的一种方法。

电解加工有如下特点和应用。

① 加工范围广，可加工高硬度，高强度和高韧性的各类导电材料，可加工汽轮机叶片，叶轮等复杂型面。

② 生产率高。

③ 能以简单的直线进给运动一次完成复杂型腔表面的加工，不产生变形和残余应力，也无飞边，毛刺等。

④ 可获得较好的表面粗糙度，加工精度不高。

⑤ 加工过程中，工具阴极在理论上不会损耗，可长期使用。

4. 超声加工

超声加工（USM）也称超声波加工，是利用超声振动（16～30 kHz）的工具冲击磨料对工件进行加工的一种方法，超声加工不仅能加工金属导电材料，而且更适宜加工玻璃，陶瓷，半导体锗和硅片等不导电的非金属脆硬材料，还可以用于清洗和探伤等。

超声加工是磨粒在超声振动作用下的机械撞击和抛磨作用以及空化作用的综合结果。

超声加工有如下特点和应用。

① 适宜加工各种硬脆材料，特别是非金属材料。

② 能以简单的进给运动加工复杂的表面。

③ 由于切削力很小，因而其工件的残余应力和加工变形很小，表面质量好，表面粗糙度可达 R_{a1}～0.1 μm，加工精度可达 0.01～0.02 mm。可以加工微细结构，如薄型，窄缝和低刚度零件。

5. 激光加工

激光加工（LBM）是利用光能经透镜聚焦以极高的能量密度靠光热效应加工各种材料的一种新工艺。

激光加工是激光系统最常用的应用。根据激光束与材料相互作用的机理，大体可将激光加工分为激光热加工和光化学反应加工两类。激光热加工是指利用激光束投射到材料表面产生的热效应来完成加工过程，包括激光焊接、激光切割、表面改性、激光打标、激光钻孔和微加工等；光化学反应加工是指激光束照射到物体，借助高密度高能光子引发或控制光化学反应的加工过程，包括光化学沉积、立体光刻、激光刻蚀等。

由于激光具有高亮度、高方向性、高单色性和高相干性 4 大特性，因此就给激光加工带来一些其他加工方法所不具备的特性。由于它是无接触加工，对工件无直接冲击，因此无机械变形；激光加工过程中无“刀具磨损”、无“切削力”作用于工件；激光加工过程中，激光束能量密度高，加工速度快，并且是局部加工，对非激光照射部位没有影响或影响极小。因此，其热影响的区小工件热变形小后续加工最小；由于激光束易于导向、聚焦、实现方向变换，极易与数控系统配合、对复杂工件进行加工。因此它是一种极为灵活的加工方法，生产效率高，加工质量稳定可靠，经济效益和社会效益好。

激光切割技术广泛应用于金属和非金属材料的加工中，可大大减少加工时间，降低加工成本，提高工件质量。激光切割是应用激光聚焦后产生的高功率密度能量来实现的。与传统的板材加工方法相比，激光切割具有高的切割质量、高的切割速度、高的柔性（可随意切割任意形状）、广泛的材料适应性等优点。

激光焊接是激光材料加工技术应用的重要方面之一，焊接过程属热传导型，即激光辐射加热工件表面，表面热量通过热传导向内部扩散，通过控制激光脉冲的宽度、能量、峰功率和重复频率等参数，使工件熔化，形成特定的熔池。由于其独特的优点，已成功地应用于微、小型零件的焊接中。与其他焊接技术比较，激光焊接的主要优点是：激光焊接速度快，深度大，变形小，能在室温或特殊的条件下进行焊接，焊接设备装置简单。

随着电子产品朝着便携式、小型化的方向发展，对电路板小型化提出了越来越高的需求，提高电路板小型化水平的关键就是越来越窄的线宽和不同层面线路之间越来越小的微型过孔和盲孔。传统的机械钻孔最小的尺寸仅为 100 μm，这显然已不能满足要求，取而代之的是一种新型的激光微型过孔加工方式。目前用CO_2激光器加工在工业上可获得过孔直径达到在 30～40μm 的小孔，甚至可以获得 10 μm 左右的小孔。目前在世界范围内激光在电路板微孔制作和电路板直接成型方面的研究成为激光加工应用的热点，利用激光制作微孔及电路板直接成型与其他加工方法相比，其优越性更为突出，具有极大的商业价值。

复习思考题

1. 简述先进制造技术的历史、现状和发展趋势。
2. 现代计算机辅助设计包括哪些内容？
3. 虚拟制造有什么特点？
4. 并行工程有什么优点？
5. 特种制造技术对传统机械制造技术的影响主要表现在哪些方面？

附表 1　　硬质合金及高速钢粗车外圆和端面的进给量

加工材料	车刀刀杆尺寸 B/mm × H/mm	工件直径/mm	切削深度 a_p/mm				
			≤3	3～5	5～8	8～12	12 以上
			进给量 f /（mm/r）				
碳素结构钢 合金结构钢 耐热钢	16×25	20	0.3～0.4	—	—	—	—
		40	0.4～0.5	0.3～0.4	—	—	—
		60	0.5～0.7	0.4～0.5	0.3～0.5	—	—
		100	0.6～0.9	0.5～0.7	0.5～0.6	0.4～0.5	—
		400	0.8～1.2	0.7～1.0	0.6～0.8	0.5～0.6	—
	20×30 25×25	20	0.3～0.4	—	—	—	—
		40	0.4～0.5	0.3～0.4	—	—	—
		60	0.6～0.7	0.5～0.7	0.4～0.6	—	—
		100	0.8～1.0	0.7～0.9	0.5～0.7	0.4～0.7	—
		600	1.2～1.4	1.0～1.2	0.8～1.0	0.6～0.9	0.4～0.6
	25×40	60	0.6～0.9	0.5～0.8	0.4～0.7	—	—
		10	0.8～1.2	0.7～1.1	0.6～0.9	0.5～0.8	—
		1 000	1.2～1.5	1.1～1.5	0.9～1.2	0.8～1.0	0.7～0.8
	30×45 40×60	500	1.1～1.4	1.1～1.4	1.0～1.2	0.8～1.2	0.7～1.1
		2 500	1.3～2.0	1.3～1.8	1.2～1.6	1.1～1.5	1.0～1.5

附表 2　　硬质合金外圆车刀半精加工时的进给量

工件材料	表面粗糙度 R_a（μm）	切削速度范围（m/min）	刀尖圆弧半径 r_ε（mm）		
			0.5	1.0	2.0
			进给量 f（mm/r）		
铸铁 青铜铝合金	6.3	不限	0.25～0.40	0.40～0.50	0.50～0.60
	3.2		0.12～0.25	0.25～0.40	0.40～0.60
	1.6		0.10～0.15	0.15～0.20	0.20～0.35

续表

工件材料	表面粗糙度 R_a（μm）	切削速度范围（m/min）	刀尖圆弧半径 $r_ε$（mm）		
			0.5	1.0	2.0
			进给量 f（mm/r）		
碳素结构钢 合金结构钢	6.3	≤50	0.30～0.50	0.45～0.60	0.55～0.70
		＞80	0.40～0.55	0.55～0.65	0.65～0.70
	3.2	≤50	0.20～0.25	0.25～0.30	0.30～0.40
		＞80	0.25～0.30	0.30～0.35	0.35～0.40
	1.6	≤50	0.10～0.11	0.11～0.15	0.15～0.20
		＞80	0.10～0.20	0.16～0.25	0.25～0.35

注：1. 加工耐热钢及其合金、钛合金时，切削速度大于 0.8m/s 时，表中进给量应乘系数 0.7～0.8；

2. 带修光刃的大进给切削法，在进给量 1.0～0.15mm/r 时可获得 R_a3.2～1.6μm 的表面粗糙度，宽刃精车刀的进给量还可更大些。

附表 3　粗车及半精车外圆加工余量及偏差（mm）

零件基本尺寸	直径余量						直径偏差	
	经或未经热处理零件的粗车		半精车					
			未经热处理		经热处理			
	折算长度						荒车（h14）	粗车（h12～h13）
	≤200	200～400	≤200	200～400	≤200	200～400		
3～6	—	—	0.5	—	0.8	—	-0.30	-0.12～-0.18
6～10	1.5	1.7	0.8	1.0	1.0	1.3	-0.36	-0.15～-0.22
10～18	1.5	1.7	1.0	1.3	1.3	1.5	-0.43	-0.18～-0.27
18～30	2.0	2.2	1.3	1.3	1.3	1.5	-0.52	-0.21～-0.33
30～50	2.0	2.2	1.4	1.5	1.5	1.9	-0.62	-0.25～-0.39
50～80	2.3	2.5	1.5	1.8	1.8	2.0	-0.74	-0.30～-0.45
80～120	2.5	2.8	1.5	1.8	1.8	2.0	-0.87	-0.35～-0.54
120～180	2.5	2.8	1.8	2.0	2.0	2.3	-1.00	-0.40～-0.63
180～250	2.8	3.0	2.0	2.3	2.3	2.5	-1.15	-0.46～-0.72
250～315	3.0	3.3	2.0	2.3	2.3	2.5	-1.30	-0.52～-0.81

注：加工带凸台的零件时，其加工余量要根据零件的最大直径来确定。

附表 4 **粗车端面后正火调质的加工余量（mm）**

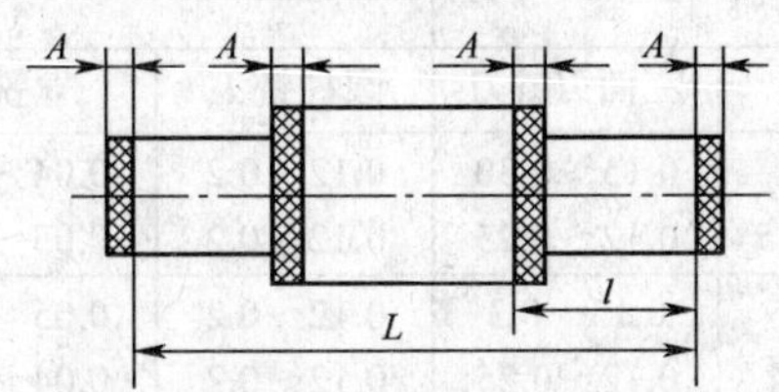

零件直径 d	零件全长 L					
	≤18	18~50	50~120	120~260	260~500	>500
	粗车一端面余量 A					
≤30	0.8	1.0	1.4	1.6	2.0	2.4
30~50	1.0	1.2	1.4	1.6	2.0	2.4
50~120	1.2	1.4	1.6	2.0	2.4	2.4
120~260	1.4	1.6	2.0	2.0	2.4	2.8
>260	1.6	1.8	2.0	2.0	2.8	3.0
长度偏差	0.18	0.21~0.25	0.30~0.35	0.40~0.46	0.52~0.63	0.7~1.50

注：1. 在粗车不需正火调质的零件，其端面余量按上表 $\frac{1}{2}$ ～ $\frac{1}{3}$ 选用；

2. 对薄形工件，如齿轮、垫圈等，按上表余量加 50%～100%。

附表 5 **半精车后磨外圆加工余量及偏差（mm）**

零件基本尺寸	直径余量										直径偏差	
	第 1 种		第 2 种				第 3 种				第 1 种磨削前半精车或第 3 种粗磨（h10~h11）	第 2 种粗磨（h8~h9）
	经或未经热处理零件的终磨		热处理后				热处理前粗磨		热处理后半精磨			
			粗磨		半精磨							
	折算长度											
	≤200	200~400	≤200	200~400	≤200	200~400	≤200	200~400	≤200	200~400		
3~6	0.15	0.20	0.10	0.12	0.05	0.08	—	—	—	—	−0.048~−0.075	−0.018~−0.030
6~10	0.20	0.30	0.12	0.20	0.08	0.10	0.12	0.20	0.20	0.30	−0.058~−0.090	−0.022~−0.036
10~18	0.20	0.30	0.12	0.20	0.08	0.10	0.12	0.20	0.20	0.30	−0.070~−0.110	−0.027~−0.043
18~30	0.20	0.30	0.12	0.20	0.08	0.10	0.12	0.20	0.20	0.30	−0.084~−0.130	−0.033~−0.052
30~50	0.30	0.40	0.20	0.25	0.10	0.15	0.20	0.25	0.30	0.40	−0.100~−0.160	−0.039~−0.062
50~80	0.40	0.50	0.25	0.30	0.15	0.20	0.25	0.30	0.40	0.50	−0.120~−0.190	−0.064~−0.074
80~120	0.40	0.50	0.25	0.30	0.15	0.20	0.25	0.30	0.40	0.50	−0.140~−0.220	−0.054~−0.087
120~180	0.50	0.80	0.30	0.50	0.20	0.30	0.30	0.50	0.50	0.80	−0.160~−0.250	−0.063~−0.100
180~250	0.50	0.80	0.30	0.50	0.20	0.30	0.30	0.50	0.50	0.80	−0.185~−0.290	−0.072~−0.115
250~315	0.50	0.80	0.30	0.50	0.20	0.30	0.30	0.50	0.50	0.80	−0.210~−0.320	−0.081~−0.130

附表 6　　每齿进给量推荐值（mm/z）

工件材料	工件材料硬度 HBS	硬质合金		高速钢			
		端铣刀	三面刃铣刀	圆柱铣刀	立铣刀	端铣刀	三面刃铣刀
低碳钢	<1.50	0.2～0.4	0.15～0.30	0.12～0.2	0.04～0.20	0.15～0.30	0.12～0.20
	150～200	0.20～0.35	0.12～0.25	0.12～0.2	0.03～0.18	0.15～0.30	0.10～0.15
中、高碳钢	120～180	0.15～0.5	0.15～0.3	0.12～0.2	0.05～0.20	0.15～0.30	0.12～0.2
	180～220	0.15～0.4	0.12～0.25	0.12～0.2	0.04～0.20	0.15～0.25	0.07～0.15
	220～300	0.12～0.25	0.07～0.20	0.07～0.15	0.03～0.15	0.1～0.2	0.05～0.12
中、高碳钢	120～180	0.15～0.5	0.15～0.3	0.12～0.2	0.05～0.20	0.15～0.30	0.12～0.2
	180～220	0.15～0.4	0.12～0.25	0.12～0.2	0.04～0.20	0.15～0.25	0.07～0.15
	220～300	0.12～0.25	0.07～0.20	0.07～0.15	0.03～0.15	0.1～0.2	0.05～0.12
灰铸铁	150～180	0.2～0.5	0.12～0.3	0.2～0.3	0.07～0.18	0.2～0.35	0.15～0.25
	180～220	0.2～0.4	0.12～0.25	0.15～0.25	0.05～0.15	0.15～0.3	0.12～0.20
	220～300	0.15～0.3	0.10～0.20	0.1～0.2	0.03～0.10	0.10～0.15	0.07～0.12
可锻铸铁	110～160	0.2～0.5	0.1～0.30	0.2～0.35	0.08～0.20	0.2～0.4	0.15～0.25
	160～200	0.2～0.4	0.1～0.25	0.2～0.3	0.07～0.20	0.2～0.35	0.15～0.20
	200～240	0.15～0.3	0.1～0.20	0.12～0.25	0.05～0.15	0.15～0.30	0.12～0.20
	240～280	0.1～0.3	0.1～0.15	0.1～0.2	0.02～0.08	0.1～0.20	0.07～0.12
含C<0.3%合金钢	125～170	0.15～0.5	0.12～0.3	0.12～0.2	0.05～0.2	0.15～0.3	0.12～0.20
	170～220	0.15～0.4	0.12～0.25	0.1～0.2	0.05～0.1	0.15～0.25	0.07～0.15
	220～280	0.10～0.3	0.08～0.20	0.07～0.12	0.03～0.08	0.12～0.20	0.07～0.12
	280～320	0.08～0.2	0.05～0.15	0.05～0.1	0.025～0.05	0.07～0.12	0.05～0.10

附表 7　　铣削速度推荐值（m/min）

工件材料	硬度（HBS）	铣削速度	
		硬质合金铣刀	高速钢铣刀
低碳钢、中碳钢	<220	80～150	21～40
	225～290	60～115	15～36
	300～425	40～75	9～20
高碳钢	<220	60～130	18～36
	225～325	53～105	14～24
	325～375	36～48	91～2
	375～425	35～45	6～10
合金钢	<220	55～120	15～35
	225～325	10～80	10～24
	325～425	30～60	5～9
工具钢	200～250	45～83	12～23
灰铸铁	100～140	110～115	24～36
	150～225	60～110	15～21
	230～290	45～90	9～18
	30～220	21～30	5～10
可锻铸铁	110～160	100～200	42～50
	160～200	83～120	24～33
	200～240	72～110	15～24
	240～280	40～60	9～21
铝镁合金	95～100	360～600	180～300

附表 8　　外圆磨砂轮选择

加工材料	磨削要求	磨料	磨料代号	粒度	硬度	结合剂
未淬火的碳钢、合金钢	粗磨	棕刚玉	A(GZ)	F36～F46	M～N	V
	精磨			F46～F60	M～Q	
淬火的碳钢、合金钢	粗磨	白刚玉	WA(GB)	F46～F60	K～M	
	精磨	铬刚玉	PA(GG)	F60～F100	L～N	
铸铁	粗磨	黑碳化硅	C(TH)	F24～F36	K～L	
	精磨			F60	K	
不锈钢	粗磨	单晶刚玉	SA(GD)	F36～F46	M	
	精磨			R60	L	
硬质合金	粗磨	绿碳化硅	GC(TI)	F46	K	V
	精磨	人造金刚石	RVD(JR_{12})	F100		B
高速钢	粗磨	白刚玉	WA(GB)	F36～F40	K～L	V
	精磨	铬刚玉	PA(GG)	F60		
软青铜	粗磨	黑碳化硅	C(TH)	F24～F36	K	
	精磨			F46～F60	K～M	
紫铜	粗磨	黑碳化硅	C(TH)	F36～F60	K～L	B
	精磨	铬刚玉	PA(GG)	F60	K	V

附表 9　　粗磨外圆磨削用量

1. 工件速度

工件磨削表面直径 d_w（mm）	20	30	50	80	120	200	300
工件速度 v_w（m/min）	10～20	11～22	12～24	13～26	14～28	15～30	17～34

2. 轴向进给量：粗磨时 $f_a = (0.4～0.8)B$，精磨时 $f_a = (0.2～0.4)B$，式中 B 为砂轮宽度（mm）

3. 背吃力量 a_p

工件磨削表面直径 d_w（mm）	工件速度 n_w（m/min）	工件纵向进给量 f_a(以砂轮宽度计)			
		0.5	0.6	0.7	0.8
		工作台单行程背吃刀量 a_p（mm/st）			
≤30	10	0.022	0.018	0.015	0.013
	16	0.015	0.012	0.010	0.009
	22	0.011	0.090	0.080	0.007
≤80	12	0.024	0.020	0.017	0.015
	18	0.016	0.013	0.011	0.009
	25	0.012	0.010	0.008	0.007
≤120	14	0.026	0.022	0.018	0.016
	20	0.018	0.015	0.012	0.010
	28	0.013	0.011	0.009	0.008
≤200	15	0.029	0.024	0.020	0.018
	22	0.020	0.016	0.014	0.012
	30	0.014	0.012	0.010	0.009
≤300	17	0.028	0.024	0.020	0.018
	25	0.020	0.016	0.14	0.012
	34	0.014	0.012	0.010	0.009

续表

背吃刀量 a_p 的修正系数						
与砂轮耐用度及直径有关 k_1					与工件材料有关 k_2	
耐用度 T（s）	砂轮直径 d_1（mm）				加工材料	系数
	400	500	600	750		
360	1.25	1.4	1.6	1.8	耐热钢	0.85
540	1.0	1.12	1.25	1.4	淬火钢	0.95
900	0.8	0.9	1.0	1.12	非淬火钢	1.0
1 440	0.63	0.71	0.8	0.9	铸铁	1.05

注：工件台一次往复行程背吃刀量 a_p 应将表列数值乘 2。

附表 10　　精磨外圆磨削用量

1. 工件速度 v_w（m/min）

工件磨削表面直径 d_w（mm）	加 工 材 料		工件磨削表面直径 d_w（mm）	加 工 材 料	
	非淬火钢及铸铁	淬火钢及耐热钢		非淬火钢及铸铁	淬火钢及耐热钢
20	15～30	20～30	120	30～60	35～60
30	18～35	22～35	200	35～70	40～70
50	20～40	25～40	300	40～80	50～80
80	25～50	30～50			

2. 纵向进供量 f_a

表面粗糙度 R_a0.8μm　　$f_a = (0.4～0.6)B$

表面粗糙度 R_a0.4～0.2μm　$f_a = (0.2～0.4)B$

式中 B 为砂轮宽度（mm）

3. 背吃力量 a_p

工件磨削表面直径 d_w（mm）	工件速度 v_w(m/min)	工件纵向进给量 f_a(mm/r)								
		10	12.5	16	20	25	32	40	50	63
		工作台单行程背吃刀量 a_p（mm/st）								
≤30	20	0.010	0.009	0.007	0.005	0.004	0.003	0.003	0.002	0.002
	25	0.009	0.007	0.005	0.004	0.003	0.003	0.002	0.002	0.002
	32	0.007	0.005	0.004	0.003	0.002	0.001	0.001	0.001	0.001
	40	0.005	0.004	0.003	0.003	0.002	0.002	0.002	0.001	0.001
≤80	25	0.014	0.012	0.009	0.007	0.005	0.005	0.004	0.003	0.002
	32	0.011	0.009	0.007	0.005	0.004	0.003	0.002	0.002	0.002
	40	0.009	0.007	0.006	0.004	0.003	0.003	0.002	0.002	0.001
	50	0.007	0.006	0.005	0.003	0.003	0.002	0.002	0.002	0.001

附表 11　　镗（车）孔的工序尺寸

加工孔的直径	直　径				加工孔的直径	直　径			
	粗（车）镗	精（车）镗		精铰 H7、H8、H9		粗（车）镗	精（车）镗		精铰 H7、H8、H9
		（车）镗以后的直径	按照 H11 公差				（车）镗以后的直径	按照 H11 公差	
30		29.8	+0.140	30	40		39.7	−0.170	40
32		31.7	+0.170	32	42		41.7	+0.170	42
35		34.7	+0.170	35	45		44.7	+0.170	45
38		37.7	+0.170	38	48		47.7	+0.170	48
50	48	49.7	+0.170	50	135	133	134.3	+0.260	135
52	50	51.5	+0.200	52	140	138	139.3	+0.260	140
55	53	54.5	+0.200	55	145	143	144.3	+0.260	145

续表

加工孔的直径	直径				加工孔的直径	直径			
	粗（车）镗	精（车）镗		精铰H7、H8、H9		粗（车）镗	精（车）镗		精铰H7、H8、H9
		（车）镗以后的直径	按照H11公差				（车）镗以后的直径	按照H11公差	
58	56	57.5	+0.200	58	150	148	149.3	+0.260	150
60	58	59.5	+0.200	60	155	153	154.3	+0.260	155
62	60	61.5	+0.200	62	160	158	159.3	+0.260	160
65	63	64.5	+0.200	65	165	163	164.3	+0.260	165
68	66	67.5	+0.200	68	170	168	169.3	+0.260	170
70	68	69.5	+0.200	70	175	173	174.3	+0.260	175
72	70	71.5	+0.200	72	180	178	179.3	+0.300	180
75	73	74.5	+0.200	75	185	183	184.3	+0.300	185
78	76	77.5	+0.200	78	190	188	189.3	+0.300	190
80	78	79.5	+0.200	80	195	193	194.3	−0.300	195
82	80	81.3	+0.230	82	200	197	199.3	−0.300	200
85	83	84.3	+0.230	85	210	207	209.3	−0.300	210
88	86	87.3	+0.230	88	220	217	219.3	+0.300	220
90	88	89.3	+0.230	90	250	247	249.3	+0.340	250
92	90	91.3	+0.230	92	280	277	279.3	+0.340	280
95	93	94.3	+0.230	95	300	297	299.3	+0.340	300
98	96	97.3	+0.230	98	350	317	319.3	+0.380	320
100	98	99.3	+0.230	100	350	347	349.3	+0.380	350
105	103	104.3	+0.230	105	380	377	379.2	+0.380	380
110	108	109.3	+0.230	110	400	397	399.2	+0.380	400
115	113	114.3	+0.230	115	420	417	419.2	+0.380	420
120	118	119.3	+0.230	120	450	447	449.2	+0.380	450
125	123	124.3	+0.260	125	480	477	479.2	+0.380	480
130	128	129.3	+0.260	130	500	497	499.8	+0.380	500

附表 12　　常用型材锯削下料余量（mm）

（JB/Z 307・11—1988）

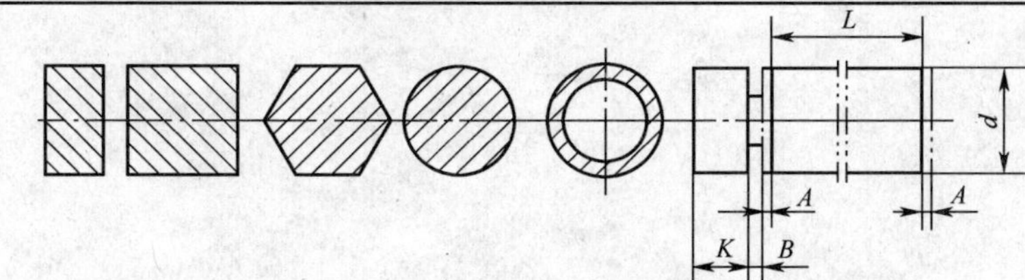

直径或对边距离 d	切口宽度 B		工件长度 L						夹头 K
			≤50	50～200	200～500	500～1 000	1 000～5 000	>5 000	
			端面工艺留量 $2A$						
≤30	弓锯	3	2	2	3	4	4	6	20
30～80			2	3	4	5	6	8	
80～120	圆盘锯	6	3	4	5	6	8	10	25
120～180		7	4	5	6	8	10	12	30
180～250			5	6	8	10	12	14	35
下料极限偏差			$<\pm A/4$						

注：工件能调头装夹的不留夹头留量。

参考文献

[1] 安承业. 机械制造工艺基础. 天津：天津大学出版社，1999.
[2] 倪森寿. 机械制造工艺与装备. 北京：化学工业出版社，2002.
[3] 胡黄卿. 金属切削原理与机床. 北京：化学工业出版社，2004.
[4] 王明耀. 机械制造技术. 北京：天津大学出版社，2007.
[5] 张若锋. 机械制造基础. 北京：人民邮电出版社，2007.
[6] 马振福. 机械制造技术. 北京：机械工业出版社，2007.
[7] 周伟平. 机械制造技术. 武汉：华中科技大学出版社，2002.
[8] 冯道. 机械零件切削加工工艺与技术标准实用手册. 合肥：安徽文化音像出版社，2003.
[9] 杨叔子. 机械加工工艺是手册. 北京：机械工业出版社，2001.
[10] 孙本绪. 机械加工余量手册. 北京：国防工业出版社，1999.
[11] 刘巽尔，于春泾. 机械制造检测技术手册. 北京：冶金工业出版社，2000.
[12] GB/T1958—2004 产品几何量技术规范（GPS）形状和位置公差. 检测规定[S].
[13] 王先逵. 机械制造工艺学. 北京：机械工业出版社，2007.
[14] 黄健求. 机械制造技术基础. 北京：机械工业出版社，2006.
[15] 朱焕池. 机械制造工艺. 北京：机械工业出版社，2006.
[16] 金捷. 机械制造技术. 北京：清华大学出版社，2006.
[17] 陈锡渠. 现代机械制造工艺. 北京：清华大学出版社，2006.